食品药品安全监控预警机制研究

周　俊　著

中国纺织出版社

图书在版编目(CIP)数据

食品药品安全监控预警机制研究 / 周俊著. －－ 北京：中国纺织出版社, 2018.5　(2022.1 重印)

ISBN 978－7－5180－4356－9

Ⅰ. ①食… Ⅱ. ①周… Ⅲ. ①食品安全－安全管理－研究－中国②药品管理－安全管理－研究－中国 Ⅳ. ①TS201.6②R954

中国版本图书馆 CIP 数据核字(2017)第 292049 号

策划编辑:武洋洋　　**责任编辑**:武洋洋

责任设计:迪　艺　　**责任印制**:储志伟

中国纺织出版社出版发行
地　　址:北京市朝阳区百子湾东里 A407 号　**邮政编码**:100124

销售电话:010－67004422　**传　　真**:010－87155801

http://www.c－textilep.com

E－mail: faxing@ c－textilep.com
中国纺织出版社天猫旗舰店

官方微博 http ://weibo.com/2119887771

北京虎彩文化传播有限公司　各地新华书店经销

2018 年 05 月第 1 版　2022 年 1 月第 8 次印刷

开　　本:787×1092　1/16　**印张**:13.625

字　　数:210 千字　**定价**:69.00 元

前　言

经济全球化推动了全球经济的发展，随着生活水平的提高，食品药品安全已成为备受关注的热门话题。在食品药品加工的过程中，由于新的化学品和新技术的应用，新的食品药品安全隐患不断出现，世界上一些国家和地区关于食品药品的恶性事件不断发生。截止到目前为止，尽管人类对科技的应用和推广达到了前所未有的高度和深度，但相关疾病，如食源性疾病，无论是在发达国家或者发展中国家都未得到根本解决和治理。民以食为天，民以药救命。食品药品是人类在生存和发展中基本的物质需求，食品药品安全关系人类自身利益。

在国际食品药品安全形势比较严峻的情况下，我国食品药品安全事件也频频发生，充分暴露出我国食品药品安全监控预警机制出现的问题。我国食品药品安全监控预警机制应由目前的事后管理模式向事前监控预警模式进行转变。主要研究内容包括如下几方面：

第一，从人的自身利益出发分析食品药品安全的重大意义；

第二，目前我国食品药品监控机制现状的分析与研究；

第三，欧美发达国家食品药品监控机制值得借鉴的经验与存在的问题；

第四，完善我国食品药品监控预警机制的政策与建议。

本书是一部立足推进依法行政、依法管理、规范行为和构建食品药品安全监控预警科学体系的专著，是对现行食品药品安全监控法律、法规、规章、规范以及管理要求的系统阐释。本书基本涵盖了食品安全监控预警工作的各个方面，而且编排合理，查阅方便，是实施食品药品监控预警工作的“指导书”；对于刚刚进入食品药品监控工作的新人，更是一部指导性强、操作性高的参考用书。

该书理论与实践并重，学术性和实用性兼备，可读性比较强。该书的出版，将解决食品要求监控部门，尤其是基层食品药品监控部门的燃眉之急，对强化其食品药品监控工作，提高其依法执政水平，增强其监督与服务能力将起到很好的指导作用。

周　俊

2017 年 8 月

目　录

第一章　绪　论

一、研究背景

(一)食品药品安全已经成为全球共同面临的问题

食品药品安全问题已经成为全球的热点话题。2016年,宁夏回族自治区对区域内食品药品监督抽检进行了大数据公布,全区共安排食品、药品、保健食品、化妆品、医疗器械抽检19032批次。其中:食品(含保健食品)安全抽检16767批次,合格16425批次,总体合格率为98%;药品抽检1614批次,合格1590批次,总体合格率98.5%;医疗器械抽检101批次,合格97批次,总体合格率为96%;化妆品抽检550批次,合格545批次,总体合格率99.1%。从大数据来看,0.9%至4%的不合格区间值似乎可以忽略不计,但分析发现,其中存在的食品药品安全问题仍然不少,尤其是一些痼疾、顽疾年年发生,像食品添加剂超标、违规添加等问题,似乎难以根除。食品药品安全是国家稳定和社会发展的永恒话题,重视与加强中国食品药品安全,降低食品药品安全风险,是目前亟待各级政府解决的重大课题。

全球经济一体化的发展为食品药品质量安全带来挑战,食品药品质量安全问题已经成为全球共同面临的威胁。食品药品的集约化生产、异地销售形式增加了食品质量安全的风险,一个国家或地区的食品药品出现问题,可能会威胁到全世界消费者的身体健康。同时,在食品药品国际贸易中食品质量安全已是一个非常重要的方面,许多发达国家纷纷提高食品贸易准入门槛,世界范围内由于质量安全而引起的农产品贸易纠纷不断。大肠杆菌和“疯牛病”等影响食品安全的全球性恶劣事件不时发生,由此引发的食品质量安全事件造成的经济损失十分巨大。从国际上的教训来看,食品药品质量安全问题的发生不仅在经济上受到严重损害,还会影响到消费者对政府的信任,乃至危及社会稳定和国家安全。由此可见,食品药品质量安全问题已成为全球性的重大战略性问题。

(二)我国食品药品安全面临的严重形势

2016年,国家食品药品监控总局在全国范围内组织抽检了25.7万批次食品样品,总体抽检合格率为96.8%,与2015年持平,比2014年提高2.1个百分点。其中,主要有三个方面。一是大宗日常消费品抽检合格率总体保持较高水平,粮食加工品为98.2%,食用油、油脂及其制品为97.8%,肉、蛋、蔬、果等食用农产品为98.0%,乳制品为99.5%。二是社会关注度较高的婴幼儿配方乳粉共抽检2532批次,其中有0.9%的样品不符合食品安全国家标准,0.4%的样品符合国家标准但不符合产品包装标签明示值。三是1299家大型生产企业的18030批次样品和19家大型经营企业集团2949个门店的30599批次样品的合格率分别为99.0%和98.1%,比总体合格率分别高出2.2和1.3个百分点。

我国加入世贸组织之后,食品药品质量安全问题已成为食品药品国际贸易的最大障碍,也是世界各国用以设置贸易壁垒的主要手段之一。以药品为例,出口产品因农(兽)药残留超标被拒收、扣留、退货、索赔、中止合同、停止贸易的现象时有发生。作为一个农产品出口国,我们已经而且还在蒙受巨大的损失,大量的事实说明,当前我国食品质量安全面临严峻的形势,加强食品药品安全监控已经刻不容缓。

(三)我国食品药品安全管理理念的转变

近年来,卫生部、农业部和国家食品药品监督管理总局颁布多项政策法规,实施了一些行之有效的多层次食品药品质量安全检测,使得食品药品质量安全现状有了较大改变。但纵观很多食品药品质量安全的案例,绝大多数都是出了一个事件之后,由于媒体的公布,才来进行追究。因此,我国的食品药品质量安全管理必须从目前的"市场抽检、媒体曝光、事后打击"的事后管理模式,尽快转变为"全程控制、产品追溯、诚信保障、风险评价、危害预警和应急响应"的事前管理模式。

要从源头上解决问题,这就必须依靠科学的手段。第一,从微观上,建立我国食品药品质量安全风险评估微观预警体系:深入研究检测技术,学习引进国外先进的检测技术及设备,通过提供准确的监测数据来对可能发生的食品药品质量安全风险进行评估;从宏观上,建立我国的食品药品质量安全宏观预警体系:从宏观管理的角度,从分析食品药品质量安全的各方面影响因素入手,建立我国食品药品质量安全评价预警指标体系,对我国过去及未来的食品药品质量安全度进行评价预警。第二,要采取与国际接轨的做法,建立食品药品质量安全信息共享系统,形成系列化、专门化和专业化的信息集成系统,通过监测收集一批与我国食品药品质量安全相关的分析数据,根据食品药品质量安全影响因素的定性和定量分析结果,建立相应的食品药品质量安全预警系统,适时公告食品药品质量安全警情,一方面提请公众和政府相关部门采取相应的防范措施,另一方面正确引导生产和消费,增强消费信心。对早期发现的潜在隐患以及可能发生的突发事件及时通报,采取有效控制措施,排除警情。

二、研究的目的与意义

(一)研究目的

通过对本研究的开展,拟实现以下目的:从食品药品质量安全基本安全理论入手,一是对食品药品质量安全预警研究的相关理论进行探讨与分析;二是对影响食品药品质量安全的因素进行分析,建立食品药品质量安全预警指标体系;三是借鉴预警技术在其他领域的研究成果与方法,提出食品药品质量安全预警方法,建立食品药品质量安全预警模型;四是对我国近几年及未来短期的食品药品质量安全状况进行预警;五是提出新时期保障食品药品质量安全的措施和建议。

总之,本研究的目的是构建我国完善的食品药品安全监控预警机制,为政府决策提供参考,也为学术界的相关研究提供一种思路和探索。当然,更加彻底和深入的研究,还需要组织大量的人力物力,需要团队合作的力量,远非本研究所能胜任。

(二)研究意义

人类通过利用和改造自然,通过借助科技的力量,不断满足对于物质生活的需要,同时,通过对于基因的关注,人类对于药品乃至于保健品越来越关注,也更加关注自身的利益。在食品给人带来独特口感,药品为人类带来健康的过程中,也可能由于操作或者控制不当,而在加工或者使用的时候产生新的危害和副作用。因此,有效控制食品药品质量安全问题也显得越来越重要和迫切。

当食品药品出现重大突发问题的时候,会引发人们的恐慌和不安,进而引发严重的公共安全问题,影响到广大人民群众的身体健康和生命安全,也影响社会的稳定以及国家的经济发展。我国作为发展中国家,需要建立适合我国国情的食品药品质量安全监控预警体系,提高我国防控食品药品质量安全的行为和能力。从宏观管理的角度,对可能发生的食品药品质量安全问题进行分析,能够在不安全事件将要发生之前给予准确的警示或预报,真正做到防患于未然。因此,食品药品质量安全预警体系的建立,可以实现预防为主、科学控制的食品质量安全监控目标,对于完善我国的食品药品安全监控机制和提高监控水平具有重要的制度保障作用和实际指导意义。

三、研究方法

(一)系统研究法

把食品药品质量安全看作是一个复杂的巨系统。影响食品药品质量安全的因素分类:按过程控制因素分为加工原料安全水平、加工辅料使用安全水平、加工环境卫生管理水平和加工技术安全管理水平、国家监控水平、消费者的食品质量安全意识水平和食品加工业的发展水平。每一方面的影响因素都包括许多子因素。

(二)比较研究法

对我国食品药品质量安全预警指标警情程度的研究,是需要确定警限阀的。本研究对警限的确定是通过与国际通用标准、发达国家的发展水平、我国历史平均水平以及国内其他行业的发展水平的综合比较,并咨询有关专家的意见而确定的。

（三）定量与定性相结合的方法

本研究多次运用了定量与定性结合的方法：在指标体系的建立过程中，由于食品药品质量安全的影响因素涉及方方面面，既有直接因素也有间接因素，既有宏观管理因素也有微观管理因素，因此，理想指标体系的建立要把定性分析与定量分析相结合，才能构成预警的完整体系；在指标阈值的确定过程中，除了参照一些现有的国际标准值外，还需结合我国的实际情况进行定性分析；在对指标未来趋势的预测过程中，在建立时间序列模型的基础上，一些发展趋势不是很明显的指标还需根据发展规律并咨询专家的意见进行定性分析。

第二章　食品药品安全与市场运行

中国食品药品安全离不开政府行为和市场监控,政府行为和市场监控也离不开市场运行和市场机制。在现代市场经济体制中,市场作为商品交换关系的总和,包含着丰富的内容,其中的市场主体、市场客体、市场行为、市场秩序、市场监控组织构成了市场运行的诸要素,这些要素与政府行为相互作用,不断把社会主义市场经济体制推向新水平。

第一节　市场运行诸要素

一、市场运行中的主体

市场运行中的主体是指在市场经济活动中能够自主设计行为目标,自由选择行为方式,独立承担行为后果并获得经济利益的能动的经济有机体。从宏观角度看,可以将千千万万个市场主体分为政府、企业、个人三大类。政府是市场运行和经济关系的管理调节主体,是国民总收入的分配主体,也是市场监控的主体;企业是从事生产经营活动的经济组织,是物质产品和服务的提供者,是社会的生产经营主体,是市场监控的相对人;个人是生产要素的提供者,又是消费主体,在一些情况下,也是市场监控的相对人。

在市场经济中,各种经济资源,如商品、服务、生产要素等,在市场主体之间相互流动,构成了市场运行过程。在市场运行过程中,这些经济资源在市场主体之间相互流动,并形成市场运行的载体。这些载体可分为物质的和非物质的载体、基本的和派生的载体。物质载体主要包括消费品、生产资料和劳动力,非物质载体主要包括服务、信息和金融资产(货币资金、债券、股票等)。其中,劳动力、物质产品、服务、货币资金和信息是市场运行的基本载体,股票、债券、基金券等各种有价证券以及各种金融衍生品是在基本载体的基础上派生的。在市场运行中,市场主体之间形成经济联系,并受供求机制、价格机制、竞争机制的制约。

从宏观上讲,社会再生产过程由生产、分配、交换、消费四个基本环节构成。在市场经济条件下,这四个基本环节又在个人、企业和政府参与的市场运行之中。在市场运行中,各市场主体之间形成各种不同的关系:从生产和技术角度看,形成各主体的投入产出关系;从市场角度看,形成各主体的供需和交易关系;从财务角度看,形成各主体的收入支出和债权债务关系。由于市场运行的复杂性,要具体描述各个市场主体在市场运行中的联系不是一件容易的事。但这并不妨碍我们用抽象的方法,从市场主体之间最基本的经济联系入手,展示各市场主体之间的主要经济联系。

个人和企业是市场经济的最基本的参与者。个人和企业之间的相互作用发生在两个不同的领域:首先,有一个商品市场,产品和服务就在这里买卖;其次,有一个生产要素市场,劳动力、资本和自然资源就在这里进行交易。在商品市场中,个人为了满足其消费需要而对商品和服务提出需求。他们通过在商品市场中为这些物品和服务出价,而让这些需求为人所知。企业为了追求利润,对这些需求做出反应,即向市场供应这些物品和服务。企业的生产技术和要素的价格决定供给的条件,而消费者的选择和支付能力则决定需求条件。供给和需求的相互作用决定出售的价格和数量。在商品市场里,购买力(通常以货币形式表现)从消费者流向企业;同时,物品和服务按相反方向流动,即从企业流向消费者。

在生产要素市场中,个人是要素市场的供给者。他们向企业提供劳动力、资本和自然资源,以便企业用来生产物品和提供服务。企业通过在要素市场上出价的高低来表明自己需要这些投入要素的迫切程度。货币的流动是从企业到个人,而生产要素则从个人流向企业。生产要素的价格就是在这个市场里确定的。

此外,政府及其监控组织与个人、企业及产品市场和生产要素市场之间的关系是相互影响与依赖的。在市场运行中,政府不仅是参与者,也是监控者。从与其他主体的经济联系来看,政府主要是通过收入、支出参与市场运行。政府收入主要来自于其他主体交纳的税金,通过资金市场筹集或由其他主体投资认购的债务收入及国有资产收益等。政府支出主要包括向其他主体的转移性支出、投资性支出以及偿还债务的还本付息支出等。政府通过收支活动与其他市场主体发生的这些联系,比较集中地表现在每年的财政预算、决算报告中。政府收支体现了政府的职能及其活动内容,政府还通过行政、经济、法律、信息等手段对其他市场主体以及宏观市场运行进行调节、控制和监控,以保证市场运行的正常秩序和良性循环。

在现代市场经济体制中,政府及其监控组织的经济行为、企业的经济行为和个人的经济行为相互作用的结果,使价格和利润成为调节货币和资源流动的信号。在这种循环流动的市场经济里,政府、企业、个人相互依赖,每个参与者都需要他人或其他经济组织。例如,在市场上,一个人的劳动要有价值,必须有企业愿意雇用他;同样,企业要进行生产,必须有消费者想购买它的产品;政府既是经济活动的参与者,又是市场行为的监控者。结果是,所有的参与者都有一种动力去满足别人的需要,他们都能自愿参与,因为他们都能从参与中得到自身所需要的某些东西,实现某些目标。

在市场经济条件下,并不是任何居民个人及企业都能成为市场主体。居民个人及企业要成为市场主体,需要具备一定的条件。

首先,必须具有对市场交换客体(即市场客体,如商品和服务)的所有或直接占有、使用、支配和处置的权利。市场供求是同一交易过程的两个方面。市场主体在市场上参与市场客体的交换过程,实质上是各市场主体之间相互转让对市场客体所有或使用、支配和处置的权利过程。如果没有对市场客体的所有权或使用、支配和处置的权利,个人或企业就没有可供交换的客体,也就不可能成为市场主体。因此,对交换客体具有所有或占有、使用和支配的权利,是市场主体必须具备的一般条件。

其次,具有从事经济活动的自主权。市场主体从事经济活动,进行市场客体的交换,其主观动机是为了获得自己所需要的使用价值或自身的经济利益。因此,市场主体在市场上,为了达到交换的目的,必然要寻找对自己有利的交换对象、交换地点,并通过一定的形式完成市场客体交换活动。而要做到交换自主,实现利润最大化,其前提条件必须是具有生产经营的自主权。只有这样,市场主体才能根据市场需求的变动和价格信号的引导不断地调整自己的经济行为,市场供给主体才能不断地向市场提供适销对路的商品或服务,市场需求主体才能根据自己的需要自由地购买所需要的商品或服务,居民个人及企业才能成为名副其实的市场主体。

最后,居民个人及企业必须内在地依赖市场。企业作为市场主体,必须同市场内在地联系在一起,由市场决定企业经济利益的大小。当企业根据市场需要安排自己的生产经营活动,并按照价值规律的要求节约劳动耗费时,它就能够获得较高的利润;反之,则会获得较少的利润,甚至发生亏损。只有这样,企业才能在市场利润的吸引与压力下,根据市场状况来安排自己的生产经营活动,才能真正成为市场经济活动的积极参与者,才能真正成为市场主体。居民个人在市场运行中既是市场需求主体,又是劳动力生产要素的供给主体。从市场需求主体的角度看,居民个人必须依赖市场,在市场上获得自己所需要的商品,作为劳动力这一生产要素提供者,居民个人可以在市场上自由地出卖劳动力,自主择业。居民个人提供生产要素及购买自己所需要的生活资料,必须通过市场来完成。

综上所述,政府及其监控组织、企业、个人是市场运行中最基本的三大市场主体。在市场经济条件下,市场运行过程和市场主体之间的关系既受供求机制、价格机制、竞争机制的调节,又受经济全球化、知识社会和国家政治体制的影响,还要受到政府的市场监督和管理。

二、市场运行中的客体

市场运行中的客体是指作为市场交换对象的商品和服务,它们是在市场主体之间相互流动的经济资源。一种商品或服务要成为市场交换的客体,必须具备下列条件。

首先,它必须能够满足人们的某种需要。即它必须具有使用价值或某种效用。没有使用价值的物品或没有任何效用的服务，不具备交换能力，不能用于交换，不能成为市场客体。

其次，相互交换的商品或服务必须具有不同的使用价值，能够分别满足交换双方的需要。一般说来，具有不同使用价值的商品或服务是指不同部门所提供的商品或服务，但是，随着社会分工的发展，部门内部的分工越来越细，这就使得同种商品或服务由于包装、牌号、规格、质量、价格等方面的差异而形成交换关系。这是社会分工不断深化的结果。

再次，能够用于交换的必须是稀缺的经济物品，即成为市场客体的商品或服务既要具备有用性，又要具有稀缺性；供应丰富的物品尽管具有使用价值或效用，如空气和阳光等，不能用于交换，不能成为市场客体。

最后，市场客体之间的交换比例是通过市场主体之间的讨价还价形成的。在物物交换过程中，市场客体之间的比例表现为不同市场客体之间的量的关系；在以货币为媒介的交换过程中，市场客体之间的交换比例表现为不同市场客体之间的比价。

商品经济发展到今天，用于交换的市场客体不胜枚举，并随着生产的发展和交换范围的扩大而不断地扩大。但我们可以按不同的标准对其进行分类。如果按市场客体的最终用途分类，可分为用于生产消费的市场客体和用于生活消费的市场客体；按其形态分类，可以分为有形市场客体和无形市场客体。

三、市场运行中的监控组织

市场运行中的监控组织是指为了维护正常的市场经济秩序，最大限度地实现整体经济利益而设立的市场监督管理机构。在市场运行中，市场主体的经济活动是多方面的，为了规范市场活动，市场监控组织必须取得其相应的法律资格。对市场活动进行监督管理的各种组织机构，构成了市场监控系统。只有通过市场监控组织的共同作用、相互协调和配合，才能形成对市场运行状态的有效管理，从而保障市场运行的规范化和秩序化。

（一）市场运行中的监控组织的分类

市场监控组织可分为宏观监控组织、微观监控组织和民间团体监控组织 3 个层次。宏观层次上的监控组织主要指国家设置的专门性市场监控机构，主要包括政府的有关职能部门、政法系统的有关机构、检查系统的有关部门，如国家工商行政管理机构、国家食品药品监督管理机构等。微观层次上的监控组织主要包括行业市场监控组织和技术性市场监控组织。市场民间团体监控组织指社会性和群众性的市场监督管理机构或组织，主要包括同行业民间团体市场监控组织和社会中介市场监控组织。同行业民间团体市场监控组织既是民间团体，也是行业自律性组织和社会团体，其主要任务是沟通行业内成员与政府之间的联系、促进各成员之间的信息交流、制定同行业的技术和管理标准、协助成员单位开展咨询和培训活动。社会中介市场监控组织是指为社会提供专业中介服务和一般中介服务的机构，其任务主要有业务咨询、业务服务，按照行业规则确定的工作程序出具有关报告。

(二)市场监控组织的特点

从总体上讲,政府为实现其市场监控职能,需要设置若干职能部门来体现国家的意志。市场监控组织就是政府的一个职能部门或依附于政府相关部门,它根据国家管理市场经济的需要而设置,运用国家权力机关赋予的权力,以国家法律法规为依据,代表国家从外部对各市场主体的市场经济活动进行监督管理。其目的是使市场主体能够按照市场经济的内在要求保持一定的比例关系,并使它们都能够按照一定的市场规则为自己谋取经济利益,保护市场主体的合法经营活动,取缔非法活动,维护市场经济秩序。由此而来,市场监控组织具有如下特点。

1. 市场监控组织是政府对市场进行监控的职能部门

市场监控组织具有领导和组织市场活动的职能,但不直接管理市场主体的微观经济活动,主要是制定市场活动的各种规章制度,并组织实施,充当指导者、协调者、监督者和服务者,对市场主体的经营活动进行高层次的、综合的监督和管理。不同的经济行政管理机构只是市场监控组织中的一个具体部门,负责对市场某个领域的监督管理,履行国家行政管理的部分职能,是政府市场监控职能中的专业化机构。

2. 市场监控组织是行政执法机关和强制性监控部门

市场监控组织享有一定范围的行政权,具有行使市场监控的权力,是各种市场监控法规的执法机构。市场监控部门具有对违反其监督管理范围内的法规、条例、政策的行为行使行政执法权,并在行政执法权上具有较大的强制性。对违反国家的法律、法令、政策的市场主体,视其情节轻重,可采取警告、罚款、停业、取消市场准入资格、强行收购、没收非法所得等强制性手段,保障合法经营,取缔非法经营,维护市场经济秩序,实施政府的市场监控职能。市场监控组织及其各监控部门,必须建立完备的法律制度,依法对市场进行监督管理。

3. 市场监控组织是独立性监控部门

随着社会主义市场经济体制的完善和发展,市场主体之间的经济关系越来越密切,也不可避免地产生各种矛盾和经济纠纷,这就需要有一个公正、独立的市场监控组织进行调节和仲裁。从法律方面讲,市场监控组织在其职权范围内,有独立履行其职责的权力,其他组织只有协助其履行职责的义务,而没有干涉其履行职责的权力。从经济利益方面讲,市场监控组织不干预市场主体的生产经营活动,只是对市场主体之间所发生的经济联系进行监督和管理,与市场主体之间不存在直接的经济利益关系,与经济纠纷当事人双方没有直接的利害关系,能以“中立者”的身份站在公正的立场上,依照国家法律规定和法定程序,以事实为依据,以法律为准绳,正确地调节、仲裁经济纠纷,规范市场主体的市场行为和经济关系。

4. 市场监控组织是社会服务性组织

市场监控组织产生于经济生活，高于经济生活，又要服务于经济生活。在倡导服务型政府的社会，市场监控组织的服务性就日益突出。市场监控组织作为上层建筑的一个实体，要适应和服务于经济基础，为市场经济的稳定和发展服务。从国家政治体制中行政和立法的关系看，行政是立法的执行机关，行政要服从立法，行政组织要为执行法律和法规服务，为国家利益服务，为公众利益服务，为社会整体经济利益服务。由此看来，服务性是市场监控组织的基本特征之一。

（三）市场监控组织的构成要素

不同的市场监控组织，尽管其监控的内容和范围不同，但其基本的构成要素是相同的，它们包括监控目标、监控方式、职位配置、权责划分、人员结构、监控程序。明确市场监控组织的构成要素并使其不断优化，才能形成学习型市场监控组织。

1. 监控目标

监控目标是解决监控问题的方向和预期效果，对于相同的监控相对人，监控目标不同，监控的方式、方法、途径和策略往往也不一样。所以，市场监控组织首先要确定总的监控目标，按层级进行分解，依次确定各级组织的分目标，构成市场监控组织的目标网络。对市场运行进行监控所要达到的总体目标，是完善市场经济体制，维护市场经济活动的秩序，规范市场主体经济行为，促进市场机制功能的发挥，优化社会资源配置。市场监控的这一总体目标的实现，要以市场监控结构体系中的各类市场监控组织实现它们各自具体管理目标为基础。只有在各类市场监控组织都较好地实现了它们各自的具体监控目标的条件下，市场监控的总体目标才能顺利实现。显然，市场监控组织所要实现的监控目标，实际上是一个既包括总体目标又包括各项具体目标的监控目标体系。

2. 监控方式

监控方式是指市场监控组织为发挥市场监控功能、达到市场监控目标所采取的各种措施、手段与方法的总称。市场监控组织需要通过一定的方式，对监控相对人施加定向影响，有效地发挥市场监控的功能。市场监控效用的高低，不仅取决于市场监控目标是否正确、市场监控组织是否健全，而且取决于市场监控方式是否科学、得当和有效，是否依法监控、民主监控、为民监控。市场监控方式的科学化，既要依靠市场监控人员在市场监控实践中不断积累经验、不断总结、继承和创新，又要借鉴现代科学理论进行改进、补充和完善，实现市场监控的现代化、科学化和法制化。

3. 职位配置

在市场监控组织体系中，职位配置包括每个市场监控组织在市场监控组织体系中所处的位置，以及市场监控组织内部的职位数量安排。市场监控的需要是职位配置的依据。职位配置与市场监控组织所担负的市场监控职责成正比。因此，必须根据职、责、权相一致的原则，在明确每一个市场监控组织及其每个工作人员的职责范围的前提下，合理配置市场监控组织及其内部的职位、职数、职级、职责等。避免有责无权，或有权不尽其责的现象,明确规定各级各类市场监控组织之间的职责划分。

4. 权责划分

市场监控组织是一个纵横交织的权责体系,在合理配置市场监控组织职位的前提下,必须合理地划分权力和责任。因为市场监控组织及其人员,不仅要有职,更要有权、有责,做到职、权、责相一致。所谓有权,就是要被授予相应的权力;所谓有责,就是要对执行的职务承担责任。如果有责无权,则无法尽其责;如果有权无责,则易滥用权力。所以,每个市场监控组织及其内部的每个工作人员,必须有明确的职权和职责。做到事事有人负责,人人各司其职,各行其权,各负其责,权责一致。为此,必须建立严格的监督、考核、奖惩制度,这是保证权责一致的必要手段。

5. 人员结构

组织中的最主要因素是人,没有人,组织就如同没有血肉的躯体,是没有任何活动的静态结构,是没有任何功能的摆设。因此,市场监控人员是市场监控组织中的主角。一个市场监控组织,必须因事设人,这是人员配备的依据。既不能人浮于事,也不能有事无人做。同时,还必须根据市场监控组织的总体目标以及不同人员所要从事的具体工作,考虑所配备人员的素质和知识结构,力争使所配备的人员与其职位要求相一致。

6. 监控程序

市场监控过程要有一定的监控程序,如果不符合法定程序,则市场监控行为无效。因此,监控程序的编制要考虑在不影响监控效果的前提下,采取科学的方法,尽量减少中间环节,提高监控效率。由于市场监控客体不同,监控程序也不尽相同,但总体来说,监控程序必须体现公正、公开、安定和效率的原则。

(四)市场监控组织的设置原则

市场运行中市场主体的经济活动是多方面的,为规范各市场主体行为和维护市场经济运行秩序,市场活动的监督管理很难由某监控组织独立承担,必须由不同职能的监控组织相互配合,共同完成对市场的监督管理。由于不同时期的社会条件、政治条件和经济条件不同,市场监控组织结构也不完全相同,这就要求在设置市场监控组织时遵循一定的原则。

1. 具有明确的监控目标

市场监控目标是市场监控组织所期望达到的目的,或者说要取得的成果或要完成的任务,它是通过法律确定的,是由国家根据市场经济发展的需要,依照国家的意志,按一定的法律程序制定的。市场监控组织目标是一个庞大的目标体系。市场监控组织承担着对市场主客体进入市场及各种经济行为的监督管理,内容十分庞杂。因此,市场监控组织所要完成的任务,所要达到的目标是多方面、多层次的。可以把市场监控的总体目标从不同角度、不同层级分解为各种分目标,这些分目标就是各层级市场监控组织所要具体承担的任务,也是设置各层级市场监控组织的前提和依据。

2. 取得相应的法律地位

市场监控组织的法律地位，是指法律赋予市场监控组织在社会关系中所处的具体位置。明确市场监控组织的法律地位，要求明确市场监控组织与权力机关、政府机关之间的关系，明确市场监控组织与市场主体之间的关系，明确市场监控组织与市场客体之间的关系，这是保证市场监控组织正常发挥其职能的前提。市场监控组织具有了合法资格，它就具有了依法行使职权，享有行政优先权，必须履行行政职责，必须对违反职责承担责任，可以用自己的名义实施行政行为，承受行政行为所引起的法律效果，可以用自己的名义参加诉讼活动。

3. 完整统一

市场监控组织作为国家行使市场监控的主体，必须完整统一，各个组成部分互为条件，互相配合，形成一个有机的整体。要贯彻完整统一原则，首先，职能目标要统一，在市场监控的总目标下，各个市场监控组织的分目标、局部目标要服从总体目标。要实行目标归类，同类市场监控目标要归同一个市场监控组织来实施，不能“政出多门”。各个监控组织要发挥各自的功能，为实现市场监控总目标服务。其次，机构设置要完整统一。市场监控组织之间，要明确各自的权限范围。任何市场监控组织都是市场监控组织体系的组成部分，从而形成一个统一、完整的市场监控权力体系。

4. 动态调整

市场监控组织是一个人工系统，它是由领导人或一个领导集团组建起来的群体结构，带有一定的主观意志。市场监控组织的结构必须能够适应市场监控的需要，能够为实现市场监控的目标而有效工作。这就要求市场监控组织能够根据市场监控范围或具体监控目标的变化而相应地调整自身的结构。影响市场监控组织结构变化的因素主要有以下几个方面。

(1)市场监控方式的变化。如我国由计划经济体制向市场经济体制转化过程中，市场监控方式随之发生了变化，这一方面需要市场监控组织自身转变监控方式，另一方面需要相应地调整市场监控组织结构，裁减按计划经济模式设置的一些市场监控组织，增加必要的适应新的监控方式的市场监控组织。

(2)新的市场部门的增加。随着科学技术的发展，市场上出现了许多新的产业部门，相应地出现了新的市场部门，需要市场监控组织的监督管理。如果原有市场监控组织不能满足对新增市场部门的监控需要，就要新增必要的市场监控组织。

(3)新的社会问题的出现。随着市场经济的发展，新的社会问题也随之出现，如饮食用药安全、社会保障、环境保护等，需要建立相应的市场监控组织，从而对市场主体进行必要的监督管理。

(4)监控权限的转移。由于经济、政治和社会等原因，市场监控的权限需要集中或分散、上收或下放。这直接影响到市场监控组织结构的变化，需要调整不同层次的市场监控组织数量。

(5)特定市场监控任务。市场上有时会出现一些特定的或临时性的需要监控的事件或任务,要有相应的市场监控组织进行监督管理,需要设置临时性或较长期性的市场监控组织。

总之,市场监控组织结构是否合理,是否行之有效,要在市场监控实践中加以检验,并根据实际需要进行必要的调整。

四、市场运行中的体系

市场运行中的体系是相互联系的各类市场的有机统一体。它包括消费品和生产资料等商品市场,还包括资本市场、劳动力市场、技术市场、信息市场以及房地产市场等生产要素市场。市场是商品交换关系扩大的产物,商品交换是市场交换的基本内容,商品市场在市场体系中处于基础的地位,其他市场在某种意义上是为商品市场服务的。资本市场在市场体系中占有极为重要的地位,因为货币在现代经济中是所有资源的一般代表形式,资源的分配,首先表现为资金的分配。人是最重要的资源,劳动力市场在生产要素市场中占有重要位置。商品市场、资本市场、劳动力市场是市场体系的最基本内容,它们被称为市场体系的三大支柱。

(一)商品市场

狭义的商品市场是指有形物质产品的交换场所,可分为消费品市场和生产资料市场。商品市场的主体是参与商品交换的卖者和买者,市场的客体是各类商品。商品市场的主要功能有3个:为商品交换的实现提供条件;评价商品,商品市场是一个公平交换的场所,按照价值这个同一尺度评价商品的竞争力,完成交易行为;影响供求,在竞争中形成的价格会影响生产和消费,影响供求关系。

1. 消费品市场

消费品是满足人们消费需要的商品(也称最终产品),消费品市场是提供最终产品、直接满足人们消费需要的商品市场。它的消费主体是广大的城乡居民,它的客体是个人或家庭生活用品,涉及衣、食、住、行等各个方面。为了适应人们消费需求的多样性,适应不同的消费层次、消费心理的变化,消费品具有显著的地域性、民族性、时令性、选择性和多变性。经营灵活、便利群众、服务周到、商品适销对路、物价相对稳定,是消费品市场建设的基本要求。改革开放以来,我国消费品市场迅速发展,主要原因有三个。一是通过调整流通结构,多种经营成分协调发展;二是商品购销形式多样化,实行了订购、自由选购和自销等多种购销形式;三是改革了商业批发体制,减少了流通环节。同时,一批跨地区、跨行业的消费品批发公司、批发市场相继建立,组成了新的流通网络。现已初步形成了以零售商店和小商品市场为基础,直接面向消费者,以大的商业公司和专业批发市场、连锁商店、综合市场为骨干的消费品市场体系。

2. 生产资料市场

生产资料是生产过程中使用的劳动资料和劳动对象的总称。生产资料市场就是生产资料的流通场所。生产资料市场的特点有三个:一是其交换基本上是在生产企业之间进行,流通广度比消费资料小,但与生产企业密切相关;二是生产企业对生产资料的需求弹性小,但需求量大,可以大批量成交;三是需求相对稳定,因此交易易于规范化、系列化、通用化。这些特点决定了生产资料市场可以相对集中或相对独立,形成较稳定、长期的供销关系。改革开放以来,我国生产资料市场逐步完善,主要表现在以下三点:一是通过市场流通的生产资料比重越来越大,国家计划分配的比重不断缩小;二是生产资料流通渠道和流通方式日益增多,除原来物资企业的经营外,又成立了一大批物资贸易中心,按市场机制开展现代物流业务;三是随着多层次的市场组织形式的形成和发展,生产资料市场的国际化特征日益明显。

(二)生产要素市场

在现代市场经济体系中,资本、劳动力、技术、土地仍然是生产过程中的最基本的四大要素,由此而来,金融市场、劳动力市场、技术与信息市场和房地产市场构成市场体系中的四大生产要素市场。

1. 金融市场

金融,是指资金的融通,即资金的集聚与流动,包括货币的发行、流通和回笼,存款的吸收和提取,贷款的放与收,投资资金的筹集以及与货币流通有关的一切活动。广义的金融市场是指金融活动关系的总和。狭义的金融市场指具体金融活动的场所。金融市场是商品经济发展的必然产物。商品经济的迅速发展,促进了信用制度的形成和发展,货币借贷从双方直接借贷的初级形式逐步发展为以银行为中介的借贷形式。这种间接融资形式的出现,又促进了以债券、股票为内容的直接融资形式的发展。金融市场作为一个完整的市场,包括4个方面:①短期资本市场,也叫货币市场,即专门从事短期货币融通的市场;②长期资本市场,即专门从事长期资本融通的市场;③外汇市场;④黄金市场。我国前3类市场已经发育起来。我国金融市场的发育从短期货币市场起步,取得了很大进展,主要表现在:金融总量增长大大超过经济增长,金融在资源配置中的作用举足轻重;满足不同群体需求的金融机构体系已基本完善,以商业金融机构为主体,政策性金融机构为补充,银行、证券、保险、信托、租赁、财务公司等机构的作用日益强大;主要金融市场已建成,银行间市场,包括银行同业拆借市场和银行间债券市场已具相当规模。

2. 劳动力市场

劳动力市场是指劳动力进行流动和交流的场所。其作用是运用市场机制调节劳动力供求关系,推动人才的合理流动,实现劳动力资源的合理配置。在劳动力市场上流通的是人的劳动能力,包括体力和智力两个方面。在市场经济体制下,劳动力的供求是由市场机制决定的。首先,从劳动力供给方面看,一般来说,随着工资的增加,劳动力供给也增加;反之,随着工资的减少,劳动力供给也相应减少。但由于各国劳动力资源状况差别较大,劳动力供给最终要受资源限制。从劳动力需求方面来看,企业使用的劳动力数量取决于每增加一个劳动力可能给企业带来的收入。只有当这种可能收入大于每增加雇佣一个劳动力所需的成本支出时,企业才会增雇劳动力。当然,在一些国家,由于工会组织比较严密,力量较强,也使企业难以完全按照上述原则解雇工人。我国劳动力市场近年来发展迅速,初步发挥出对劳动力资源的优化配置的基础性作用。主要表现在:劳动合同制普遍实行;就业市场初具规模;劳务市场充满活力;中介服务机构不断涌现;劳务合作市场日益受到重视。但由于我国的劳动力市场是在计划和市场双重体制的撞击与磨合过程中逐步形成的,因而带有一定的计划性、非竞争性烙印,还不能完全适应劳动力流动的需求。

3. 技术和信息市场

广义的技术市场是指技术商品交换关系的总和,它包括从技术商品的开发到应用和流通的全过程;狭义的技术市场是指技术商品交换的场所。技术商品的交换过程具有延伸性。技术市场价格完全由交易双方自由议定,国家不加干预;列入国家计划的技术项目也可以进入技术市场流通。信息市场是指专门进行信息交换的场所。在现代,信息的生产、储存、分配和交换日益成为一个专门的部门与行业。信息市场提供的商品是信息,信息的使用价值最终表现为通过信息的使用,可以提高企业的经济效益,而且其效益远大于信息自身的价值。信息商品不是固定的物质形态的商品,同一信息可以同时为多个部门、多个企业服务。信息产业是一种知识密集型产业,它的生产需要大量知识、技术,要消耗人们大量的劳动。所以信息市场是同商品市场联系在一起的。技术、信息市场的组织形式是多样化的,主要有科技信息交流会、科技信息商店、咨询服务公司、行业技术开发及信息中心、许可证贸易等形式。

4. 房地产市场

房地产市场可以分为房产市场和地产市场。房产市场所交换的物质对象是房屋,无论作为消费资料还是生产资料,房屋都是商品。房屋可分为住宅、生产经营用房和非生产经营用房。地产市场是指进行土地使用权的交易和转让的市场。我国的地产市场与一般商品相比有自己的特性。土地市场是土地使用权的流通,而没有土地所有权的让渡。在土地公有制基础上的土地流转承认土地使用权的有偿转让,但国家和集体并不放弃土地所有权;同时,土地使用权的流转是有期限的,不能一次性购买,永久使用。我国房地产市场发育的进展表现为:确立了土地有偿使用的体制;改革了房地产建设经营机制;推行了房屋商品化。

(三)市场体系的相互联系

市场体系中的各类市场之间存在着相互制约、相互依赖、相互促进的关系。如果某一分类市场发育不完全,发展滞后,就会影响其他市场的发展和功能的发挥,从而影响市场体系的整体效率。以资本市场为例,资本是商品运动的“血液”,是工业再生产活动的起点,所以,资本市场是商品市场和其他要素市场的先导,它的发育程度、运转效率直接关系到商品市场和其他要素市场的运营状况。

市场体系还必须具有统一性和开放性,这是市场体系的本质要求。市场体系的统一性指各类市场在国内地域间是一个整体,不应存在行政分割与封闭状态,部门或地区对市场的分割会缩小市场的规模,限制资源的自由流动,从而大大降低市场的效率。因此,中国特色社会主义的市场体系应该是统一的。市场体系的开放性指在全球领域内的开放,把国内市场与国际市场联系起来,参与国际分工和竞争,按国际市场的价格信息配置资源,以便更合理地配置国内资源与利用全球资源。开放性是更大范围、更高层次上的统一性。所以,开放政策也是建设社会主义市场体系的一个极其重要的条件。

第二节　市场机制

市场机制是指市场对各种要素的变化所做出的必然反应,是市场自身运行的必然规律,它体现着市场内外各种要素相互作用、相互制约的关系。市场机制是价值规律及其他商品经济客观规律的表现形式,它通过价格机制、供求机制、竞争机制等不同机制的相互作用表现出来。马克思在讨论劳动价值论中指出:“价值规律,恰好正是商品生产的基本规律”。充分发挥和合理利用市场机制是保证市场经济体系正常运转并不断发展的首要条件。

一、市场机制的丰富内涵

市场机制根据其功能和作用的范围可以分为横向机制和纵向机制两大类。横向机制主要是指竞争机制和供求机制,其特点是作用范围广泛,在各种市场里都能发挥作用;纵向机制是指只能在特定市场发挥作用的价格、工资、利率机制,如价格在商品市场上发挥作用,利率在资金市场上发挥作用,工资在劳动力市场上发挥作用,等等。

(一)供求机制

供求机制是指商品或服务供给和需求之间所具有的内在联系和动态平衡的规律性。马克思在《资本论》中指出:供求关系一方面只是说明市场价格同市场价值的偏离,另一方面是说明消除这种偏离的趋势,也就是消除供求关系的影响的趋势。供求可以在极不相同的形式上消除由供求不平衡产生的影响。在市场活动中,一方是市场供给主体在一定时期内向市场提供一定数量的商品和服务,形成市场供给;另一方是市场需求主体用一定数量有支付能力的货币购买生产和生活所需要的商品和服务,形成市场需求。市场供给与市场需求之间的关系,是生产与消费关系在市场上的反映,受多种因素特别是价格的影响。市场供求关系决定市场价格，市场价格又影响市场供求，从而总是依照从不平衡到平衡、再到不平衡这一客观经济规律的要求运动。

（二）竞争机制

竞争机制是指各市场主体在市场经济条件下获得自身利益的方式。在市场经济中，市场主体具有自身的经济利益。它们为了实现利润的最大化和自身的生存和发展，要在市场上展开各种形式的竞争，包括商品质量的竞争、价格的竞争、服务的竞争等。市场供给主体的竞争能够促进劳动生产率的提高及利润率的平均化；市场需求主体之间的竞争能够使社会经济资源得到更合理的配置，从而促进社会经济发展。市场经济的本质是竞争型经济，为保证市场的有效运行，有必要在充分利用规模经济的基础上，鼓励全社会范围内的有效竞争。作为市场主体的企业参与竞争的手段主要有以下 3 个方面。

1. 价格竞争

企业制定价格的原则主要是要保证在获取尽可能多的利润的前提下，限制更多的企业进入该市场。企业的定价行为随竞争状况而改变。在完全竞争条件下，企业往往采用平均利润定价，以降低高价或低价可能带来的经营风险，从而取得利润最大化。在寡头垄断市场条件下，企业倾向于追求长期利润最大化，寡头垄断企业往往采取协商方式定价。

2. 非价格竞争

这包括企业在技术和产品方面的研究与开发活动以及促进销售方面的创新行为，如广告、品牌及企业信用等。企业非价格竞争的目的在于扩大本企业产品和服务的差别性，增强本企业在市场上的竞争力，形成限制其他企业进入该领域的壁垒。

3. 企业兼并

企业兼并的主要目的是扩大生产规模，加强企业在原有市场上的竞争能力，或通过兼并进入新的领域，获取对方的技术、品牌和销售渠道。

（三）价格机制

价格机制是指价格形成、运行过程及其作用体系。价格机制体现着市场交换关系，支配着社会经济活动，并且担负着配置社会资源的任务，是市场机制的主体内容。价格机制的主要内容包括 3 个方面。一是价格形成机制，指在一定时点上价格的形成方式和具体条件，这是价格机制的核心内容。价格形成机制包含 3 个要素，即价格形成主体、价格形成的具体方式、价格形成的决定因素。二是价格运行机制，指价格在一定时期内的运行状态、运动的方向以及相对价格的变化方向。三是价格调节机制，指价格的功能及其作用体系。它包括两方面内容：一是价格本身对经济活动的调节；二是市场状况、市场类型对价格的影响作用。价格机制的主要作用为：动力作用，即价格机制灵活地反映经济变化，有利于国家经济管理部门主动调整政策，适应经济生活的变化；信息作用，即价格作为商品价值的货币尺度和商品供求关系的动态传感器，反映了产业经济的基本状况;流通作用,即健全的价格机制有利于商品流通;平衡作用,即价格机制能够根据需求规模结构合理分配社会资源,使之与产业发展的社会需求相适应,有利于总供给与总需求的经常性自动平衡;分配作用,即价格的变动,会引起分配结构的调整,产生收入再分配的作用,出现利益此消彼长的现象。

(四)利率机制

信贷的利率机制体现货币和资本的供给与需求的关系。它通过金融市场发挥功能,引导储蓄,调节投资方向及其在不同部门之间的投入和流出,并通过利率高低的涨落来调节供求关系。发达的金融市场是完善利率机制的前提条件。

(五)工资机制

工资机制体现工资变动同劳动力供求关系之间的关系,它通过劳动力市场发挥功能。在市场经济运行过程中,工资机制的功能,一方面受劳动力供求关系制约,另一方面受劳动生产率制约。一个部门或一个行业的劳动力供不应求时,必然引起其工资提高;同时,劳动生产率高的劳动者工资就高,反之则相反。工资机制的存在和发挥功能必须具备以下条件:①具有健全、完善的劳动力市场;②劳动力可以在竞争中自由流动;③各行业、各企业具有用人权以及生产经营管理者与劳动者具有相互选择权。

二、市场机制的一般功能

在市场运行过程中,市场机制具有联系性、信息性和利益约束性,能够配置社会资源、实现商品交换,推进市场主体的优胜劣汰,使生产与消费更好地协调发展。

(一)配置社会资源

在现代市场经济体系中,市场机制在配置社会资源方面发挥基础性作用。通过供求机制、价格机制和竞争机制的引导,社会资源总是流向最需要的地方。什么地方需要,是通过市场的供求关系表现出来的,而市场的供求关系变化是通过该种资源或利用这种资源生产的商品或提供的服务价格的涨落表现的。市场供给主体根据价格的高低做出生产经营决策。价格上涨,扩大该商品的生产,使得资源流入该部门;价格下跌,减少该商品的生产,使资源流向其他部门。市场通过竞争机制,促使资源在不同部门和市场供给主体之间流动,哪个部门的市场供给主体能够有效地利用资源,就能够在市场竞争中立于不败之地,资源也会不断地向那里集中。市场通过竞争机制,可以把资源配置到需要而又有效地利用的地方。市场经济越发展,市场在资源配置中所起的基础性作用就越充分。

(二)实现商品交换

在市场经济条件下,商品通过市场交换,才能从生产领域进入消费领域,才能实现其价值和使用价值。对于市场供给主体来说,商品在市场上的交换过程,就是个别劳动耗费与社会必要劳动耗费相统一的过程。因此,每个市场主体的经济利益,必须通过市场才能实现。从整个社会看,社会再生产顺利进行需要两个前提条件:①商品生产出来以后,要经过市场销售出去,使商品的价值得以实现,使生产过程中的劳动耗费在价值上得到补偿;②商品生产者通过市场购买到了为进行再生产所必需的生产资料和生活资料,使生产商品所需要的各种物质消耗得到补偿。上述两个条件能否得到满足,必须通过市场,并且主要取决于当时的市场状况。离开了市场,市场供给主体的经济利益就无法得到实现,社会再生产就无法进行。

(三)推进优胜劣汰

市场经济机制使每个市场主体都有被淘汰的可能。市场作为市场主体优劣的客观评判者,生产经营同类市场客体的市场主体,由于劳动手段、劳动对象、劳动数量和劳动质量的差异,以及经营管理水平的不同,造成个别成本的差别。而在市场上,同一质量和数量的市场客体,其市场价格是相同的。这样,成本低者获利多,可以不断扩大生产经营规模;成本高者获利少,甚至亏本,只能缩小生产经营规模或者停止生产经营活动。优胜劣汰作为一种市场机制,迫使每个市场主体不断降低生产经营成本,提高商品及服务质量。通过市场竞争,那些技术先进、设备精良、产销对路、管理水平高的市场主体在竞争中获胜,得到发展;而那些技术落后、管理不善、亏损严重的市场主体,在市场竞争中就会被淘汰,退出市场。

(四)促进产消协调

在市场经济体系中,商品生产者生产什么,生产多少,所生产的商品卖给谁,都要受市场的制约。市场既是组织生产的起点,又是生产的最终归宿。商品能否通过市场销售出去,关键在于它是否符合市场的需要。生产与消费需求的相互适应,是生产发展的条件。市场机制的功能就在于它为商品生产者和消费者提供了一个相互选择的机会。市场指导和促进生产者根据社会需要来组织生产,使所生产的商品在花色品种、规格、式样等方面都能够适应消费的需要,促进生产者生产出符合社会需要的商品。同时,市场还可以使生产在总体规模、结构等方面与消费规模及结构相适应,使整个社会生产能够按照合理比例发展。

第三节　市场失灵与政府干预

一、市场失灵的内容与表现

市场机制虽然能在资源配置中有效地发挥作用,但市场机制不是万能的,也有其弱点和不足之处,这就是通常所说的“市场失灵”。简单来讲,市场失灵就是因市场缺陷而引起的资源配置的无效率,一般包括两种情况:一是市场机制无法将社会资源予以有效配置;二是市场经济无法解决效率以外的非经济目标。市场失灵及政府对市场失灵的干预主要表现在以下5个方面。

(一)垄断和不正当竞争

自由竞争引起生产集中,生产集中又会引起垄断。垄断反过来又会破坏市场机制,排斥竞争。市场价格在垄断市场中必然是对垄断者有利而失去其原有的功能,垄断者会凭借其垄断地位提高其市场客体的价格,获取垄断利润,减少提高商品质量和服务水平的动力,损害市场需求主体的利益。同时,由于垄断的存在,单一的市场供给主体不能实现在完全竞争条件下所要求的边际收益等于边际成本的最优状态,其生产规模不可能是最佳经济规模,从而阻碍资源配置的优化。

在此情况下,尽管国家可以通过征税来分取垄断利润,但难以矫正资源的不适当分配。显然,市场本身解决不了垄断问题。政府的责任便在于针对因垄断或其他非竞争性因素的存在所引起的竞争的不完全性,采取有效措施,保证竞争的有效性。从世界各国的情况来看,主要方法是实行政府规制和立法的控制(如制定反垄断法、公平竞争法等)。在这里,政府的作用不是取消垄断或寡头经济,而是维持有效竞争。

(二)公共物品的提供

依据市场机制,消费者可以通过等价交换的方式,从市场上购买自己所需的商品和服务,从而使个人的需求得到满足。这时,消费者的偏好便可以在市场上反映出来,生产者就会更多更好地生产消费者偏好较强的商品与服务。因而资源是通过市场机制被分配于消费者偏好较大的生产或服务。这就是说,市场化的资源配置以消费者的偏好为依据。对于消费者偏好在市场上反映不出的商品和服务,市场则难以进行资源分配。这种消费者偏好在市场上反映不出来的商品或服务即是公共物品。

公共物品在消费上具有非竞争性与非排他性。非竞争性是指一个人消费某件物品并不妨碍其他人消费同一件物品。非排他性是指只要社会存在某一公共物品,就不能排斥该社会上的任何人消费该物品,任何一个消费者都可以免费消费公共物品。典型的例子是国防、灯塔等。不同的公共物品所具有的非竞争性和非排他性的程度是不同的。据此,公共物品可分为纯公共物品和准公共物品两类。纯公共物品是具有完全的非竞争性和完全的非排他性的物品,如国防、外交、法律法规等。准公共物品指具有有限的非竞争性和非排他性的物品,其中又分为两种:一种是自然垄断性的公共物品,如铁路运输系统、电力输送系统等社会基础设施;另一种是准公共物品,如社会卫生保健、义务教育、必要的娱乐设施和社会安全保障条件等。准公共物品的特点是具有拥挤性。

尽管某些社会性需求(如道路、教育)也可能通过市场机制来满足,但如果按照补偿生产费的价格买卖,其价格将会很高,只有部分消费者能够满足,而社会则希望更多的人能够享受这些商品和服务。另外,还存在“价值需求”,如学校教育、公共福利设施、公共住宅等。作为这种价值需求满足的对象的商品和服务,可以根据市场机制供给,也可以通过市场体系来分配资源。但是完全依靠市场体系,消费者往往得不到合乎社会需求的供应量。为了保证合乎社会需求的供应量,应当在购买中尽量减少应由消费者个人承担的部分,由政府来补助其不足的部分。同时,在价值需求中,有一种负需求,即有些个人需求,从社会上来看是不理想的,需要通过政府政策来遏制这种欲望的满足,典型的例子是对烟、酒征税或专卖。征税是试图通过惩罚性的征税,迫使消费者停止或者减少消费这些商品。总之,对公共物品的生产或提供是政府分内应做之事,市场体系干不了,或者能干而干不好。

(三)市场经济的外部性

市场机制能够实现资源的合理配置,也会造成资源配置的障碍,这个障碍除了公共物品与垄断之外,最为显著的便是市场经济的外部性。在市场经济条件下,当某一市场主体所花费的成本与社会所付出的代价不符时就出现了外部性。外部性有两种主要的情况,即外部经济(也称为外部利益)与外部不经济(也称为外部损失成本)。

外部经济指某一经济活动或某一项目所产生的效益被与该项目无关的人所享有。在理论上,可以提出对所有受益者所享受的外部效益收费,但实践中难以做到。一方面,要控制人们对某些设施的利用是困难的,诸如任何人都不能排斥他人享受阳光一样困难;即使能够控制利用,这种控制与管理的成本也太高。另一方面,收取费用要测定或计算每个人的使用量,而测定哪些人是受益者、受益的程度有多大比较困难。在此情况下,私人投资者很难因外部收益而获取利益,并且这些工程投资巨大,回收期限较长,风险较大,私人资本不愿投入,市场机制难以发挥作用,只有政府投资。

外部不经济指某一企业的经济活动所造成的经济损失而企业并不承担外部成本的情况。如有的市场主体为了节约自己的成本而将污染物向外排放,使得其他市场主体或社会遭受损害而得不到相应的补偿,也不可能通过市场机制的自发作用得到补偿和纠正,只能采取非市场方式进行调节和引导,如国家通过制定相关政策限制某些污染行业的发展,或者采取经济手段予以调整。这样,才能弥补市场的缺陷,解决外部不经济问题对经济增长和社会发展带来的负面影响。

(四)市场经济的不稳定性

在市场竞争中,市场主体的一切活动都是以市场为中心,依据市场信息,实行自主经营、自主决策。但是,市场主体的生产经营决策是分散进行的,其决策的依据主要是利润最大化的原则,根据市场供求和价格的波动这只“看不见的手”作为导向进行调节。然而,市场这只“看不见的手”的调节是一种事后调节,从价格形成、信息反馈到商品生产,有一定的时间差,加之各市场主体所掌握的市场信息不完全,对经济总体信息的掌握是有限的,对未来的预测带有一定的片面性,这就使得微观决策带有一定的被动性和盲目性。这在那些生产周期长的农业、采掘业表现得尤为明显。由此可见,通过市场经济进行自发性的交换过程,始终孕育着经济活动急剧并大幅度变动的可能性。这种变动,危害到市场机制的有效性,往往给资源分配、收入分配带来不利影响,如果不进行市场监控,就会出现市场秩序的混乱,导致社会生产力的极大浪费。

在市场经济中,几乎每一个国家的政府都在应对经济不稳定、不景气和滚雪球似的通货膨胀,总是试图保持稳定,达到最大数量的经济增长和就业。对此,市场经济自身无法实现自动调节,而需要政府来发挥作用。实现经济稳定的主要途径是政府的财政政策和货币政策。

财政政策大致可以分为两大类,即自动稳定政策和相机稳定政策。前者主要指存在于政府内部的,通过年度收入与支出,以财政制度上的因素自动控制经济变动。后者指按景气变动情况通过税收政策和公共支出政策进行。政府把财政收支作为一种均衡要素加以利用,通过财政来维持充分的就业、物价稳定以及控制总需求以保持适当的增长率。

尽管通过货币供应量的控制谋求经济稳定,实行的主体是中央银行而不是政府,但中央银行在现实中是政府实现调控的重要工具。政府可以利用利率政策、公开市场操作、银行储备政策等货币政策来实现对经济的控制。

(五)经济秩序的建立

市场要正常运行,需要有一个良好的经济秩序。而经济秩序的建立,靠市场主体自身是难以完成的。因为每个市场主体都是追求个体利益最大化。市场主体违背市场规则的经济活动会给其主体带来不利的影响,会影响其长远经济利益,如有固定位置的商店是否讲究诚信、其商品是否物美价廉,对其长远经济利益有影响。但有些行业的市场主体,其违背市场规则所获得的利益,远远高出所付出的代价,对其个体来说,所获得的利益要大于其损失,但对整个行业的影响较大,如果听之任之,整个行业就可能毁灭,社会的需要也不能得到很好的满足。这就需要有一个超越个体利益的市场监控组织,从产业发展的整体利益出发,制定产业运行规则,并监督每个市场主体按规则行事,推动整个产业及社会经济的发展。

二、政府干预

1929—1933 年经济危机期间,西方各主要国家百业萧条,物价猛跌,失业严重,人心惶恐。面对如此严重的局面,经典学派的政府“守夜人”理论显得苍白无力。时势造英雄,在资本主义存亡的危急关头,凯恩斯主义诞生了。曾在剑桥大学讲授经济学课程的约翰·梅纳德·凯恩斯,于 1936 年出版了《就业、利息和货币通论》(以下简称《通论》)一书,该书提出:私人经济制度的自发调节无法实现充分就业,因而需要政府出面,运用扩张性的财政政策和货币政策,实行宏观需求管理。“政府功能不能不扩大,这从 19 世纪政治家看来,或从当代美国的理财家看来,恐怕要认为是对于个人主义之极大侵犯。然而,我为之辩护,认为这是一切现实办法,可以避免现行经济形态之全部毁灭,又是必要条件,可以让私人策动力有适当运用。”后人把政府调控经济的行为称之为“看得见的手”。

凯恩斯提出的政策建议主要有3个方面:①增加消费以提高对消费品的需求;②实行通货膨胀以降低利率,刺激私人投资;③用政府支出弥补私人投资之不足。这种政策建议首先为美国总统罗斯福所接受。第二次世界大战后,凯恩斯学说经过新剑桥学派的补充和发展,进一步形成了新凯恩斯主义。在凯恩斯主义理论的影响下,西方国家纷纷采取扩张性的财政政策和货币政策以及国有化运动,并从以下4个方面加强对社会经济生活的干预。

(一)对收入分配进行干预,以缓解分配不均

即政府把通过税收等形式集中起来的收入的一部分,直接支付给家庭。转移支付的项目大致可划分为3类:第一类由社会保险项目构成,主要为那些进入就业队伍的人服务,如失业救济金、政府雇员退休金、灾难事故补偿金等;第二类转移支付项目是政府向那些连最基本的生活都难维持的社会成员提供的救济项目;第三类转移支付项目主要为那些在工作年龄以下的社会成员提供必要的物质援助,直到他们进入就业队伍为止。20世纪以来,福利主义和福利国家在西方成为一种潮流,“凯恩斯革命”更推进了这种潮流。

(二)通过制定和推行反垄断法,抑制垄断组织和垄断势力的发展

这种干预方式在“自由放任”时代就诞生了,不过那时西方国家的政府把其作为“守夜人”的一项职能发挥作用。反垄断法实施的最活跃时期是20世纪30年代以来的年份,从那时起,西方国家才真正把反垄断当作保护市场经济正常运行的根本措施。从总体上讲,西方各国反垄断的实际行动有很大差异,比如美国被认为是态度最坚决、行动最彻底的国家,而前联邦德国则被认为是态度暧昧的反垄断者。前联邦德国不仅允许卡特尔法的例外(仅1984年就批准成立了231家卡特尔),而且鼓励和支持企业(尤其是中小企业)之间的合作与合并,以致出现一次又一次的兼并浪潮,仅1985年重要的企业合并事件就达600起。

(三)支持公共部门和特殊产业的发展

政府的范围已不仅仅是为市场经济的运行确立一个制度框架,也不仅是协调社会成员之间悬殊的收入分配,而是直接渗透到了具体的部门,这些部门早已超出了国防、治安等完全意义上的公共服务部门,而且包括教育、卫生、交通等“准公共服务部门”和钢铁、化肥、汽车、石化产品等一般的生产部门。政府对公共部门及一些产品的支持,首先是提供预算支持,通过在这些部门实行国有经营,或给私人以现金支付、减税、优惠贷款、技术指导、低价服务等方式,弥补市场机制的缺陷,挽救传统部门,推进战略产业,减少外国企业对国内市场的控制。现代西方国家干预公共部门的另一种重要形式是政府采购,政府采购的能力足以改变现有的市场结构。

(四)稳定和促进经济增长

在“守夜人”年代,人们一直遵守传统的预算平衡原则,财政作为政府运用强制力量分配和再分配一部分社会产品的手段发挥作用。20 世纪 30 年代以后,开始运用财政政策对付经济波动。第二次世界大战以后,西方国家开始运用货币政策来稳定经济、促进经济增长。在西方国家,政府干预经济的事实,证明了凯恩斯政府干预理论的成功之处。

凯恩斯主义经济理论在经过了近 40 年的“黄金时期”以后,渐渐走向了自身的反面。在停滞和膨胀双重困难面前,“看得见的手”也显得力不从心,这迫使人们不得不重新思考凯恩斯理论中关于政府行为的前提条件。实际上,凯恩斯主义过于把政府行为理想化:国家是社会的合法代表,政府是民选的结果,因而能够体现人民的意志,代表全社会的利益;个人效用函数的总和就是社会效用函数,政府的活动就是向社会提供公共物品、增进社会福利,因而政府官员都是公道正义的“道德人”,他们的动机和行为与社会公共利益必然是一致的,政府行为目标就是社会福利函数的最大化。按照这样的理想假定,当市场失效以后,依靠市场自行调节不仅是一个漫长的过程,而且是一个代价高昂的事情,而由政府出面弥补市场的缺陷,改正市场的过失,其代价要小得多。

当凯恩斯主义在多数西方国家运用的同时,德国诞生的弗赖堡学派提出了著名的“社会市场经济”理论。“社会市场经济”理论的创始人是瓦尔特·欧根(1891—1950)。1937 年,他和一些法学家编辑出版的《经济的秩序》丛书大力宣传新自由主义。他们认为,社会市场经济不是放任不管的自由市场经济,而是有意识地加以指导的,是依据市场规律进行的,以社会补充和社会保障为特征的经济制度。它的目的在于在经济竞争的基础上将自由的积极性同恰恰由于市场经济成就而得到保障的社会进步联系在一起。

总体而言,社会市场经济理论中关于政府的行为可概括为保护自由竞争、总体调节经济过程、创造社会经济基础条件和稳定条件 3 个方面。在政府干预和经济自由的关系上,欧根等人把政府比作十字路口的交通警察,它不管行人和车辆的行动方向,但却维护着旨在防止事故发生的交通规则。伯姆·罗普克则打了一个足球比赛的比喻。他认为,政府好比是足球比赛中的裁判,而私人好比运动员。在比赛中,裁判并不亲自踢球,这是运动员的事情;裁判也不指手画脚,面授机宜,指导比赛的战术,那是教练员的事情。裁判的责任是不偏不倚地执行比赛规则,保证比赛的顺利进行。这就是著名的政府“球场裁判”之说。这个比喻在后来为社会市场经济的理论大师和最突出的实践家路德维希·艾哈德所引用,“球场裁判”因此而名扬天下,为众人所知。

第四节　市场运行中的政府职能

一、政府职能在市场经济体制中的变化

在市场经济条件下，市场与政府两种力量相互补充，各自在不同的领域内发挥作用，共同驱动经济和社会发展。伴随着现代西方发达国家市场经济的发展，政府职能的演进大致经过了3个阶段：市场经济发展早期（从资本主义确立到现代化启动时期，即17到18世纪中叶或19世纪中后期）；市场经济高度发达时期（从现代化开始到完成时期，即18、19世纪中叶至20世纪五六十年代）；后现代化时期（20世纪七八十年代以来）。

（一）市场经济发展早期的政府职能

在市场经济发展早期，政府职能有三个特征。一是政治职能极为突出。主要原因是，随着资本主义商品经济的发展，工业资产阶级的力量日益壮大，他们要求分享政治权力，但政治体制尚没有容纳新兴阶级参政力量的程序机制，因此，强化政府的资产阶级统治职能，成为统治阶级维护其合法统治地位的首要任务。二是经济职能非常有限。当时资本主义正处在上升时期，产业资产阶级信奉“自由放任”的原则，推崇自然秩序，反对国家干预经济。以英国为代表的资本主义发展国家，一直强调政府“守夜人”的角色，主张限制政府的作用。19世纪，美国的杰弗逊派也积极鼓吹“管得最少的政府是最好的政府”。三是社会公共管理和服务职能呈缓慢扩张之势。当时尚处在工业革命和城市化等现代化大规模开展之前，市场经济刚开始发展，农业社会的总体格局还没有被打破，社会生产力总量有限。因此，社会管理事务虽然总体上有所增长，但由于公民参与了经济领域，资产阶级政府与封建专制政府相比，其社会管理领域反而有所缩小；加之当时西方社会自给自足的自然经济仍占主导地位，即使出现某些社会公共管理和服务方面的需要（如救济），社会自身也能解决，无需政府出面。与此相关联，当时由于旧的社会资源分配机制（社会市场机制、慈善机制等）尚未失灵，在有限的社会资源分配任务下，旧的分配机制基本上能够胜任社会平衡的职能，不需要政府过多地介入。

（二）市场经济高度发达时期的政府职能

在市场经济高度发达时期，政府职能有3个显著特点。一是经济职能非常突出。20世纪30年代资本主义世界经济危机的暴发，打破了自由竞争能保证资本主义永恒发展的神话，资本主义国家开始主张在不影响经济自由运转的前提下，由政府出面，采取财政政策为主的措施，对经济活动进行干预。这就促使政府经济管理职能迅速扩大。二是社会公共管理和服务职能日益膨胀。随着经济的发展、现代化的推进、生产力水平的提高

和社会资源分配总量的增长，社会管理事务迅速扩张。这些增长的绝大多数社会事务的管理，自然而然地落到了政府职能的范围之内。三是政府政治职能的重要性相对下降。资产阶级政府面临的主要矛盾有所转化。现代化的推进需要集中大量的社会资源，而现代化进程的发展又带来大量社会资源的增长，如何分配这些社会资源，成为资产阶级国家各种力量关注的焦点。同时，随着社会经济结构和产业结构的调整，经济生活领域中的垄断现象不断加剧，大垄断资本家集团与中小资本家集团之间在利益分配上的矛盾冲突也在升温。这就需要政府出面调解资产阶级内部各种利益阶层之间的矛盾。

（三）市场经济发展成熟时期的政府职能

在市场经济发展成熟时期，政府职能有两个特点：一是经济职能及社会公共管理和服务职能发展较快。市场经济的成熟和现代化的完成，使社会资源总量有了大幅度增长，社会各阶级、各阶层有可能通过增加可供分配的社会资源总量，共同增加各方所得的分配数额。由于市场经济已进入成熟阶段，经济领域由政府出面直接介入的事务日益减少，因此政府的经济职能也下降到次要地位。与此同时，政府的社会服务职能不断扩张，国家在信息和商业服务，教育、文化、娱乐和保健服务，交通、通讯和能源服务，以及道路、水电等市政服务方面，均大大拓展了服务范围和内容。二是政府的政治职能巧妙地隐藏在社会公共管理和服务职能之后，阶级矛盾有所缓和。由于西方发达国家可供分配的社会资源总量大大增加，共同增加社会各阶层所得的分配数额成为可能，加之政府通过完善各种分配办法，增加了国民的社会福利，使得政治职能有所收缩，社会矛盾得到一定缓和。与现代化进程中只注重发展物质生产不同，西方国家在工业化完成后也在更多地注重发展精神生产，力图克服物质化过程中人的“主体失落”现象，重建人类的“精神家园”。作为制度方面的精神回归，人们更愿意接受自我管理，因而政府的统治形式也不能不从管理走向服务，这与马克思主义的历史唯物论相合。根据马克思主义的观点，从人与自然合一到人与自然分离，再到人与自然合一的发展，是人类社会发展的必由之路。随着生产力的大发展，人与社会、国家与社会、政府与公民的相互关系也必然从对立走向统一，因此政府的政治统治职能最后必然为社会服务职能所取代，这是不以统治阶级意志为转移的。

（四）“混合经济”模式中的政府职能

从所有制角度讲，当前西方发达国家中的市场经济形态是一种“混合经济”模式。所谓“混合经济”就是社会主义与资本主义的混合模式，在理论上是针对社会主义计划经济中极端干涉主义明显失败和资本主义自由市场经济主张国家退却、解除管制和私有化所导致的周期震荡而提出的具有双重意义的补救措施。法国经济学家让·拉费、雅克·勒卡莱在所著的《混合经济》一书中指出：“混合经济的根本思想，就是必须有一个强有力的国家及其计划机制实施市场调控和监督，从而对市场缺陷进行纠正和救治。”他还指出：

"混合经济首先就是这样一种经济:它的数字表明,国家在经济上的作用,不论如何具体发挥,对市场来说都是很大的。任何一种混合经济都包括国有部门和私营部门,而且一般说来,前者不仅包括非商业的行政部门,还包括以国有企业或国家大量参与为形式的重要经济部门。如以欧洲各国经济为参考,国有部门约雇佣30%的劳动力(其中2/3以上在行政单位,1/4以上在国有企业),并提供1/4至1/3的附加值。公共开支可能超过国内生产总值的40%~50%。"

在西方盛行的混合经济模式不同于计划经济模式和自由市场经济模式,它并不是一种出自事先构想的制度,而是资本主义制度演化的历史产物。主要是针对由于不受控制的"纯资本主义"而定期发生的震荡所做出的适时反应,而不是协调计划的结果。为了解决"市场失灵"和"政府失灵",人们曾经提出不同方案,希望解决经济不稳定、严重通货膨胀或严重失业持续存在、垄断倾向和限制竞争等问题,因为对活动监督不够会引起"外部效应"与劳务供应不足,引起人们所认为的收入分配太不公平,等等。因而,西方资本主义国家一直在寻求最佳的解决方案,不断地吸收社会主义计划经济的优越性。而"社会主义"计划经济在20世纪70年代也被种种问题严重困扰,纷纷寻求改革之途,逐步重视市场作用并削弱高度集中的行政管理,积极学习、借鉴资本主义市场经济的有效手段,因此出现了资本主义与社会主义的不断融合,欧洲各国的经济基本上都逐步变成了"混合"经济。正如西方经济学家自己描述的那样:"虽有某些夸张,但J·K·加尔布雷恩和J·J·伯根却指出,整个世界将趋同为一个单一的现代工业国家。这个新世界既不是资本主义的,也不是社会主义的,而是由混合经济占有统治地位的。"邓小平南方考察时也高屋建瓴地指出:计划多一点还是市场多一点,不是社会主义与资本主义的本质区别。计划经济不等于社会主义,资本主义也有计划;市场经济不等于资本主义,社会主义也有市场。计划和市场都是经济手段。

"混合经济"模式中,企业在经济活动中扮演主角,享有充分的经营自主权。政府在市场调节和市场监控方面发挥积极的干预甚至主导性作用;政府通过建立全民性的、从出生到死亡的社会保障体制,实行广泛的社会收入和财富再分配;政府通过使私营部门和国有部门之间建立密切的合作,并根据社会总需求和国家发展总目标,以作为合作者或作为开明监督者的角色对国民经济实施强有力干预;政府干预必须适度、合法,其出发点是为社会公众服务。

二、政府职能在社会主义市场经济体制中的表现

在完善社会主义市场体制进程中,政府职能主要体现在经济调节、市场监控、社会管理、公共服务四个方面。

(一)经济调节职能

经济调节就是对社会总需求和总供给进行总量调控,并促进经济结构调整和优化,

保持经济持续快速协调健康发展。经济调节主要运用经济手段和法律手段,同时通过制订规划和政策指导、发布信息以及规范市场准入,引导和调控经济运行;而不是靠行政审批管理经济,不是政府直接干预企业生产经营活动,更不是由政府代替企业决策招商引资上项目。

(二)市场监控职能

市场监控就是依法对市场主体及其行为进行监督和管理,维护公平竞争的市场秩序,形成统一、开放、竞争、有序的现代市场体系。完善行政执法、行业自律、舆论监督、群众参与的市场监控体系,依法打击制假售假、商业欺诈等违法行为。建立健全社会信用体系,实行信用监督和失信惩戒制度。

(三)社会管理职能

社会管理就是通过制定社会政策和法规,依法管理和规范社会组织、社会事务,化解社会矛盾,调节收入分配,维护社会公正、社会秩序和社会稳定;加强社会治安综合治理,保障人民群众生命财产安全;保护和治理生态环境;加强社会管理,必须加快建立健全各种突发事件应急机制,提高政府应对公共危机的能力。加强安全工作,是政府履行社会管理职能的重要方面。

(四)公共服务职能

公共服务就是提供公共产品和服务,包括加强城乡公共设施建设,发展社会就业、社会保障服务和教育、科技、文化、卫生、体育等公共事业,发布公共信息等,为社会公众生活和参与社会经济、政治、文化活动提供保障和创造条件,努力建设服务型政府。

第三章　政府在市场运行过程中的监控预警职能

党的十六届三中全会关于完善社会主义市场经济体制若干问题的决定中要求“完善行政执法、行业自律、舆论监督、群众参与相结合的市场监控体系，健全产品质量监控机制，严厉打击制假售假、商业欺诈等违法行为，维护和健全市场秩序”。党的十六届五中全会提出，要把“认真解决人民群众最关心、最直接、最现实的利益问题”摆在突出位置。党的十七大又进一步强调“加快形成统一开放竞争有序的现代市场体系，发展各类生产要素市场，完善反映市场供求关系、资源稀缺程度、环境损害成本的生产要素和资源价格形成机制，规范发展行业协会和市场中介组织，健全社会信用体系”。最近几年，随着中国“一带一路”经济战略思想的提出，塑造政府在市场运行中的监控预警职能，已成为新形势下完善中国特色社会主义市场经济体制的迫切需要。

第一节　市场运行过程中的政府监控与管理

市场主体是指在市场经济活动中能够自主设计行为目标，自由选择行为方式，独立承担行为后果并获得经济利益的能动的经济有机体。按照这样一个标准来衡量，在我国传统的计划经济体制下，企业和个人都不是市场运行中的市场主体，政府处在要素配置、增长发展、结构变动、利益分配的枢纽地位，成为市场运行中唯一的市场主体。

作为单一市场主体的政府，要推动市场的有效运行，必须具备3个前提条件。一是政府经济行为完全合乎理性，即政府对市场运行中的客观规律具有高度洞察力，政府对未来经济发展态势和企业、个人行为具有准确无误的判断。二是政府行为具有上下高度的一致性，即从中央政府到地方政府各层次间的信息传递不存在干扰和失真。三是政府行为具有高效率，即政府的各项指令真正做到令行禁止，上下、左右的信息传送能够保持其应有的实效性。但是，中国几十年的经济发展实践，未能充分证实以上3个前提是一种客观存在。因此，改革开放以来，特别是21世纪的第一年中国正式加入WTO以来，政府、企业、个人成为市场运行的三大经济主体。基于三大主体参与的市场运行，中国政府真正意义上的市场监控职能才开始建立和完善。这是政府站在中立的社会管理者的角度,依据法律对市场主体实施的一种带有微观性质的外部监督管理活动。

我国现行的市场监控的内容相当广泛,大致可以分为四大类,即社会性监控、经济性监控、对一般性市场行为的监控和国际性监控。政府的市场监控职能起源于经济性监控,在政府对经济性监控的日趋放松和对社会性监控日趋加强的潮流之下,政府的社会性监控职能发展很快,逐步成为政府市场监控职能的主要内容。加入 WTO 以来,随着中国经济开放程度的进一步扩大,国际性监控变得越来越重要。

一、市场监控的目标

在社会主义市场经济体制中,市场监控是市场监控组织依法实施的市场准入和市场行为监督管理活动,其理想目标是建立和维持相对稳定、高效的现代市场经济新规范、新秩序。从本质上讲,市场秩序是指各市场主体对各种市场规则的遵从状态。因此,市场监控的理想目标就是完善基本经济制度,健全现代市场体系,使市场秩序处于理想状态。市场秩序的理想状态要求构建完善的市场规则体系,要求建立强有力的市场规则实施系统,要求各种市场主体的资格和行为等符合市场规则,要求市场客体的消费制度体系符合市场经济的客观要求。

(一)构建完善的市场规则体系

完善的、理想的市场规则体系包括交易主体的行为规则、中介组织的行为规则和政府的行为规则以及交易客体的消费制度等符合市场经济的客观要求。这些规则本身能够建立起公平、公开、公正的交易环境,形成有利于经济发展的宏观经济管理体系,以及在消费制度上体现消费自由主义的客观标准。

1. 构建完善的交易主体行为规则

交易主体行为规则的理想状态是:交易主体进入市场的规则对于各种交易主体来说都是平等的、非歧视的;交易规则能够反映公平、公开、公正的原则;交易行为的客观评价标准真实、全面、有效,没有任何歧视性。

(1)交易主体的资格认定标准具有稳定性。所谓交易主体资格认定标准具有稳定性是指:对交易主体是否具有进入市场资格的评价标准必须在一段时间内稳定不变,避免因标准的频繁变动而使某些交易主体资格的认定前后不一,导致某些交易主体在进入资格上遭到歧视。

(2)交易主体的资格认定标准具有平等性。交易主体资格认定标准的平等性是指:统一的标准适用于各种交易主体,各种交易主体进入市场不会受到来自体制方面的限制,无论是公有企业、私有企业,还是股份制企业都一视同仁。在私人产品的生产领域,各种所有制的企业都可以自由进出,没有任何制度性的进入壁垒和退出壁垒,惟一影响企业进出某个领域的因素是诸如企业的成本收益分析、企业长期发展战略等经济因素;

在公共产品的生产领域，虽然以政府投资为主，但是公共产品的生产和经营项目也以公开招标为主要形式，以形成平等竞争的氛围，保证进入标准的非歧视性。在公共产品生产领域，竞争的障碍是资本和技术壁垒，而不是制度壁垒。

（3）对交易行为的评价标准具有稳定性、公平性和有效性。所谓稳定性是指：有关交易行为的评价标准的法律、法规、政策具有连续性，以确保交易行为的稳定性和可预测性，促进市场信息的交流与各个市场组织理性行为的产生，避免市场组织行为短期化。公平性是指：交易规则反映公开、公平、公正的原则，市场信息公开，各种交易主体在市场上展开公平竞争，没有人为的行政垄断，对交易行为的评判标准一视同仁，客观公正。有效性是指：对于交易行为的评价标准符合社会道德和法律规范，凡是违反该标准的行为，必然会受到舆论谴责或法律制裁，使交易主体在信誉和经济上受到损失，甚至被追究刑事责任。

2. 构建完善的中介组织行为规则

中介组织的行为规则包括各种与中介组织行为有关的立法（如刑法、民法、经济法等）和行业自律规则（即行规）。从法制的角度讲，中介组织的行为应该在法制的前提下，以行业自律为主。行业协会在规范中介组织的行为过程中，扮演着举足轻重的角色。理想的中介组织行为规则必须保证中介组织的行为具有独立性、客观性、社会性。中介组织作为特殊的市场组织，肩负着传递信息的职能，其本身的行为必须具有客观性，所以中介组织的行为必须客观公正。这既是交易主体公平交易的前提和必要条件，也是政府管理经济活动的主要依据。由于中介组织本身的社会性肩负着为整个市场的交易活动传递信息的任务，中介组织的经营目标不应该仅仅以营利为目的，其经营宗旨更加倾向于为社会服务。因此，中介组织的行为应独立于各种赢利性机构和非赢利性机构，保证中介组织行为的独立性、客观性和社会性的并存，只有这样才能够客观地评价交易组织的行为，为社会提供客观的信息。

3. 构建完善的政府行为规则

政府行为规则包括各种有关政府行为的法律规范，如《宪法》《行政许可法》等。政府行为规则的理想状态是这些规则能够把政府的行为控制在一定的社会、经济条件所要求的必要范围内。既不对宏观经济发展采取放任的态度，又不是无所不包的万能政府。因此，理想的政府行为规则包括完善的法规体系和适应经济社会发展要求的政府职能范围。保证政府能够依法行政，把政府的权利限制在一定的法律框架内，避免政府行为的任意性和行政权力的无限扩大；同时，又能够对经济发展和市场秩序进行适当的干预，保证宏观经济持续、均衡地发展。

4. 构建完善的市场规则实施系统

制度经济学把规则分为正式规则（如宪法、普通法、条例和规章等）和非正式规则（如行为规范、习惯和道德约束等）。规则的实施一般有 3 种形式：一是自我实施，就是各种市场主体自己约束自己遵守规则，即自律；二是互相实施，即市场主体互相监督；三是由第三方实施，即在市场主体交易各方一致同意的前提下，把监督实施的权力交由第三方。第二、三种形式统称为他律。理想的市场规则的实施状态是以自我实施，即自律为基础，以相互实施为补充，以第三方实施为主的状态。在理想的市场秩序条件下，微观领域的单个企业对于规则的实施多以自律为基础。如果市场主体不自律，就会在消费者和交易伙伴中丧失信誉，商品销售不出去，服务无人问津，导致亏损甚至破产。在买方市场的条件下更是如此。因此，市场主体出于对自身信誉和发展的考虑，一般能够对本身的交易行为自律，以扩大自身的影响和市场占有率。如果市场主体不能够自律，交易的另一方则会“以牙还牙”，从而达到相互实施的结果。如果交易双方都不能遵守规则，则会由第三方（如政府、行业协会等）实施。通常情况下，由于政府本身掌握着国家机器，因此，更能胜任规则的实施工作。可以看出，理想的市场规则实施状态以自律为基础，以他律为保证。

（二）确保市场主体行为的规范

市场主体包括市场交易主体、中介组织、政府和消费者 4 类。因此，市场主体行为的规范包括交易主体行为、中介组织行为、政府行为和消费者行为的规范 4 个方面。

1. 交易主体行为的规范

交易主体行为的理想状态可以描述为：交易主体之间展开适度的竞争，从而形成有效竞争的市场结构。所谓适度竞争是指在公共产品、市场外部性等存在市场缺陷的产品之外，各个市场主体之间能够展开有效的竞争。从经济学上讲，有效竞争要有两个基准，一个是市场结构基准，另一个是市场效果基准。市场结构基准包括：市场上存在相当多的买者和卖者；任何买者和卖者都没有占有市场上的很大份额；任何买者和卖者之间不存在“合谋行为”；新企业可以自由进入市场，没有人为的行政垄断等条件。市场效果基准包括：市场上存在着不断创新的压力；在生产费用下降到一定程度后，价格能够自觉地向下调整；生产集中在不大不小的最有效率的规模下进行，但未必是在生产费用最低的规模下进行；生产能力和实际产量是协调的，不存在产量过剩；避免销售活动中的资源浪费等条件。在有效竞争的条件下，交易主体能够在自律的基础上，在他律的条件约束下，遵守交易规则，尽最大可能满足消费者的需求，外部性保持在较低的水平，协调经济目标和社会目标，在市场上赢得消费者的认可和肯定，在宏观经济的整体发展框架中均衡、适度地发展。

2. 中介组织行为的规范

中介组织行为的理想状态可以表述为：如果中介组织能够在自主经营、自负盈亏的基础上保证向社会传递信息的客观性、公开性，则中介组织的行为就达到了理想状态。中介组织传递出的信息不受来自外界的机构，如政府、主管部门等的影响，中介组织根据本身的客观评价传递出客观的信息，不是因某些利益的驱动而传递扭曲的信息；传递信息的渠道是公开的、多元化的，没有哪个市场组织能够优先获得市场信息，并从中获利。那么，中介组织就能够在建立理想的市场秩序过程中发挥应有的作用，其本身的行为也达到了理想的状态。

3. 政府行为的规范

政府行为的理想状态可以表述为：以党的十八大关于改革和完善食品药品安全监管体制为指导，对市场缺陷进行适度的和必要的干预，保证宏观经济各部门均衡适度地发展，人们的收入水平没有出现社会难以承受的两极分化现象，政府部门的各种收支基本平衡。与市场相比，政府的强项是对经济的调节，能够通过税收、收入分配、货币供应、利息率的变动、调整产业结构、解决收入分配不公问题，限制污染行业和企业的发展，保证宏观经济持续、均衡地发展。而市场的优势在于维护微观效率，为宏观经济的增长奠定微观基础。因此，确定政府行为的理想状态，关键是要区分政府与市场的作用界限。在微观领域，要以市场调节为主，坚持效率优先的原则，建立起有利于经济增长的具有勃勃生机的微观经济基础。在宏观领域，则要以政府调节为主，坚持平衡的原则。从这个意义上讲，确定理想的政府行为的关键既不是公共部门的规模应有多大，也不是政府应在多大程度上干预经济，而是政府应该怎样对经济进行监督和管理。

4. 消费者行为的规范

消费者行为的理想状态是指：在整个经济生活中，消费者权利得到了各个市场主体的认可。所谓消费者权利，是指在经济活动中，消费者具有主宰的权力，这表现为：生产从消费者的需要出发，生产什么、生产多少完全服从于消费者偏好的变化，消费既是生产的起点，又是生产的终点和归宿；卖者行为受消费者意愿调节，销售服务服从于“消费者是上帝”的原则，没有消费者就没有卖者市场，如果卖者不能根据消费者的意愿销售商品，商品就会卖不出去，出现亏损，甚至破产；政府和规划者的行为也首先受消费者的影响，短期政策和长期计划都要科学决策、科学规划，从消费者的根本利益出发。如果政府的行为违背了消费者的意愿，政府的威信就会受到影响。理想的消费者权利经济要求消费者本身具有成熟的消费心理、合乎经济规律的消费方式；同时，保护消费者权利的法律、法规健全并有强有力的仲裁机构。没有消费者本身的硬预算约束和消费心理的成熟，消费意愿就无法通过价格机制得到真正的体现，消费者的意愿就不能通过真实的价格信息传递给企业，因而企业也无法满足消费者的愿望。同样，消费者的合法权益得不到保证，就更谈不上消费者权利在经济中的主导地位。因此，在消费者行为的理想状态中，两者缺一不可。

（三）保持市场客体的理想状态

保持市场客体的理想状态是指交易客体，即各种商品（生产资料和生活资料）能够满足消费自由主义的原则。所谓消费自由主义，是指一切消费决定（生产消费和生活消费）都由购买者自己决定，其约束条件只有两个：一是收入多少，二是市场上可供购买和消费的资源。如果商品的供给是由某些行政渠道而不是由市场渠道决定,那么消费者的意志不能得到充分的反映,企业就无法获得真实的市场信息,因而不能提供市场需要的足够的消费品。这种情况在计划体制时期通过行政手段配置市场资源的条件下最为常见。在这种体制下,不但排队成为普遍现象,而且会陷入“短缺—配给—排队—更短缺”的怪圈。显然,市场客体如果受到某种消费体制的限制,就无法按照市场要求的数量和品种供给,短缺将成为常态。只有在市场经济条件下实现消费自由主义,消费者的意愿才能通过价格信息传递给企业,使企业根据市场需求生产出消费者满意的产品。

二、社会监控

社会监控是不分产业的监控,对应于外部性、非排他性物品等问题。社会性监控的一个重要特征是它的横向制约功能,即它并不是针对某一特定产业的行为,而是针对所有可能产生外部不经济或内部不经济的企业及事业行为。任何一个产业内任何一个企业的行为如果对社会或个人的健康、安全、环境、社会公平等造成危害,就要受到政府的监控。

(一)对食品药品的监控

主要监控依据为《药品管理法》(1984 年 9 月 20 日通过,1985 年 7 月 1 日起施行;2001 年 2 月 28 日修订,并于 2001 年 12 月 1 日起施行)、《食品卫生法》(1995 年 10 月 30 日起施行)、《药品管理法实施条例》(2002 年 9 月 15 日起施行)、《医疗器械监督管理条例》(2000 年 4 月 1 日起施行)等。药品和医疗器械的监控机构主要为食品药品监督管理部门,食品的监控机构包括卫生部门和有关部门。监控方式包括确定标准、产品注册审批、企业许可、各种管理规范等。

(二)对医疗、职业安全与卫生的监控

对医疗的监控,主要依据有《执业医师法》(1999 年 5 月 1 日起施行)、《传染病防治法》(1989 年 2 月 21 日通过,1989 年 9 月 1 日起施行;2004 年 8 月 28 日修订,并于 2004 年 12 月 1 日起施行)、《医疗机构管理条例》(1994 年 9 月 1 日起施行)、《医疗事故处理条例》(2002 年 9 月 1 日起施行),监控机构为各级卫生部门,监控方式主要为设立标准、申请审批、登记注册、执业许可证、执业资格证等。对职业安全与卫生的监控法规主要有《安全生产法》(2002 年 11 月 1 日起施行)、《劳动法》(1995 年 1 月 1 日起施行)、《工会法》(1992 年 4 月 3 日通过,同日起施行;2001 年 10 月 27 日修订,同日起施行)和《职业病防治法》(2002 年 5 月 1 日起施行)等,监控机构包括各级安全生产监督管理部门、劳动部门和卫生部门等,监控方式为标准设立、申报审批、民事权利等。《矿山安全法》(1993 年 5 月 1 日起施行)使用的监控方法主要是制定安全标准。为保证建筑工程的质量和安全,依据《建筑法》(1998 年 3 月 1 日起施行)的规定,建设部及地方各级建设部门对建筑业采取施工许可证、资质审查、执业资格证等监控方式。

（三）对资源、环境保护的监控

对资源、环境保护的监控，主要监控依据为《环境保护法》（1989 年 12 月 26 日起施行）、《环境影响评价法》（2003 年 9 月 1 日起施行），《排污费征收使用管理条例》（2003 年 7 月 1 日起施行）等，监控机构为各级环境保护部门，监控方式为制定环境质量标准、污染物排放标准、征收超标排污费等。具体涉及水资源、河道、水土保持、海洋、水产资源、草原、森林资源、野生动植物、矿产资源、土地资源等的保护和大气污染、水污染、噪声污染、固体废物污染等的防治等。

1. 对水资源的监控

主要法律依据为《水法》（1988 年 1 月 21 日通过，1988 年 7 月 1 日起施行；2002 年 8 月 29 日修订，并于 2002 年 10 月 1 日起施行），监控机构为水利部及地方水利部门，监控方式为取水许可证、有偿使用等；对水土保持的监控依据主要有《水土保持法》（1991 年 6 月 29 日起施行）和《水土保持法实施条例》（1993 年 8 月 1 日起施行）等，监控机构为水利部及地方水利部门，监控方式为对各种行为的禁止、审批等。

2. 对海洋环境的监控

监控的主要依据为《海洋环境保护法》（1982 年 8 月 23 日通过，1983 年 3 月 1 日起施行；1999 年 12 月 25 日修订，并于 2000 年 4 月 1 日起施行），监控机构为国家海洋局及地方海洋机构，监控方式为各种行为审批、禁止、征收排污费、废弃物倾倒许可证等；对海洋水产资源的监控，主要依据为《渔业法》（1986 年 1 月 20 日通过，1986 年 7 月 1 日起施行；2000 年 10 月 31 日修订，2000 年 12 月 1 日起施行；2004 年 8 月 28 日修订，同日起施行），监控机构为农业部渔业局及各级渔业行政主管部门，监控方式主要为养殖使用证、捕捞许可证、资源增殖保护费等。

3. 对草原的监控

主要依据为《草原法》（1985 年 6 月 18 日通过，1985 年 10 月 1 日起施行；2002 年 12 月 28 日修订，并于 2003 年 3 月 1 日起施行），监控机构为农业部及地方农业部门，监控方式为使用权登记证和批准等；对森林资源的监控，主要依据为《森林法》（1984 年 9 月 20 日通过，1985 年 1 月 1 日起施行；1998 年 4 月 29 日修订，并于 1998 年 7 月 1 日起施行）及《森林法实施条例》（2000 年 1 月 29 日起施行），监控机构为国家林业局及地方林业部门，监控方式为限额采伐、采伐许可证、征收育林费。

4. 对野生动植物的监控

主要的依据有《野生动物保护法》（1988 年 11 月 8 日通过，1989 年 3 月 1 日起施行；2004 年 8 月 28 日修订，同日起施行）、《野生植物保护条例》（1997 年 1 月 1 日起施行）以及《陆生野生动物保护实施条例》（1992 年 3 月 1 日起施行）、《水生野生动物保护实施条例》（1993 年 10 月 5 日起施行），监控机构为国家及地方林业和渔业部门，监控方式为列举重点保护名录、特许猎捕证、狩猎证、驯养繁殖许可证、贸易审批、进出口证明书、保持管理费、采集证等。

5. 对矿产资源的监控

主要监控法规有《矿产资源法》(1986 年 3 月 19 日通过,1986 年 10 月 1 日起施行;1996 年 8 月 29 日修订,1997 年 1 月 1 日起施行)和《煤炭法》(1996 年 12 月 1 日起施行)等,监控机构有国土资源部门和煤炭部门,监控方式为勘查许可证、采矿许可证、资源补偿费等;对土地资源的监控依据有《土地管理法》(1986 年 6 月 25 日通过,1987 年 1 月 1 日起施行;1988 年 12 月 29 日修订,同日起施行;1998 年 8 月 29 日修订,1999 年 1 月 1 日起施行;2004 年 8 月 28 日修订,同日起施行)和《土地管理法实施条例》(1999 年 1 月 1 日起施行)等,监控机构为国土资源部及地方国土部门,监控方式主要为土地使用登记、有偿使用、用途管理等制度。

6. 对大气污染的监控

主要监控法规有《大气污染防治法》(1987 年 9 月 5 日通过,1988 年 6 月 1 日起施行;1995 年 8 月 29 日修订,同日起施行;2000 年 4 月 29 日修订,2000 年 9 月 1 日起施行),主要监控方式为标准设立、审查批准、征收超标排污费、禁止特种污染排放、罚款等。

7. 对水污染的监控

主要的监控依据为《水污染防治法》(1984 年 5 月 11 日通过,1984 年 11 月 1 日起施行;1996 年 5 月 15 日修订,同日起施行;2008 年 2 月 28 日修订,2008 年 6 月 1 日起施行)和《水污染防治法实施细则》(2000 年 3 月 20 日起施行),监控机构涉及环境保护、水利管理部门、卫生行政部门、地质矿产部门、市政管理部门、重要江河的水源保护机构等部门,主要监控方式为设立水环境质量标准和污染物排放标准、排污许可证、申报审批、征收排污费和超标排污费、禁止特种污染、罚款等。

8. 对噪声污染的监控

主要的依据有《环境噪声污染防治法》(1997 年 3 月 1 日起施行),监控的机构为各级环保局,内容涉及工业噪声污染、建筑施工噪声污染、交通运输噪声污染、社会生活噪声污染等,主要监控方式为声环境质量标准设立、申报审批、超标排污费等。

9. 对固体废物污染的监控

主要监控法规有《固体废物污染环境防治法》(1995 年 10 月 30 日通过,1996 年 4 月 1 日起施行;2004 年 12 月 29 日修订,2005 年 4 月 1 日起施行)等,监控机构为各级环保部门,另外还涉及建设和卫生部门,主要监控方式有申报审批、排污费、许可证、审批许可、禁止等,监控内容涉及工业固体废物污染、城市生活垃圾污染、危险物污染、废物污染等。

10. 对辐射污染的监控

监控的主要依据是《放射性污染防治法》(2003 年 6 月 28 日通过,2003 年 10 月 1 日起施行)、《放射性同位素与射线装置安全和防护条例》(2005 年 12 月 1 日起施行)等,监控机构为环保部门、卫生部门以及其他相关部门,监控方法主要是设立标准、审批、收费等。

11. 对化学品污染的监控

对化学品污染监控的依据主要为《危险化学品安全管理条例》(2002 年 3 月 15 日起施行),监控机构主要为国家安全生产监督管理总局,监控方法主要为设立标准、审批、许可证等。

三、经济监控

经济监控是针对特定行业在进入、价格、退出、投资等方面进行的监控,其主要目的是防止发生资源配置的低效率和确保使用者公平利用。经济性监控的内容主要包括:对自然垄断行业的监控、对信息不对称行业的监控和对其他特殊行业(如烟草、盐业、新闻出版业等)的监控。

(一)对自然垄断行业的监控

对自然垄断行业的监控,如对电力、铁路(国家、地方及专用铁路)运输、其他运输(航空运输、水路运输、公路运输、管道运输)、邮政、电讯(国际国内长途、本地通信、移动电话、无线寻呼、卫星通讯等)、有线电视、城市公共交通(含城市地铁、出租车)、城市供水、城市管道燃气等行业的监控。

(二)对金融业的监控

监控对象主要包括商业银行、非银行金融机构、证券公司、保险公司等;监控机构主要是中国银行业监督管理委员会、中国证券监督管理委员会、中国保险监督管理委员会,分别对全国的银行业、证券业和保险业履行监督管理职责;监控的依据主要是《商业银行法》(1995 年 5 月 10 日通过,1995 年 7 月 1 日起施行;2003 年 12 月 27 日修订,并于 2004 年 2 月 1 日起施行)、《证券法》(1998 年 12 月 29 日通过,1999 年 7 月 1 日起施行;2004 年 8 月 28 日修订,同日起施行;2005 年 10 月 27 日修订,2006 年 1 月 1 日起施行)、《信托法》(2001 年 10 月 1 日起施行)、《保险法》(1995 年 6 月 30 日通过,1995 年 10 月 1 日起施行;2002 年 10 月 28 日修订,并于 2003 年 1 月 1 日起施行)等。

(三)对盐业和烟草业的监控

为保护公民身体健康,国务院制定《盐业管理条例》(1990 年 3 月 2 日起施行)以及《食盐加碘消除碘缺乏危害管理条例》(1994 年 10 月 1 日起施行)规定,国家发展改革委员会(2008 年国务院机构改革中,此项职能调整至工业和信息化部)、工商行政管理机关和食品卫生监督机构为监控机构,对盐业采取专营的进入规制和地方政府定价的价格规制方式。根据《烟草专卖法》(1992 年 1 月 1 日起施行)以及《烟草专卖法实施条例》(1997 年 7 月 3 日起施行)的规定,国家烟草专卖局及其地方烟草专卖机构为监控机构,对烟草业实行专卖许可证制度的进入规制方式。

四、国际监控

国际性监控是经济全球化背景下中国政府市场监控范围的拓展,随着经济的进一步开放,政府对国际间人员、外汇、进出口等的监控对产业安全和经济的平稳发展越来越重要。

(一)对国际间人员及货物等流动的监控

我国对国际贸易监控的基本依据是《对外贸易法》(1994 年 5 月 12 日通过,1994 年 7 月 1 日起施行;2004 年 4 月 6 日修订,并于 2004 年 7 月 1 日起施行),监控的主要机构为商务部门,主要的监控方式有许可证、配额、关税、禁止等。《海关法》(1987 年 1 月 22 日通过,1987 年 7 月 1 日起施行;2000 年 7 月 8 日修订,自 2001 年 1 月 1 日起施行)规定,对进出境进行监控的机构为海关总署,监控的内容包括进出境的运输工具、货物、行李物品、邮递物品和其他物品以及征收关税和其他税费等。

对国际间人员的监控,主要依据为《公民出境入境管理法》(1986 年 2 月 1 日起施行),监控机构为公安部、外交部、交通部等,监控的方法主要是申请批准。

对进出口商品的监控,主要依据为《进出口商品检验法》(1989 年 2 月 21 日通过,1989 年 8 月 1 日起施行;2002 年 4 月 28 日修订,并于 2002 年 10 月 1 日起施行)和《进出口商品检验法实施条例》(1992 年 10 月 23 日经国务院批准、国家进出口商品检验局公布,同日起施行;2005 年 8 月 31 日国务院制订公布,2005 年 12 月 1 日起施行),监控机构为国家质量监督检验检疫部门,监控内容涉及商品的质量、规格、数量、重量、包装以及是否符合安全、卫生要求,监控的方式主要有标准设立、禁止等。

对国境卫生的监控,依据主要为《国境卫生检疫法》(1986 年 12 月 2 日通过,1987 年 5 月 1 日起施行;2007 年 12 月 29 日修订,同日起施行)和《国境卫生检疫法实施细则》(1989 年 3 月 6 日起施行),监控机构为卫生部、国家质量监督检验检疫总局,监控内容涉及入境、出境的人员、交通工具、运输设备以及可能传播检疫传染病的行李、货物、邮包等物品。

对进出境动植物的监控,主要依据为《进出境动植物检疫法》(1991 年 10 月 30 日通过,1992 年 4 月 1 日起施行)和《进出境动植物检疫法实施条例》(1997 年 1 月 1 日起施行),监控机构为国家质量监督检验检疫总局,监控内容涉及动植物病原体(包括菌种、毒种等)、害虫及其他有害生物,动植物疫情流行的国家和地区的有关动植物、动植物产品和其他检疫物,动物尸体,土壤。

对涉外关税的监控,主要依据为《海关法》、《进出口关税条例》(1985 年 3 月 7 日国务院发布,1987 年 9 月 12 日修订,1992 年 3 月 18 日修订,2003 年 11 月 23 日国务院修订),监控机构为海关总署,监控方法为国家统一规定税率和税目、申请审批等。

(二)对国际投资的监控

对国际投资的主要监控依据为《中外合资经营企业法》(1979 年 7 月 1 日通过,1979

年7月8日起施行;1990年4月4日修订,同日起施行;2001年3月15日修订,同日起施行)、《中外合资经营企业法实施条例》(1983年9月20日国务院发布,1986年1月15日、1987年12月21日、2001年7月22日国务院修订)、《外资企业法》(1986年4月12日通过,同日起施行;2000年10月31日修订,同日起施行)、《外资企业法实施细则》(1990年12月12日经国务院批准、对外经济贸易部发布;2001年4月12日国务院修改发布)、《中外合作经营企业法》(1988年4月13日通过,同日起施行;2000年10月31日修订,同日施行)、《中外合作经营企业法实施细则》(1995年9月4日经国务院批准、对外经济贸易部发布)。监控机构为商务部(原外经贸部或者国务院授权的部门和地方政府),监控方式为进入方面采取审查批准、营业执照等。

(三)对国际汇兑的监控

对国际汇兑监控的主要法律依据为《外汇管理条例》(1996年4月1日起施行,1997年1月14日修订,2008年8月5日修订);监控机构为国家外汇管理局,监控内容涉及经常项目外汇、资本项目外汇、人民币汇率和外汇市场;监控的主要方式为限制、禁止、许可及以市场供求为基础的、单一的、有管理的浮动汇率制度。

第二节　市场运行过程中的政府预警

政府对于市场的监控和管理,总是以预警为前提条件。无论是西方国家,还是在中国,加强市场运行过程中的政府预警,能够提高国家的经济水平,提升国家的综合国力,避免由于国际原因导致国家遭受更大的损失。从这个角度而言,政府预警已经成为国际性的研究课题。其实,加强在市场中的政府预警,往往从“看不见的手”入手,即充分发挥价格的作用,只有这样,才可以对国家经济的发展进行预测,对国家未来短期内的发展走向进行监控,从而把握经济发展的主动,避免被动。因此,在经济高度全球化、多元化的大环境下,做好新时期的价格监测预警工作对价格部门更加有效地履行职责,服务政府宏观调控具有十分重要的意义。要想做好政府预警,必须从以下4个方面着手。

一、提高政府认识价格监测预警在经济运行中的作用

由于市场运行中自身存在自发性、资本逐利性、信息不对称性和盲从性,往往容易引发市场价格异常波动,要防止价格波动对经济发展和社会稳定的不利因素,需要充分发挥价格监测预警的“三种功能”。一是动态监视市场价格的功能。通过价格监测网络收集跟踪市场价格动态,及时掌握市场运行中存在的问题,反馈政策措施执行情况,为政府及时修定和完善监控政策措施提供支持。二是市场失灵的预警功能。任何国内外重大的政治、经济事件和自然灾害等因素,往往容易引起市场动荡和价格大幅波动,处置不当

将会直接影响经济社会的稳定。价格监测预警就是通过常规监测和应急监测,及时捕捉市场经济运行中存在的苗头性、倾向性和潜在性问题,科学分析判断,及时准确地报告预警信息,为政府实行有效调控赢得先机。三是信息发布引导服务功能。通过媒体、网络等载体,及时发布重要民生消费品和生产资料等价格信息,解决消费者和生产者信息不对称问题。尤其是加强重大节假日、重大活动期间的价格宣传,发挥好引导和稳定市场预期的作用。

二、做好价格监测预警工作要着力把握四个环节

(一)加强网络建设是基础

在市场经济条件下,要做到及时、准确捕捉市场价格动态信息,增强价格监测预警工作的有效性,就必须建设一张网点布局科学合理的监测网络,打造一支责任心强、业务有素过硬、管理规范的采价队伍。建立起以价格监测中心为主体、各监测网点为辅助,反应快、数据准、内容实的价格监测预警网络体系,做到反应快速灵敏、预警及时有效。

(二)规范制度建设是保障

要完善价格监测预警工作机制,落实日常重要商品和服务价格的监测报告制度。强化重大节假日、重大活动和舆情的价格预警应急监测报告制度,建立应对自然灾害、突发事件引发的民生价格异动监测预警机制,适时启动应急监测分析,加强对市场苗头性、倾向性、潜在性问题的分析研究,做到日常监测与应急监测相结合,及时提出加强价格调控的措施建议,保障价格监测预警工作的科学性、规范性和有效性。

(三)及时准确报告是关键

市场价格运行受供求关系、自然灾害和突发性事件等因素影响大,价格瞬息万变。加强价格监测预警工作,就是要在市场价格出现异动前,能敏锐捕捉到市场苗头性、倾向性和潜在性问题,第一时间及时准确发出预警报告,为政府及时应对采取强有力调控措施赢得先机。如2011年“福岛”地震引发抢盐风波,由于预警及时,政府采取措施得力,事件很快得到平息。又如2016年猪价格持续过快上涨,当发现猪粮比接近红色警区时,及时发出预警信号,为政府及时加强宏观调控提供决策依据。

(四)加强宣传引导是保障

价格监测预警工作要牢牢把握重大活动、重要节假日和重大事件发生等关键节点,主动开展市场价格监测预警工作,同时要充分发挥媒体的宣传导向作用,及时准确地发布重要民生消费品和重要生产资料的价格信息,积极引导消费预期,疏导化解社会矛盾,从而维护良好的价格秩序和社会和谐稳定。

第三节　政府规制

在西方经济理论中,政府规制通常指依据一定的规则来制约或指导特定的行为,其外延较宽。规制的主体,有私人,也有公共组织;规制的手段,有直接的规制,也有间接的规制;从规制的内容看,有经济性规制、社会性规制和涉外性规制之分。进入 21 世纪以来,随着 WTO 规则的普遍采用和中国政府市场监控职能的加强,政府规制的理论与实践在我国得到了重视和加强,西方的政府规制理论将给处于改革实践中的中国市场监控理论进一步的启迪。

一、政府规制的含义

从历史上看,政府规制的思想是伴随着政府经济政策的实践与研究而进行的。在资本主义早期的重商主义时代,政府对经济进行干预,因而规制思想成为主流。到了资本主义的自由竞争时期,以亚当·斯密为代表的古典经济学家和以马歇尔为代表的新古典经济学家则认为政府不应规制私人经济,而应充当"守夜人",让市场来配置资源。但以庇古为代表的福利经济学家则认为,市场可能产生的一些外部行为需要政府加以纠正。20 世纪 30 年代初期,以张伯伦和琼·罗宾逊为代表的学者提出了不完全竞争理论,认为任由市场竞争可能带来垄断并使市场失灵,需要政府进行反垄断规制。20 世纪 30 年代中期,以凯恩斯为代表的政府全面干预经济论势不可挡。20 世纪 70 年代初期,以卡恩的经典教科书《规制经济学》和斯蒂格勒的经典论文《经济规制论》为代表,建立了规制经济学的基本框架,并迅速发展成为现代西方经济学体系中一个非常活跃的研究领域。一般说来,政府规制的内涵主要有以下几个方面。

(一)规制的主体(规制者)

规制的主体有私人和公共组织两大类。由私人进行的规制被称为私人规制,不属于政府规制的研究范围,如父母对子女行为的约束、雇主对雇员行为的限制等。政府规制理论研究的是由公共组织进行的规制,也被称为公共规制。公共组织主要有行政机构、立法机构、司法机构以及其他一些社会团体等。在规制经济学中,规制的主体一般是指政府机构,通常称为政府规制。

(二)规制的客体(被规制者)

政府规制的客体主要指企业这一微观经济行为主体。所以,政府规制也常常被称为微观规制。在政府的规制活动中,当然也含有大量的对个人以及其他社会组织的规制,特别是在社会性规制中,它们构成政府规制的主要部分,而且与受规制企业的经济行为也极为不同。

（三）规制的理由或依据

在市场经济体制中，如果完全听任企业自由进行活动，可能产生不完全公正的市场行为，对他人的或公共的福利造成损害，即出现市场失灵。因而，为了公共福利不受损害，作为公共福利的代表，政府必须进行干预，纠正市场失灵，这就成为政府规制的基本动因。从经济学角度看，由于市场行为是按照价格等于完全边际社会成本这个效率标准评判的，所以规制是克服一个或多个阻碍企业按效率标准营运的缺陷所需要的。最常见的导致规制政策建议的缺陷可分成以下3类。

一是卖方垄断权力的存在。当企业规模经济在一个特定市场上大到能给单个企业带来显著成本优势时，那就可以预期这个"自然"独家卖主会限制产量或直接制订高于边际成本的价格而毫不顾忌竞争者的进入。规制这种企业的目的在于提供成本决定的价格。在自然的独家卖主能够区别对待不同的顾客和同一顾客的不同销售量的地方，规制不是必需的，因为在边际销售量上面使利润最大的价格，一定会等于边际成本。因此，对自然的独家卖主进行规制的基本原理可用于低于效率标准的情况，这种规制包括强迫独家卖主以平均成本为基础制定平均价格。

二是评估外在不经济的成本。在某种产品的价格没有反映出生产过程中内在的重要成本，即强加给相邻的或其他经济单位的成本情况下，需要实行规制。例如，电的价格可能没有反映出用煤发电过程中所产生的空气污染的全部成本。如果确实没有反映出该成本的话，电的需求量就会比经济的效率标准所决定的数量要大（因为购买者没有支付全部的边际成本）。

三是补偿不充分的信息。有时候，规制的目的在于降低得到信息的成本。特别在以下几种情况下，需要政府的规制活动：①供给者通过使消费者上当受骗而获得的利润，而这时消费者可得到的诸如由民事法庭判定的法律补偿比规制的代价更高；②消费者不可能轻易地对搜集到的信息做出评价，而犯错误的代价很高，比如在潜在的药物效力方面或转基因食品安全方面；③根据某些理由，市场的供给方不能（在以成本为基础的价格上）提供所需要的信息。政府可以设法提供较好的或较优的信息，或要求生产者供应这些信息。但由于当期信息来源方面的缺陷，消费者如果缺乏信息市场或以经验为根据的研究方面的专门知识，就不能做出正确判断，这就需要政府规制。

（四）规制的手段和方法

政府规制可采取的手段多种多样，既可以采取直接的政策规定，也可以间接通过制定一种法律法规的方式来实施。在具体的方法上，有完全禁止、审批或发放许可证、价格限制、数量限制、征税或补贴、提供信息、劝告说服、激励引导，等等。对于不同的规制领域，有其相应的规制方式和方法，并且随着政府规制理论的发展，规制的方法也在不断改进和创新。

尽管政府规制一般是指政府对企业的规制，但并不是政府对所有企业的所有行为都进行规制。政府只对某些企业的某些特定行为进行规制。20 世纪 70 年代以前，在传统的规制经济学中，政府规制的领域主要是自然垄断性质的公共事业，它们包括电力、交通、通讯、供水、供气等。另外，还包括对高风险行业如银行、保险和证券等金融行业的管制。20 世纪 70 年代以后，以美国环境保护委员会的建立为代表，世界各国的政府规制范围都或多或少地扩大到环境保护、产品质量、卫生健康和安全生产等与经济活动密切相关的许多社会性领域。这些规制被称为社会性规制，并逐步成为当今政府规制的重点领域。

二、政府规制的内容

政府规制的出发点是治理市场失灵，目的在于维持正当的市场经济秩序，提高市场资源的配置效率，提升全社会福利水平。所以，政府规制的内容可以区分为对垄断、外部性、内部性三类市场失灵的治理。

（一）对垄断行为的规制

垄断是导致市场失灵的最基本的原因之一。垄断可以分为两类：自然形成的垄断即自然垄断，和市场竞争形成的垄断即经济垄断。对于这两种垄断的力量，都需要政府进行规制。但是，由于它们形成的原因不同，规制的方式也不尽相同，甚至可能是相反。

1. 对自然垄断产业的规制

电力供应、自来水供应、管道天然气供应、电讯服务、铁路运输、航空运输等自然垄断产业是政府规制历史最悠久的领域。这是因为它们的垄断是由自然条件、经济环境等原因造成的，政府不仅不能否认它们的垄断地位，而且还要继续维护它们的垄断地位，以实现供给成本上的节约。但这并不意味着它们可以为所欲为，政府必须对其产品或服务的价格（或费率）进行限制，以保护消费者的利益和公共利益。这就是说，对于自然垄断产业，政府规制的内容包括两个方面：一要维护既有企业的垄断地位，并强制其承担“供给责任”。这一般是采取进入限制的办法来实现（如发放许可证），其目的是控制进入自然垄断行业的企业的数量，维护这些行业的垄断经营市场格局，以避免不必要的重复投资，防止出现过度竞争，实现规模经济优势。二要按照一定的定价原则，确定垄断企业产品或服务的价格的上限，垄断企业的定价不得超过这个界限，以防止这些行业中的经营者利用其垄断地位攫取不正当的垄断利润，侵害消费者和其他行业的利益，影响资源的有效配置。

2. 对经济垄断行为的规制

经济垄断是自由竞争的结果，但反过来又破坏了自由竞争。这就需要政府采取法律的形式来进行规制，如制定反垄断法、反不正当竞争法等，对违反上述法律的现有的或潜在的垄断者的垄断行为进行处罚或拆分，限制市场势力，保障市场有效运行所必要的自由竞争秩序和正常交易秩序。目前,世界上主要有3种对垄断规制的模式。一是结构主义模式。它根据产业集中度指标判定一个产业是否存在垄断,如果存在垄断企业,则采取解散或拆分等措施,维护市场的竞争结构。日本的私人垄断法属于这种模式。二是行为主义模式。它不太关注产业的集中度问题,只注重看一个具有垄断能力的企业是否滥用了其对市场的支配力,是否存在限制、排斥其他竞争者的行为。如果有的话,则采取责令其停止或让其做出损害赔偿的办法,并不采取改变市场原有结构的措施。欧盟及其德、英、法等国家的反垄断法大都属于这一类型。三是介于上述两者之间的准结构主义模式,如美国的《谢尔曼法》和《克莱顿法》。它们关注的问题是行为方面的,而采取的措施却是结构方面的。

(二)对外部性行为的规制

外部性问题是市场失灵的重要原因之一。政府规制要解决这种外溢效应,必须通过税收(补贴是负税)等来影响行为主体的决策变量(主要是成本和收益),形成一个以总体成本—收益分析为基础的决策机制,改变经营主体活动的约束条件,促使其做出符合社会要求的决策。外部性有两大类.:正外部性和负外部性。对于这两种不同的外部性,政府需要采取不同的规制措施。

1. 对负外部性行为的规制

对公共环境的污染和对公共资源的滥用是最为典型的负外部性行为,对负外部性行为的政府规制也主要是指对资源和环境的规制。对这类行为的规制就是要将整个社会为其承担的成本转化成为其自己承担的私人成本。在生态环境保护方面,政府可采取收取污染税、排污费或其他规制措施,对工厂排放废水和废气、汽车排放尾气、各种噪音污染等造成的环境污染问题进行有效的规制,以防止生态环境被人为破坏。对于不可再生的自然资源,如矿产资源,政府应该制定相关的法律法规、国土整治规划或收取相应的资源使用费,防止这些资源被不恰当地滥采滥用,使之能够被合理地开发和使用。

2. 对正外部性行为的规制

对于具有正外部性的产品或服务,必须给予相应的报偿或激励,否则就不会有人愿意提供此类产品或服务。公共品就是具有正外部性的一种特殊产品,市场不能给予相应的报偿,因而私人部门不会自愿供给,需要政府进行激励或直接供给。对于纯公共品,政府一般直接提供,而对于准公共品,如基础教育和基础研究,政府要给予私人部门相应的补贴以激励其提供该物品;技术创新或发明,政府一般采取知识产权的方式,让当事人享有一定期限的专有权以激励其提供该技术或发明。社会保障是公共利益的重要内容,也具有较强的正外部性,私人部门一般不会自愿实行,必须通过政府采取一定的强制措施来实现,这就是社会保障规制,它们包括养老保险、失业保险、医疗保险、贫困救济及生产安全等内容。

(三)对内部性问题的规制

内部性问题产生的原因是信息缺乏。由于市场上的信息天然地存在着不完全和不对称,政府应该纠正市场信息上的缺乏,进而对内部性行为进行相应的规制。这一类规制重点是保护处于信息劣势一方的权益不受到具有信息优势一方的侵害,它主要体现在产品及服务质量规制、欺诈行为的规制、产品特征信息公示、从业人员资格和特许经营许可制度等方面。

1.质量规制

其原因有两个:一是对于产品质量方面的信息,消费者处于劣势,不对质量进行限制,消费者可能被假冒伪劣的产品所欺骗;二是对于某些特别产品或服务,如食品、医疗服务等,可能会危害消费者的身体健康或生命安全,对于这些产品或服务,应当进行更加严格的质量限制。政府通过对产品的质量制订各种标准,使没有达到质量标准的产品不能进入市场,从一定程度上提高了市场产品的平均质量,既保护了消费者的利益,又使得市场交易的达成更为便利。消费者可以根据产品标准的高低判断产品质量的高低,以减少信息成本。

2.欺诈行为的规制

在不规范的市场上,大量的欺诈行为和其他不正当的经营行为,比如假冒伪劣、价格欺诈、虚假广告等同样是信息缺乏引起的,需要政府采取严厉措施进行打击。对事关人民群众身体健康和生命安全的食品药品来说,打击假冒伪劣行动更具有特殊的意义。

3.其他内部性规制

由于信息缺乏所带来的风险,特别是金融风险问题,对社会的危害较大,也属于政府规制的范围,它包括对金融机构和对金融市场的规制。比如政府对金融活动中的企业(银行、证券公司、保险公司、上市公司等)就有很多的规制,如进入规制、价格规制、资本充足性规制等,还要求金融领域被规制者及时、真实地披露信息,以降低逆向选择和道德风险发生的可能性,保护广大投资者的利益。

三、政府规制与宏观调控的关系

政府规制与宏观调控都是政府经济职能中必不可少的内在组成部分。由于政府干预经济活动的广泛性,人们很容易将政府规制与政府对经济的宏观调控等同起来。例如:在早期的经济理论和政策文献中,规制被理解为是国家以经济管理的名义进行干预,认为规制是指通过一些反周期的财政预算和货币干预手段对宏观经济活动进行调节,即将规制等同于宏观调控。这种观点混淆了政府规制与宏观调控这两个不同的概念。

从本质上讲,政府规制是直接的、个量上的管制,它借助有关法律、规章和政策直接作用于企业,以规范、约束和限制企业行为。而宏观调控则是间接的、总量上的调控,它借助财政、货币政策等工具直接作用于市场,通过市场参数的改变,间接影响企业行为。

两者相比较而言,微观规制是个量的差别管理,是一般中的特殊,只对特定的企业或其特定的行为进行干预;而宏观调控更具一般性,对市场行为主体的影响基本上是等同的。

如果没有必要的政府规制,政府的宏观调控难以达到预期目标。例如,对某些进出口商品实行数量限制,是实现总供给与总需求平衡的有力保证;产权制度和企业组织制度的实施,是政府采取财政、税收及其他各项宏观政策的微观基础。有些微观经济规制措施,直接就是实现宏观经济目标的有力手段,如必要的价格规制和工资管制,是遏制通货膨胀的有效手段;各项社会保障制度的实施,有利于社会稳定,为宏观调控创造有利的社会条件。

综上所述,政府的微观规制与宏观调控都是政府干预经济的行为,目的都是为了处理市场失灵问题,提高市场运行的效率。但他们是两种不同的手段或方式,针对的是不同的市场失灵问题。而且,宏观调控最终要落实到市场主体的具体行为上,才能对市场运行起作用,要以合理的企业微观行为为条件;而政府规制正是规范企业微观行为的。在政府对企业的关系上,既有间接的宏观调控,也有直接的微观规制,两者是相互补充、相辅相成的。也只有两者共同作用,才能有效地解决市场失灵问题,提高市场运行效率。显然,认为市场经济应由政府管宏观、市场管微观的观点是片面的。微观是宏观的基础,宏观管理要通过微观机制而发挥作用,如果各个行业、各种商品和要素市场是混乱的,宏观政策也很难发挥作用。

四、政府规制对市场运行的影响

政府规制作为市场运行中的一个内在变量,对市场的运行过程产生重要影响。而且,政府规制只有通过影响市场机制的运行才能更有效地发挥作用,实现目标。

(一)对市场竞争的影响

对自然垄断产业而言,政府规制的目的是限制其竞争;对于竞争性行业中产生的垄断,政府规制主要是通过反托拉斯法等促进其竞争;政府还采取更一般的手段来维护正常的市场竞争秩序,比如针对欺诈、合谋等不正当竞争行为的规制。因此,政府规制既保护垄断,也保护竞争,两者的选择是在不同的产业领域中进行的。

(二)对市场价格的影响

政府规制的一个相当重要的内容就是对某些产品或服务的价格进行相应的限制。政府的价格规制介入以后,市场价格就不再是供求均衡的结果了,而是供求双方在政府限价的范围内理性地选择各自的需求量和供给量,两者之间并非一定能够实现均衡。

(三)对市场交易的影响

在没有政府规制的条件下,市场的交易是买卖双方在谈判基础上自愿达成的结果。但在政府规制的约束下,市场的交易就不再是完全自愿的行为,交易的某一方(一般是卖方)的行为只能按照政府制定的规则行事,有可能限制交易的进行。当然,政府规制也有可能降低交易成本,有利于市场交易的进行。

(四)对市场均衡的影响

在自由竞争的条件下,市场通过价格的波动来反映供求关系的变化,并最终在某一个价格点上实现供求均衡,这个价格就是均衡价格。但在政府规制的情形中,价格并不是完全自由波动的,也并不反映真实的供求关系。因此,市场供求的均衡点就不再是原均衡价格了,或者是偏离了均衡价格,或者是根本无法实现均衡。

第四章　食品药品安全与监控预警的发展状况

进入21世纪以来,越来越多的国家、企业和个人在动荡、多变、不确定和混沌的环境中生存和发展。部分原因是信息技术及电子商务的飞速发展,强化了全球化和知识经济时代带来的冲击,加剧了环境的复杂性和不稳定性,各个领域都面临着不确定性带来的理念更新、制度创新、结构调整、权力重组等一系列冲击,其带来的直接影响便是政治更加民主,技术加快进步,经济走向了全球化。这样的时代背景,在世界政治格局和经济格局加速演变的过程中,为我国提供了可以大有作为的战略机遇期;同时,也增大了经济社会发展的瓶颈和压力,使食品药品监控事业肩负的责任日益重大,面临的挑战更加严峻,承担的任务更加艰巨。

第一节　全球化背景下食品药品的发展状况

一、全球化背景下食品药品的发展概况

食品药品安全在全球的每个角落都有发生,已经成为一个全球性的大问题,引起了国际社会的高度关注。2000年,欧盟委员会发表了长达60页的《食品安全白皮书》,推出一个庞大的食品安全计划,特别强调加强国际联系与合作。FAO和WHO正在起草食品安全标准,由160多个成员国的政府官员、科学家、技术工作者和食品企业、消费者共同参与制定。制定标准的同时,各国正在大力发展和提高科技检测水平,力争把以前发现不了的污染物检测出来,以确保食品安全。2001年5月,国际上成立了全球食品安全行动组织,旨在提出全球食品安全的预警,加强与政府组织的联系,教育消费者,以提高食品安全性。2002年9月,该组织在日内瓦召开会议讨论食品安全问题。欧盟提出打破原有的食品安全管理程序,建立一套有序的、透明的食品安全规则和统一的政府管理机构,来尽可能地降低食品安全风险,并提出希望成立欧盟食品安全局。

国际社会之所以对食品、药品安全问题进行关注,其原因主要表现在两个方面:第一,食品安全问题直接关系到人类的健康和生存问题,是社会稳定发展、和谐进步的根

本。随着人类食物生产规模的扩大，加工、消费方式的日新月异，储藏、运输等环节的增多以及食品种类、来源的多样化，使原始人类赖以生存的自然食物链逐渐演化成由自然链和人工链组成的复杂食物链网。这固然一方面满足了人口增多、消费水平提高的需求，但另一方面也使人类饮食风险增多，食物安全的隐患增加。因此，确保食品的安全性成为现代人类社会日益重要的社会问题。第二，食品安全问题还会对人类社会造成巨大的经济损失。美国每年约有7200万人（总人口的30%左右）发生食源性疾病，造成3500亿美元的损失。英国自1987—1999年约17万头牛患有疯牛病，英国的养牛业、饲料业、屠宰业、牛肉加工业、奶制品工业、肉类零售业无不受到沉重打击，仅禁止进出口一项，英国每年就损失52亿美元，再加上为杜绝疯牛病而采取的宰杀行动，损失高达300亿美元。比利时发生的二噁英污染事件不仅造成了比利时的动物性食品被禁止上市并大量摧毁，而且导致世界各国禁止其动物性产品的进口。第三，食品安全问题还会造成不良的社会影响，影响消费者对政府的信任，乃至威胁社会稳定和国家安全。比如比利时的二噁英污染事件使执政长达40年之久的社会党政府内阁垮台；2001年德国的疯牛病爆发，导致卫生部长和农业部长被迫引咎辞职。

随着全球化和区域化的迅速发展，以中国为例，通过不断加强食品药品安全的国际合作，加强食品安全技术交流与合作和注重发展国际食品安全合作，从而为全球化背景下的食品药品安全提供了新的参考样本和发展前景。

二、科技对食品药品的重要影响

20世纪90年代以来，以数字网络、软件和多媒体为核心的信息技术革命，使人类社会经历了自工业革命以来最为剧烈的变革，全球范围内的技术创新体系、生产要素配置方式、产业区位布局和组织管理模式等都发生了重大变化。进入21世纪，科技发展又表现出如下一些新的特点和趋势。

（1）科学技术的重大突破，将不只是表现为单一学科、单一技术的发展，而是表现出群体突破的态势，表现为学科之间的交叉融合，表现为新的技术群和产业群的崛起，这标志着科学技术进入了一个簇、链、产业集成、经济综合体协同作用的前所未有的创新密集时代。

（2）人类对物质相互作用及运动规律的研究，将更多地从常规条件走向非常规甚至极端条件，科学技术正在宏观和微观两个维度上向着更复杂、更基本的方向发展。

（3）自然科学和人文社会科学相互渗透，将向人们揭示世界更深层次的规律，影响和改变着人类的价值观、思维方式和生活方式。

（4）科学技术的发展、突破与融合，使生物医药产业呈高速发展的态势。有资料表明，目前60%以上的现代生物技术成果集中在医药工业，许多国家（特别是发达国家）都把发展生物技术及其产业作为提高本国科技和经济竞争力的重要手段。

(5)科技进步与全球化相互促进,扩大了世界科技发展的不均衡性。虽然世界经济全球化的趋势客观上推动了生产要素的全球配置,促进了科学技术知识在全球范围内的流动和技术创新收益的溢出,进而给发展中国家加快技术进步提供了新的机会和可能,但研究表明,世界科技发展的不均衡性要远大于世界经济的不均衡性,当代绝大多数领域的技术制高点被发达国家所控制。根据世界银行统计,在全球的研究发展投入中,美国、欧盟、日本等发达国家占86%;在国际技术贸易收支方面,高收入国家获得全球技术转让和许可收入的98%;在生物工程、药物等领域,美国、欧盟和日本拥有95%左右的专利,包括我国在内的其他国家仅占4%—5%。发展中国家创新能力的严重不足,将直接危及国家经济安全和食品药品安全。

三、全球食品产业与激烈的市场竞争

食品产业包括上游的农业、中游的食品工业和下游的食品运销和餐饮业。国际劳工局提供的统计数字显示,全世界食品产业是就业人数最多的产业。

食品产业的发展与国民经济的发展存在着密切关系,归纳起来大致经历了三个阶段。在食品产业发展之初,即在国家实现工业化之前,食品工业只是农业的继续和延伸,是农业的配角,此阶段偏重于食品产业的上游。随着工业化进程和社会经济的发展,食品产业的重点逐渐移向中游,食品工业从农副产品加工业转向食品制造业,逐步发展成为独立的工业体系。此阶段是食品工业的飞速发展时期,一般年均增长率保持在10%以上,例如日本、韩国、新加坡等国家在实现工业化前期都有一个食品工业快速发展时期,增长率一般都达到两位数。在第一阶段和第二阶段前期,食品产业多为培植和带动其他产业的主导产业,主要表现为政府采取"以农业培养工业,以工业发展农业"的政策,以农产品和食品出口赚取大量外汇,培植其他工业。实现工业化之后,食品工业处于稳定增长期,食品工业的产值和增加值,稳居各工业行业前列,这标志着食品工业进入第三阶段。在发达食品工业和商业的支撑下,食品产业的下游,即食品运销业和餐饮业迅速发展,随着餐饮业的大型化、连锁化发展以及超市兴起,配销中心、冷冻链、生鲜处理中心及中央厨房等新行业也频频出现且发展迅速。就当前形势看,发达国家正处于第三阶段,中国及其他发展中国家则处于食品产业发展的第二阶段的初期和中期。

从世界范围看,食品产业是快速变化、高度竞争的产业。发达国家的食品消费步入成熟阶段,发展中国家在世界食品产业中扮演的角色日益重要。由于全球食品产业发展不平衡,发展中国家在可预见的将来不得不在一定程度上依赖进口来满足其日益增长的食品需求。随着人均收入的增加,发展中国家消费者注意力逐步转向食品质量,对高价值产品的需求量有所增加,对基本产品的需求量相对减少。各国食品生产和加工法规之间的差异及各贸易伙伴国在接受新标准上的差异,给全球食品贸易带来挑战。许多国家已经认识到这些挑战,正向多边协议的方向努力。消费者对食品质量的担忧和世界各国最终可能达成的解决食品质量问题的多边协议，将成为决定全球未来农业贸易的关键因素之一。

目前，世界500强控制着国际食品技术贸易的60%以上、研究开发的80%以上份额。世界食品强国几乎均已进入中国市场，并且在中国建立了研发中心。如何加强食品监控，使之适应世界食品产业快速发展的步伐，已成为社会各界极为关注的现实问题。

四、全球药品产业与垄断的经济体系

医药产业具有高技术、高投入、高风险、高收益、高准入壁垒等特征，是最具发展前景的“朝阳产业”和全球化时代最为活跃的经济力量。世界顶级富豪、IT行业巨头比尔·盖茨曾在20世纪末指出：“谁掌握了医学生命科学，谁就掌握了21世纪的经济命脉”。现阶段，世界医药产业的主要发展特征为：全球制药业呈现寡头垄断的趋势；新药研发压力加大，成功率有限；生物经济成为新的亮点；兼并重组活跃，并购热潮不断升温；医药市场产销两旺，医药流通业专业化发展趋势进一步加强。

全球医药市场于20世纪50年代开始加速发展，70年代增速达到顶峰，平均年增长率达到13.8%，80年代为8.5%。20世纪90年代之后，全球经济增速放缓，尽管各国政府纷纷采取措施遏制医疗费用的快速增长，但医药市场始终保持着良好的发展势头，一直保持7.7%的年均增长率，成为世界贸易中增长最快的五类产品之一。进入21世纪，世界药品市场随着全球经济下滑呈现出不景气和上市新药减少的情况，但总体上依然保持高利润和继续增长的趋势。2002年世界经济平均增长率仅为3%～4%，而药品市场的平均增长却仍然保持着8%～9%的速度，成为世界经济一道亮丽的风景线。2016年，这些市场的药品销售额将达到3600亿美元左右，其中约65%属于仿制药；而发达国家药品年销售额将达到6750亿美元左右，其中只有18%属于仿制药。全球范围内，品牌药的市场将只有6300亿美元，约超过市场份额的一半，其余由更为便宜的仿制药占据。

全球制药业的地位与发展令人瞩目，固然是由于制药业与人的健康紧密相连，但就其发展而言，大公司的规模及其对研发的投入是根本原因之一。全球前20名制药公司的处方药销售额在34亿～234亿美元之间；前10名公司的研发费用为19亿～44亿美元（约合人民币157亿～364亿元），占销售额的11.6%～20.6%。这些公司的规模之大、对研发投入的数额之巨，对我国制药业如何发展有一定的启发。

从消费结构上看，全球药品消费的85%以上集中在美、欧、日等几个发达国家和地区。人口众多的发展中国家随着经济发展和药品消费观念的转变，购买力将有较快增长。到2020年，居世界经济前15位的新兴国家和地区的经济增长和发展中国家医疗水平的提高，将使药品市场消费格局发生重大变化。

世界医药市场的未来呈现如下趋势与热点。一是购并浪潮未息。为了做大做强，近几年来国际制药业的并购和重组改变了全球医药市场的格局。有分析预测，到21世纪中叶，全球前70家大制药公司将合并为15家，医药产业的集中度将进一步提高。二是跨国制药巨头加紧实施全球化战略，新一轮国际产业转移步伐加快，并呈现以下特点。①研发全球化和本土化趋势明显。跨国公司纷纷在其他国家建立研发中心，争夺人才，利用当地资源，直接为其全球战略服务。②服务业外包蓬勃发展，成为经济全球化的一个新亮点。制药公司越来越多地将新药研发乃至药品生产和销售的业务外包，外包业将年增速17%。③中国成为吸纳国际产业转移最多的发展中国家之一。

第二节　中国社会经济环境中食品药品产业的发展状况

一、中国经济社会发展形势

十八大以来，以习近平同志为总书记的党中央提出了治国理政的新理念、新思想、新战略，出台实施了稳定促进经济社会发展的一系列改革措施，我国经济社会发展取得了举世瞩目的重大成就，主要经济社会总量指标在世界中的份量继续提高，主要经济社会人均指标位次继续前移，国际地位显著提高，国际影响力明显增强。

（一）经济保持中高速增长，占世界经济总量的比重逐年上升

2013—2015年，我国国内生产总值年均增长率为7.3%，远高于世界同期2.4%（世界银行数据）的平均水平，明显高于美、欧、日等发达经济体和巴西、俄罗斯、南非、印度等其他金砖国家。我国依然是世界经济增长的最重要引擎，2013—2015年对世界经济增长的贡献率平均约为26%。自2009年我国超越日本成为世界第二大经济体以来，国内生产总值稳居世界第二位，占世界经济总量的比重逐年上升。据国际货币基金组织预测，2015年，我国GDP占世界的比重为15.5%，比2012年提高4个百分点。同时，与美国的差距明显缩小，2015年GDP相当于美国的63.4%，比2012年提高11个百分点。

（二）人均国民总收入大幅增加，已接近中等偏上收入国家平均水平

十八大以来，我国人均国民总收入（GNI）大幅增加，不断迈上新台阶。据世界银行按图表集法统计，2012年人均GNI为5870美元，2013年达到6710美元，2014年达到7400美元，2015年增加到约7880美元。根据世界银行公布的收入分组标准，2010年我国实现了由中等偏下收入水平到中等偏上水平的重大跨越，人均GNI相当于中等偏上收入国家平均水平，从2012年84.5%提高到2014年93.7%。

我国人均GNI与世界平均水平的差距也大幅缩小，相当于世界平均水平的比例由2012年的56.5%提升到2014年的68.6%，缩小了12.1个百分点。在世界银行公布的214个国家（地区）人均GNI排名中，我国由2012年的第112位上升到2014年的第100

位，前进了12位。2012—2014年，我国人均GNI年均增速达到7.3%，远高于世界平均增长水平及高收入国家增长水平。

（三）主要工农业产品产量稳居世界前列

十八大以来，我国主要工业产品产量继续稳居世界前列。其中粗钢、煤、发电量、水泥和化肥产量稳居世界第一位；原油产量稳居世界第四位，仅次于美国、俄罗斯以及沙特阿拉伯。

2012年以来，我国谷物、肉类等主要农产品产量稳步增长。2014年，我国谷物、肉类、花生和茶叶产量稳居世界第一位；籽棉产量仅次于印度，排名世界第二位；大豆产量居第四位，较2012年提高一位；油菜籽和甘蔗产量分别稳居第二位和第三位。

（四）对外货物贸易总额跃居世界第一位，对外服务贸易总额跃居第二位

（1）我国货物进出口总额跃居世界第一位。2012年以来，尽管世界主要经济体经济复苏乏力，外需疲弱，全球大宗商品价格大幅下跌，但我国货物进出口总额在世界贸易中的份额仍不断提升，2013年首次超过美国，跃居世界第一位。2014年，货物进出口总额为43015亿美元，占世界比重由2012年10.4%上升至11.3%。

（2）我国对外服务贸易总额跃居世界第二位。十八大以来，我国对外服务贸易额大幅增长，每年迈上一个新台阶。2012年对外服务贸易总额居世界第四位，2013年上升至第三位。2014年，对外服务贸易总额达6043亿美元，占世界比重由2012年的5.4%上升至2014年的6.2%，并超过德国跃居世界第二位。

（五）外商直接投资居世界前列，对外直接投资稳居第三位

（1）我国外商直接投资居世界前列。我国外商直接投资稳步增长，2015年达到1263亿美元，比2014年增长6.4%（增速按人民币计算），仅次于美国和中国香港，居世界第三位。

（2）我国对外直接投资稳步增长，继续保持世界第三位。十八大以来，我国实施新一轮全方位对外开放战略，大力推进“一带一路”建设，对外直接投资屡创历史新高。2014年，对外直接投资为1231亿美元，连续3年位居全球第三位，占世界的比重也逐年上升，由2012年的6.8%提高到2014年的9.1%。

（六）我国出境旅游人数和境外旅游支出均列世界第一位

十八大以来，我国出境旅游高速增长。2014年，公民出境旅游人数为1.1亿人次，继续位居世界第一位。游客境外消费也大幅增长，据世界旅游组织公布，2014年我国游客国际旅游支出再创新高，达1649亿美元，比2012年增长61.7%，居世界首位，比第二位的美国高出541亿美元。

我国入境旅游人数和国际旅游收入也逐年增加。2014年，接待国际游客5560万人次，仅次于法国、美国和西班牙，居世界第四位；国际旅游收入达569亿美元，增长

10.1%，由2013年的世界第五位升至第三位，仅次于美国和西班牙。

（七）人文发展指数持续提高，在世界中的位次前移

十八大以来，社会发展成就显著，居民生活水平进一步提高。据联合国开发计划署测算，2014年我国人文发展指数（HDI）为0.727，超过世界平均水平（0.711）和中等国家水平（0.630），在188个国家（地区）中居90位，比2012年提高6位，属于高等水平国家。从分项指数来说，健康指数和收入指数较大提升，预期寿命为75.8岁，在世界排名第58位。

据世界银行统计，2015年，我国享有清洁饮用水源人口占总人口比重为95.5%，比2012年提高2.3个百分点，超过中等收入国家92.0%的平均水平；我国享有卫生设施人口占总人口比重为76.5%，比2012年提高3.4个百分点，超过中等收入国家64.7%的水平。

（八）国际竞争力和创新能力持续增强，国际影响力不断扩大

（1）国际竞争力持续增强。十八大以来，我国在制度框架、基础设施、宏观经济环境、健康与教育培训、商品市场效率等方面的国际竞争力继续增强。据世界经济论坛《2014—2015年全球竞争力报告》测算，2014年我国的国际竞争力在144个国家和地区中排名第28位，比2012年又提高1位。其中，基础设施指数排名第28位，效率增强指数排名第30位，创新与成熟度指数排名第33位。

（2）创新能力不断提高。随着创新驱动发展战略的实施，我国的创新能力不断提高。据世界知识产权组织、美国康奈尔大学以及欧洲商业管理学院共同发布的《2015年全球创新指数报告》显示，我国的创新指数名列全球第29位，在中等收入国家中排名首位，与高收入经济体的差距进一步缩小，我国在人力资本开发和研发资金投入等方面的创新能力已经非常接近高收入经济体。

（3）进入世界500强的企业数不断增加。我国企业经营实力和竞争力进一步增强。据美国《财富》杂志统计，我国（包括港澳台地区）进入世界500强企业数量从2012年的95家增加到2014年的106家，位居全球第二位，数量接近日本的两倍。其中，中国石油化工集团、中国石油天然气集团公司和国家电网公司进入世界前10强。进入500强企业的利润总额占世界比重从2012年的17.7%提高到2014年的20.8%。

二、中国食品产业发展状况

（一）中国食品产业发展概况

改革开放30年来，我国食品工业已发展成为国民经济中仅次于电子通信设备制造业和交通运输设备制造业的重要产业，既能基本满足国内市场需求，又具有一定出口竞争能力。2006年全国规模以上食品工业企业实现总产值21586.95亿元人民币（不含烟草），占全国工业总产值的6.8%，同比增长23.5%。智研咨询发布的《2016—2022年中国食品市场深度调查及发展趋势研究报告》显示：据国家统计局数据资料，2014年1—12

月，全国规模以上食品工业企业（含烟草）累计完成主营业务收入108933.0亿元，同比增长8.0%；实现利润总额7581.4亿元，同比增长1.2%；税金总额9241.5亿元，同比增长7.2%。食品销售总量在世界上位居前列，但人均食品零售量处于低水平。在国民经济继续保持较高水平的发展、居民收入提高及城乡差距缩小的情况下，我国人均食品零售量将会有较大提高。在食品市场需求总量继续保持较高增长水平的同时，由于市场供应充足，产品间竞争激烈，食品价格的总体水平将保持平稳态势。食品消费将进一步由数量型消费转向质量型消费，绿色食品将成为食品消费的主旋律，营养保健性食品将备受消费者青睐。

我国农业科技与世界先进水平相比还有10～15年的差距，科技对农业生产增长的贡献率约为42%，远低于发达国家60%～70%的水平，每个劳动力年粮食、肉类产出率分别是先进国家的1.5%～7.5%、2%～2.5%，这使我国食品工业就近原料选择受到限制。

食品工业位居食品产业的中游，起着承上启下的作用。虽然我国食品工业科技水平在逐渐提高，但与发达国家相比还存在差距，特别是缺少拥有自主知识产权的技术和设备。30年来，我国食品工业主要行业骨干企业生产技术装备普遍更新换代，生产力水平、产品质量、包装水平显著提高，但其中绝大部分是以引进创新实现的，引进设备连带全部或部分加工技术、甚至包装材料。近年来，我国每年上万亿元固定资产设备投资中60%用于进口。加强食品产业科技创新已成为当务之急。为此，要大力推进食品产业科技进步，保证食品产业持续发展；技术创新要与食品企业的整体发展紧密结合，切实提高企业的核心竞争力；要促进国内食品企业依靠先进技术改造传统产业、促进产业升级，尽快使我国食品工业科技创新达到世界先进水平。

我国的饮食文化历史悠久。既有各具特色的地方传统风味美食，也有令西方人特别羡慕的食疗食补和养生之道，但却缺乏深入的基础科学研究，缺乏统一、规范、标准与规模的制作工艺和加工技术设备，缺少市场、品牌运作经验，特别是缺少拥有自主知识产权的技术、设备和产品配方，致使产品或蹲守国内，或出国也未叫响国际。

（二）中国食品产业发展存在的问题

目前，我国食品安全形势总体好转。但是，一些深层次问题未能根本解决，当前食品安全形势依然严峻。主要表现在以下几个方面。

（1）初级农产品源头污染仍然较重。有的产地环境污染、污水浇灌、滥用甚至违禁使用高毒农药；有的饲养禽畜滥用饲料添加剂，非法使用生长激素及“瘦肉精”；有的在水产养殖中滥用氯霉素等抗生素和饲料添加剂。

（2）食品生产加工领域假冒伪劣依然存在。有的用非食品原料加工食品，有的滥用或超量使用增白剂、保鲜剂、食用色素等加工食品，有的掺杂使假，生产假酒、劣质奶粉，用地沟油加工食用油等。

（3）食品流通环节经营秩序不规范。一是为数众多的食品经营企业小而乱，溯源管理难。二是有些企业在食品中过量使用防腐剂、保鲜剂。三是部分经营者销售假冒伪劣食品、变质食品。

(4)食品安全事故时有发生。2016年5月10日、7月20日和10月27日,国家食品药品监督管理总局分别发布了第一、第二和第三季度食品安全监督抽检情况分析的通告。抽检发现的主要问题是,第一季度:食品中超范围、超限量使用食品添加剂问题占不合格总数的33.8%,食品中微生物污染问题占不合格总数的22.9%;第二季度:食品中超范围、超限量使用食品添加剂问题占不合格总数的33.6%,食品中微生物污染问题占不合格总数的25.5%;第三季度:食品中微生物污染问题占不合格总数的35.6%,食品中超范围、超限量使用食品添加剂问题占不合格总数的30.1%。

(5)食品安全领域的突出问题所造成的危害还较严重。这损害了人民群众的合法权益,加重了人民群众对食品安全的担忧,扰乱了食品生产经营的正常秩序,损害了我国的国际形象。食品安全问题不仅是经济发展问题,而且也是重大的社会问题。尽管我国食品安全状况不断改善,人民群众的满意度不断提高,但是威胁人民群众的食品安全风险因素还没有消除,特别是导致我国居民罹患食源性疾病的微生物危害仍然猖獗,根据2011~2015年食源性疾病报告数据显示,我国平均每年近1/4病因明确的食源性疾病事件和超过4成的病例都是由微生物污染所导致。上述论点得到了食药总局2016年三个季度食品安全监督抽检结果的支持。首先在整体食品安全状况不断改善的同时,食品微生物污染状况却维持不变,甚至在不断恶化,如2016年前三季度食品抽检的合格率维持在97%以上,但是食品微生物污染所占的比例从第一季度22.9%,跃升到第三季度35.6%,除去温度上升导致微生物繁殖的因素外,也从侧面反映出监控部门、媒体和公众对食品微生物污染的重视程度不够,监控效果不明显等问题。其次,食品微生物污染的环节众多,监控成本较高,难度极大,亟需更强的技术支撑,仅从第一季度对食品微生物污染的因素分析可以看出,食品微生物的污染来源横跨食品生产、加工、储存、运输、零售和家庭等食品产业链的各个环节,广泛涉及食品生产者、加工者、物流方、零售业主以及消费者等多个利益相关方,技术上需要考虑环境因素(如温度)、食品因素(如食品加工方式)、微生物因素(如致病力),以及消费者行为因素(如卫生习惯)等。因此,食品微生物污染已经成为我国食品安全问题的"新常态",并对我们的监督管理提出更大的挑战。

三、中国药品产业发展状况

(一)中国药品产业发展概况

新中国成立以来,我国已经形成了比较完备的医药工业体系和医药流通网络,发展成为世界制药大国。目前,我国可生产原料药1500种,多个药物品种产量位居世界第一,如青霉素、维生素C等。一批植物药和天然药物,如抗感染的黄连素、抗肿瘤的秋水仙碱等，已经在国内大量生产和广泛应用。抗生素、维生素、激素、解热镇痛药、氨基酸、生物碱等产品在国际医药市场上占有相当的份额。青蒿素产品在国际上被广泛使用，为防治疟疾作出了重要贡献。可以生产预防26种病毒、病菌感染的41种疫苗，年产量超过10亿个剂量单位，其中，用于预防乙肝、脊髓灰质炎、麻疹、百日咳、白喉、破伤风等常见传染病的疫苗产量达5亿人份。国产疫苗在满足国内居民防病需求的同时，已开始向世界卫生组织提供，用于其他国家的疾病预防。在医疗器械方面，我国可生产3000多个品种，其中，数字X光机、磁共振、超声、CT等技术含量高的诊断治疗类产品在市场上占据了一定份额。

"十一五"期间以来，我国医药制造业发展较快，销售收入年复合增长率为23.31%，对国民经济增长的贡献率不断提升。进入"十二五"期间后，医药制造业的增速逐渐放缓，但仍然保持快速增长势头。根据国家统计局的统计，2016年我国医药制造业（规模以上企业）实现主营业务收入28062.90亿元，较上年同期增长9.7%；2016年实现利润总额3002.90亿元，较上年同期增长13.9%。与之前销售收入、利润总额的高速增长相比，医药制造业增速已经明显放缓，但基于我国人口结构老龄化、全面放开二胎政策、医改政策继续深入、人均收入水平提高等因素的影响，"十三五"期间医药制造业将长期维持在中高速平稳增长的新常态。

近年来，我国药品流通行业销售总额一直处于高增长态势，但自2011年起增速逐年放缓，从24.6%逐步递减到15.2%，行业已告别连续8年复合增长率20%以上的高速发展阶段，总体运行呈现缓中趋稳的态势，销售与利润增幅继续趋缓。行业集中度进一步提高，企业创新业务和服务模式不断出现，行业进入转型创新、全面升级阶段。

从行业整体规模来看，2015年我国药品流通市场销售规模继续提高，增长幅度有所降低。全年药品流通行业销售总额16613亿元，扣除不可比因素同比增长10.2%。其中药品零售市场3323亿元，扣除不可比因素同比增长8.6%，增幅回落0.5个百分点。

从行业集中度来看，我国医药流通产业集中度提高与行业"多、小、散"的产业格局并存。根据《全国药品流通行业发展规划纲要（2011—2015年）》，到2015年，要形成1—3家年销售额过千亿的全国性大型医药商业集团，20家年销售额过百亿的区域性药品流通企业，进一步加强行业集中度。2015年，我国药品批发百强企业主营业务收入已经占到同期全国医药市场总额68.9%的市场份额。

"十二五"期间，全行业已形成3家年销售规模超千亿元、1家年销售额超500亿元的全国性企业，同时形成24家年销售额过百亿元的区域性药品流通企业。

（二）中国医药行业的竞争

我国医药流通行业集中度低，发展水平不高，现代医药物流发展相对滞后，管理水平、流通效率和物流成本与发达国家存在很大差距。截至2015年11月底，全国共有《药品经营许可证》持证企业466546家，其中法人批发企业11959家、非法人批发企业1549

家;零售连锁企业4981家,零售连锁企业门店204895家;零售单体药店243162家。

从行业市场占有率来看,2015年前100位药品批发企业主营业务收入占同期全国医药市场总规模为68.9%,比上年提高3.0个百分点,其中前三位药品批发企业占33.5%,比上年提高3.0个百分点;主营业务收入在100亿元以上的批发企业占同期全国医药市场总规模的51.7%,比上年提高2.9个百分点。我国药品批发行业集中度进一步提高,企业规模化、集约化经营模式取得良好效益。

(三)中国药品行业发展的有利因素

1. 医药卫生体制改革深化构成行业长期利好

2009年,我国深化医药卫生体制改革正式启动,本次医改以提供安全、有效、方便、价廉的医疗卫生服务为长远目标。国家高度重视医改资金保障工作,结合国民经济和社会发展第十二个五年规划纲要卫生领域重点工程专项建设任务和"十二五"期间深化医药卫生体制改革规划暨实施方案要求,进一步加大医改资金投入力度,落实各项卫生投入政策。根据财政决算数据,2009年到2015年全国各级财政医疗卫生累计支出达到56400多亿元,年均增幅达到20.8%,比同期全国财政支出增幅高4.8个百分点,医疗卫生支出占财政支出的比重从医改前2008年的5.1%提高到2015年的6.8%。其中,中央财政医疗卫生累计支出达到15700多亿元,年均增幅达到21.9%,比同期中央财政支出增幅高9.8个百分点,医疗卫生支出占中央财政支出的比重从2008年的2.35%提高到2015年的4.23%。

2016年,全国财政医疗卫生(含计划生育)支出预算安排12363亿元,比上年增长3.7%,比同期全国财政支出增幅高出1.3个百分点。其中,中央财政医疗卫生支出3731亿元,比上年增长9.3%,比同期中央财政支出增幅高出3个百分点。

随着我国医疗卫生体制改革的进一步深化,我国医疗卫生领域支出将保持较大幅度增长。可以预计,在"十三五"规划实施期间,我国的医疗卫生支出将保持平稳较快增长,有力促进医药产业需求。

2. 人口结构调整将持续拉动医药行业发展

我国人口的结构性变化主要体现在老龄化加速和二胎政策导致的新生人口增加上,人口的结构性变化将对医药行业产生重要影响。

根据国家统计局《2016年国民经济和社会发展公报》数据显示,我国60周岁及以上人口数为23086万人,占比为16.7%,其中65周岁及以上人口数为15003万人,占比为10.8%。随着老龄化社会的到来,心脑血管等慢性病的发病率日趋增加,人口老龄化的加速将带动医药市场的发展。

在人口老龄化的影响下,为解决人口结构失衡问题,我国全面放开二胎政策,提高生育率,预计未来每年将可能新增新生儿100—200万人,2018年新生人数有望超2000万人。全面放开二胎政策将对儿童用药的需求有明显拉动作用。

3. 居民人均可支配收入提高为医药行业发展提供了经济基础

随着经济的增长，我国城乡居民收入增长迅速，根据国家统计局数据，2016 年，全年全国居民人均可支配收入 23821 元，比上年增长 8.4%，扣除价格因素，实际增长 6.3%。按常住地分，城镇居民人均可支配收入 33616 元，比上年增长 7.8%，扣除价格因素，实际增长 5.6%；农村居民人均可支配收入 12363 元，比上年增长 8.2%，扣除价格因素，实际增长 6.2%。医疗服务具有一定的刚性特征，收入的增加和人民生活水平的提高，直接促进居民健康意识提升，医疗服务需求上升，从而拉动药品需求，支持医药行业的快速发展。

（四）中国药品行业的不利因素

1. 医药产品同质化竞争严重

由于新药研发的投入大、时间长、风险高，我国的医药企业与发达国家的医药企业相比，普遍存在研发投入不足、创新能力不足的情况，目前我国市场上绝大部分是仿制药，同质化竞争较为严重，制约了我国医药行业的持续发展和竞争力的提升。

2. 专业人才缺乏

医药行业的专业化程度较高。产品研发方面，研发人才的缺乏已经成为制约我国新药研发的“短板”；营销方面，需要具备医药专业知识和专业营销能力的综合化营销人才；药品生产方面，需要大量既有专业知识又能解决实际技术问题且具备一定管理能力的复合型人才。专业人才缺乏是许多医药企业发展的瓶颈，随着市场上专业人才的竞争加剧，发行人需要进一步加强人力资源管理制度建设，以增强企业吸引力，减少人才流失。

综上所述，近年来，人民群众对饮食用药安全的需求与食品药品产业发展的矛盾日益凸显，食品安全事故和各种药害事件时有发生，食品药品监控工作正面临前所未有的重大考验。2016 年发生的“儿童疫苗”案件、“魏则西”案件等问题，充分说明了食品药品监控工作还存在与党和人民的要求、与繁重的监控任务不相适应的突出问题。食品药品监控部门的根本任务是保障公众饮食用药安全。在监控工作中，必须用科学监控理念正确处理监控与发展、公众利益与商业利益的辩证关系。要通过科学监控推动科学发展。必须坚持公众利益至上，当公众利益与商业利益发生冲突时，必须坚决维护公众利益，必须将公众饮食用药安全置于商业利益、集团利益和个人利益之上。

第三节　加强食品药品监控预警的建设

1998 年国家药品监督管理局组建以来，是我国药品监控改革和发展承前启后、继往开来的重要时期。2003 年，国家食品药品监督管理局组建以后，面对建立和完善监控体制、健全法制、整顿和规范市场秩序多重任务，加强食品药品监控，推进政府职能的转变，坚定不移地推行依法行政，食品药品监控中的法治化建设取得了很大成绩，有效保障了人民群众饮食用药安全、有效,有力地促进了食品药品监控预警事业的新发展。

一、中国药品行业监控预警体系的基本建立

十八大以来,食品药品监控部门积极加强行政立法,建立健全有关的法律制度,推进政府职能转变,积极稳妥地解决药品监控实践中存在的矛盾和问题。按照改革决策与立法决策相统一的要求,不断完善药品监控法律、行政法规。以药品监控体制改革为契机,坚持立法先行、依法监控的原则,加快法制建设。同时,国家食品药品监督管理局按照法制统一、急需先立的原则,加快部门规章的制定修订步伐。以《药品管理法》《医疗器械监督管理条例》为基础,以全面贯彻落实《行政许可法》为契机,对原有规章进行全面清理,重新调整和修订、修改或废止与《行政许可法》《药品管理法》《医疗器械监督管理条例》等上位法相抵触的规章,进一步细化了《药品管理法》《医疗器械监督管理条例》的规定,保证了法律、法规确立的一系列新制度、新措施的具体实施,共同构成了适应社会主义市场经济的药品监控法规体系。

同时,在完善社会主义市场经济的药品监控体系的同时,国家不断提升药品行业的预警机制,这主要表现在以下 3 个方面。

(一)药品安全预警信息元素选择

药品安全问题的显现和暴露通常需要在大范围、多人种、长时间的使用中逐步反映和体现出来。药品安全问题贯穿于药品的研发、生产、流通、使用等各个环节。按照从实验室到使用者的路径,我们希望能够尽可能快地发现隐含的可能导致药品安全问题的各个因素的存在环节和影响程度。

药品安全预警信息元素是指根据药品安全预警工作的需要,所设定的药品安全信息收集单元。这些单元的集合形成药品安全预警信息体系。

1. 我国药品安全事件的分类和原因

不同时期药品安全事件必然呈现出不同的特点,因此选择信息元素要结合当时的社会发展情况。我国药品安全事件目前可以分为以下三类:①药物设计缺陷引起的安全问题;②药品质量原因引起的安全问题;③药品使用原因(含合理用药)引起的安全问题。

我国目前药品安全事件频发,有以下原因:药品本身存在设计缺陷,同时在生产、流通、储存过程中的不当导致药品质量和安全得不到有效保障;大量新药问世,必然会带来更多的药品安全隐患;不规范、不合法的网上药品交易,药店对药品分类管理的执行不严格;公众自我用药的增多带来的药品安全隐患;不合理用药和药物滥用,包含抗生素过度使用;精神类药品滥用导致的药物依赖。

2. 药品安全预警信息元素

通过对我国现阶段药品安全事件分类和特点的分析,就能够比较清晰地得出药品安全预警需要重点收集和核理的信息。药品安全预警信息元素应由药物不良反应、违反批

准工艺、药物滥用和药物不良反应等构成。

(二)药品安全预警信息体系

1. 药品安全预警信息体系及药品安全预警对象

根据药品安全信息元素能够形成包含药物设计信息、药品质量信息、药品使用信息、涉药单位行为信息四方面组成的药品安全预警信息体系。

药品安全预警信息体系中信息的再分类形成药品安全预警对象。信息元素分布于药品研制、生产、流通、使用环节中的个人和机构。这些信息最终通过药品品种或涉药单位行为连接起来,因此在药品安全预警信息体系中最终形成药品品种(成分)和涉药单位行为的两大信息分类。药品品种(或成分)和涉药单位行为是药品安全预警管理中的主要预警对象。

2. 药品安全预警信息体系的信息来源

药品安全信息构成药品安全预警信息元素,药品安全信息元素组成了药品安全预警信息体系的四个方面。

(1)药物设计信息数据库。信息来源于研制、试验、使用环节的机构或个人(临床前研究、临床研究和 ADR 报告数据是其主要来源)。药品研究从实验室到获准上市只经历较短时间、较少人群。正式上市后,经过大范围和长时间的人体使用后,将会产生与其安全性有关的新信息。建立涵盖药物的研究和使用过程中安全信息的开放式数据库,该数据库在收集预警信息元素的同时,通过为相关研究、使用单位(主要是研究人员和医务工作者)的共享信息资源,起到安全信息参考和确认作用,提高该数据库上报信息的质量和价值。

(2)药品质量信息数据库。信息来源于生产、流通、使用环节中的机构和个人。主要是在药品生产工艺中,储存、运输、管理过程中,由于药品质量产生的安全影响方面的问题。此类信息来源于较广泛的机构和人群,因此在信息的鉴别上需投入更大的精力。

(3)药品使用信息数据库。信息主要来源于流通、使用环节的机构和个人。在加拿大,药房实行联网管理,对药品销售能得出区域性的综合统计结果,起到用药监控的作用,为医学分析提供支持。此类信息来源于较广泛的机构和人群,因此在信息的鉴别上需投入更大的精力。

(4)涉药单位行为信息数据库。信息主要来源于研究、生产、流通、使用等环节的机构或者个人。主要是以药品研究、生产、流通、使用单位过错或过失行为为主体的药品安全事件,已经由上述三方面包含的信息元素反映。例如,研制机构的安全信息隐瞒、生产机构的擅自改变成分、经营机构销售过期药品、医疗机构滥用药物等。该数据库实质为机构不良行为信息的记录,目的是对涉药机构行为作出信用判断,以便对其调整监控方法。值得提出的是,目前实行的驻厂监督员管理中,驻厂监督员是一个药品质量信息数据库和涉药机构(生产企业)数据库的一个重要可信的来源。

3. 药品安全事件信息来源保障和真实性保障

药品使用中,由专业医疗、使用机构提供的安全信息具有很高的利用价值,但是,仅限于这种渠道远远不能满足对药品安全信息收集的需要。实现药品安全预警管理需要有足够的渠道收集药品安全事件信息,尤其是在药品质量和 OTC 再评价等信息收集很大程度上要依靠公众完成,在药品质量安全问题上的信息收集要依靠倡导群众形成自我安全保护意识,在道德规范下,配合利益保障措施,扩大药品安全事件信息收集对象,拓宽信息收集渠道。

收集信息的真实性直接关系预警工作开展的基础,因此,应对于药品安全事件真实性必须做出严格管理。验证有两个途径:一是监控部门的验证;二是检验鉴定机构验证。对于药品质量和部分涉药机构行为信息证实是一个相对容易的过程,可以直接由监督部门或鉴定机构完成,对于药物设计、药品使用和医疗机构药物滥用方面的问题,在确认收集到的药品安全事件信息来源真实的基础上还需要进行一定时间的监测观察。

(三)药品安全预警模式

药品安全预警工作需要一个科学合理的模式。在这其中不但要充分发挥完善信息收集渠道,还要建立组织架构,通过专业人员完成药品安全预警工作。

1. 组织机构

建立药品安全预警委员会——药品安全预警工作的组织管理机构,负责药品安全预警的组织管理,委员会的核心组成部门为药品安全评估部门。委员会应被赋予一定的资源使用和调度权利,同时需要固定的预算经费保障,保障其能够获取充分的资料开展预警工作。例如,相关资料获取、档案查阅、实验室使用。委员会根据评估部门的意见对药品安全事件进行定级,并实施控制措施,调度资源实现预警管理。

药品安全评估部门——实施药品安全预警的职能部门,评估药品安全事件是否应该实施预警管理。药品安全问题属于社会事件,收集到的药品安全信息能否判定属于其有一定危害性的药品危害事件的早期苗头,需要得到社会中各个利益相关方从不同角度对信息进行评估。评估部门需要有权威性和公平性。权威性体现在评估人员的专业性和广泛性,在以药品监控人员、药学专家、医学专家为主的前提下,成员应尽量包含消费者、企业代表等利益相关方。评估部门的人员管理应该属于灵活方式,针对不同的药品安全问题选择不同人员参与评估。为体现公平、公正,减少人为因素干扰,应建立起一个评估人员库,以避免形成固定思维模式和特定利益集团。

2. 药品安全预警事件鉴别

药品本身没有绝对安全,对药品安全的管理应该在风险管理的角度上开展,以合理的风险最大限度地获得预期的治疗利益。同时,药品从实验室研制到使用者所经历的各个环节中,都有风险存在的可能性。这些风险如果不能及时地识别和适度地控制,可能发展成为影响药品安全的不良因素,最终在一定条件下触发形成药品安全事件。

(1)药品安全信息识别。评估人员对收集到的药品安全信息作出识别和最初判断。药品安全问题不是一件独立事件，存在着对各方面因素的依赖和影响，因此对药品安全事件的评估需要引入必要的交流机制。预警管理不能做到绝对准确，但是也应追求合理的准确性。交流的目的就在于提高准确性。

要实现预警的效果，就必须对交流进行严格的管理。其中包含交流时间、交流范围、交流程度等均应拟订管理计划，严格按计划开展交流。交流计划的完成需要有相应的监控和验收，交流结果最终以书面形式体现，成为评信的依据之一。

交流对象就药品安全事件的性质不同而不应该一概而论。如对于药物流行病相关问题，其交流对象应包含科研机构、临床使用机构等国内外相关资源部门和专家；对于因药品生产企业擅自改变工艺或原辅料等问题，其交流对象应包含检验鉴定部门等。

(2)药品安全事件评估。药品安全评估部门通过识别、交流等手段的运用，对药品安全事件信息进行评估，得出是否需要实施预警管理的结论。药品评估部门职责还包含根据事件发展状况对药品安全事件进行再评估，从而不断完善评估内容，提高评估的科学性。

评估需要建立规范的评估报告。内容应包含药品安全事件是否需要进行预警管理、预警级别、控制措施、事件管理措施、事件重大关联因素等内容。

在评估中，将药品安全事件按照危害程度、危害范围、发展趋势、发展速度、社会影响等评估项目内容开展评估。对于不同的评估项目赋值，评估人员依据统计规则，对药品安全事件量化的评估结果，形成评估结论，明确药品安全预警对象。

(3)药品安全预警分级管理。预警对象由药品安全预警管理委员会列入预警清单。对列入清单的预警对象，预警委员会按其风险程度实施分级管理，制订相应的分级管理计划，实施相应的管理措施。

预警清单应做到定期适时更新。根据药品事件的发展趋势和新产生的信息，清单内药品安全事件要定期开展再评估，形成再评估报告，对需要升级、降级、维持原级或从清单内取消的药品安全事件，实施相应的管理措施，危害性越大的药品安全事件，再评估的周期应该越短。

3. 药品安全预警信息发布

对于已经明确分级的药品安全预警事件应及时形成药品预警信息，该信息需要向不同的群体发出，以确保预警管理的实施，有针对性地对预警清单上的药品安全事件进行监测、信息收集和跟踪控制。

(1)对于研究机构，通报已列入预警清单中的关于药品、药物成分、使用上的药物流行病学药品预警信息，以期获取更多的研究过程中相关信息；指导研究机构加强在研发过程中对此类问题的关注和监测行为，并要求适时定期上报相关情况。

(2)对于生产机构。通报已列入预警清单中的关于药品生产工艺、原料、储存等涉及生产环节的药品安全预警信息，以期获取更多的生产环节中的相关信息；指导生产机构加强在生产过程中对此类问题的关注和监测工作，并要求适时定期上报相关情况。

(3)对于经营机构。通报已列入预警清单中的关于药品流通、储存等环节的药品安全预警信息，以期获取更多的药品流通过程中出现的相关信息；指导经营机构加强在使用过程中对此类问题的关注和监测行为，并要求适时定期上报相关情况。

(4)对于使用机构。通报已列入预警清单中的药品安全预警信息，以期获取更多的药品使用过程中发现的相关信息；指导使用机构加强在使用过程中对此类问题的关注和监测工作，并要求适时定期上报相关情况。

(5)对于药品监控机构。通报已列入预警清单中的需要下一级药品监控机构在预警管理中介入、监督、检查的药品安全预警信息，以期在药品预警管理中拥有较强执行力；加强获取相关情况。

(6)对于公众。通报已列入预警清单中的Ⅰ级和Ⅱ级药品安全预警信息，加强公众自我辨别意识和提高自我保护能力，拓宽药品使用信息的收集渠道。

5. 药品安全预警控制措施

对清单内的预警对象要按照相应分级管理计划采取主动控制措施。

(1)对于不同等级药品安全事件采取的应对方法。

(2)对于不同原因导致的药品安全问题应采取的控制方法。

其一，药物设计原因导致的安全问题(Ⅰ~Ⅴ)。这一原因涉及的药品安全问题范围比较广，特别是对于低等级的药品安全事件需要经过一定时间的监测和观察。这在等级控制措施中都有了比较明确的处理意见。

其二，药品质量原因导致的安全问题(Ⅰ~Ⅱ)。药品质量原因导致的药品安全事件，能够在比较短的时间内得到比较准确的证实。对于已经证实的药品质量安全事件，必须马上进行相关机构和使用人员的警示，并且做到严格控制流通和使用。

其三，药品使用原因导致的安全问题(Ⅰ~Ⅴ)。由于药品使用方法不当或者药物滥用原因导致的药品安全事件会涉及Ⅰ~Ⅴ级。对于属于Ⅰ级，已经产生死亡，并有证据证明和使用有关系的，应该立即停止该使用方法。对于属于Ⅱ级，应该及时向使用机构或者使用个人发布警示信息。对于其余几个等级的则应在该等级控制措施规定下，严格使用方法，密切关注，制订管理计划，有步骤地进行监测和控制。

其四，涉药机构不良行为信息。由于涉药机构的不良行为导致的药品安全事件，在处理过程中已经列入了等级管理，但是还需要结合当前“责任体系”和“诚信体系”的建设，以机构为对象开展信用评价，借此实现对机构的评估以便采取相应的监控措施。例如，某一个生产企业，多次由于生产原因导致药品安全问题；某医疗机构在某一抗生素药品上的过度使用；等等，以此形成机构不良行为记录，记录越多，则视为风险高发单位，应加强抽验和检查等。通过这种措施识别由于管理因素导致的高风险机构，调整对其监控措施，起到预防药品安全事件发生的作用。

二、完善制度，强化监控预警，改革流程，规范行为

（一）完善监督制度，加强执法监督

加强行政执法监督，是保证严格行政执法、保障和促进依法行政的关键环节。近年来，药品监控部门认真贯彻实施《行政诉讼法》《行政复议法》《行政处罚法》，采取一系列实际措施，加大行政执法监督工作的力度，有力推进了依法行政。建章立制，完善执法监督机制。如先后出台了《国家药品监督管理局行政复议暂行办法》、《国家食品药品监督管理局听证规则（试行）》、《药品监督行政处罚程序规定》、《国家药品监督管理局处理行政应诉、协助执行法院判决工作程序》等执法监督工作制度，建立和实施执法资格制度、执法质量评价制度、重大处罚案件审核规则等，这些制度建设使行政执法监督制约机制日趋完善。

建立对抽象行政行为的监督制度，把规范性文件的审查把关作为执法监督的重要内容。通过对规范性文件审查，及时发现问题、解决问题，提高了规范性文件的质量；及时发现并纠正了抽象行政行为中的违法现象，有效维护了法制的统一。

加强对具体行政行为的执法监督，认真开展行政执法监督检查工作。制定和实施了执法监督检查制度，强化日常监督，定期、按比例抽查执法行为，对行政处罚案件实施备案审查，对药品监控法律、法规、规章实施情况进行全面检查，对突出问题进行专项检查；以行政审批和处罚为规范重点，建立处罚案件审核制度，发挥法制机构对执法活动的事中监督作用；进一步拓宽监督渠道，发挥人民群众和行政相对人的监督作用。

认真实施行政复议制度，及时纠正违法的具体行政行为。通过审理复议案件，及时撤销和纠正违法或不合理的具体行政行为，有效地保护了公民法人和其他组织的合法权益，在社会上树立了秉公执法的形象。同时，又有力保障和监督了各级药品监控部门合法有效地行使职权，维护了公共利益和社会秩序。

积极开展行政诉讼应诉工作。严格按照行政诉讼法的要求履行被告义务，把行政诉讼作为检验行政执法工作、总结依法行政经验、吸取教训的重要渠道；充分发挥行政诉讼这一执法外部制约机制的作用。

建立行政执法人员执法资格制度和持证监督制度。加强执法人员的资格审查、认定，实行持证上岗、亮证执法制度，强化执法人员法律知识和业务知识培训，提高执法人员依法行政的意识和自觉性。

推行行政执法责任制、行政执法过错追究制，使依法行政工作落到实处。行政执法责任制是以建立执法规范、明确执法主体、分解执法任务、管理执法队伍、落实考核奖惩、追究违法责任等为主要内容的一种行政执法监督方法和手段。通过落实执法责任制，发现和处理执法过错，起到警示、教育作用。

(二)深化审批改革,规范政府行为

改革行政审批制度,建立结构合理、配置科学、程序严密、制约有效的权力运行机制,有利于促进政府职能转变,从源头防治腐败,推动形成行为规范、运转协调、公正透明、廉洁高效的行政管理体制。

行政审批制度改革政策性强,涉及面广,情况复杂,工作难度大。自国务院全面部署这项工作以来,食品药品监督管理部门高度重视,成立了审改领导小组和办公室,严格执行合理、合法、效能、责任、监督等5项原则,扎实有效开展工作;建立了专家咨询制度,邀请专家参与疑难、复杂和有意见分歧或法律依据不充分的审批项目的论证工作,提高改革的科学性和有效性;加强与国务院审改部门的沟通协调,从整体上确保了上报取消、调整或保留项目理据充分、切实可行。

继续深化行政审批制度改革,既是一项紧迫工作,又是一项长期任务。要根据国务院确定的继续深化行政审批制度改革的总体思路,积极开展工作,认真研究解决机制、体制等深层次问题,抓紧贯彻落实,强化后续监控,研究建立监督制约机制和责任追究制度。

三、有法可依,执法必严,违法必究

依法行政、建设法治政府,是实施依法治国基本方略的核心和关键。国务院《全面推进依法行政实施纲要》确立了建设法治政府的目标,明确规定了今后10年全面推进依法行政的指导思想和具体目标、基本原则和要求、主要任务和措施,是指导各级政府和部门依法行政的纲领性文件,也是进一步推进我国社会主义政治文明建设的重要政策文件。

根据《全面推进依法行政实施纲要》的精神,结合食品药品监控工作实际,食品药品监督管理部门研究制定了《食品药品监控系统全面推进依法行政实施意见》,确定了今后10年全系统全面推进依法行政的指导思想、工作目标、基本要求、主要任务和具体措施,是指导全系统依法行政、建设法治政府的政策性文件。《食品药品监控系统全面推进依法行政实施意见》明确要求,要经过10年的不懈努力,从6个大方面改进和提高食品药品监控工作:①深化监控体制改革,转变政府职能,使市场监控和公共服务职能基本到位;②建立完备的科学民主行政决策机制;③建设基本健全的食品药品监控法律、法规、规章体系;④全面、正确地实施食品药品的法律、法规和规章,有效保护公民、法人和其他组织的合法权益;⑤全面推行执法责任制度,基本健全责权明确、行为规范、监督有效、保障有力的行政执法机制;⑥加强队伍建设,显著提高执法队伍素质,增强依法行政能力。

当前,要从建设法治政府的高度,增强食品药品监控部门依法行政的紧迫感、责任感和使命感,切实增强依法行政的自觉性,努力实现食品药品监控有法可依、执法水平不断得到提高的工作局面。

(一)食品药品监控法律体系基本完善

食品卫生许可,如餐饮业、食堂等消费环节食品安全监控和保健食品、化妆品卫生监

督管理，药品研究、生产、流通和使用领域的监控执法的法律、行政法规基本建立，全面实现规范化、制度化。同时，部门规章和规范性文件的制定符合法律和行政法规规定的权限、程序和内容要求，食品药品监控立法质量明显提高。

（二）执法监督机制健全有效

执法监督检查、执法责任制和责任追究制等内部执法监督制度更加完善、有效，外部监督渠道更加畅通，政务公开全面落实。违法和失职渎职行为得到及时防范、纠正，乱罚款、乱收费、歧视性抽验等滥用职权问题得到基本解决。

（三）政策研究体系基本完善

实现政策研究的制度化、规范化，加强计划性和系统性，推动改革、立法、政策研究同步进行，把发挥系统内研究力量和组织专家研究结合起来，把经常性研究和重大课题研究结合起来，拓宽政策研究成果交流的渠道，提高成果与决策之间的转化率，实现科学民主决策。

（四）全体公务人员的法治观念和执法水平明显提高

执法为民思想牢固树立，严格依法办事的观念、法律面前人人平等的观念、尊重和保障人权的观念、主动提供服务的观念、自觉接受监督的观念普遍强化，全体公务员的法律素质以及整体执法质量和执法效率全面提高。

第五章　食品药品监控预警职能的发展及问题

在社会主义市场经济条件下,食品药品产业的健康发展需要政府的宏观调控和微观规制,食品药品的安全有效需要政府职能部门的监督和管理。伴随着食品药品产业的发展,食品药品监控工作在实践中不断发展和完善。

第一节　食品药品监控预警机构的演变

中华人民共和国成立之初,卫生部就成立了药政处,后改为药政局,主管全国药品监控工作,县级以上卫生行政部门普遍设立药政机构和药检所。1978 年,为了发展我国的医药事业,使医药器材的生产、供应、科研与防病、治病的实践紧密结合,国务院决定成立国家医药管理总局,把中西药品、医疗器材的生产、供应、使用统一管理起来。国家医药管理总局由卫生部代管。1982 年,国家医药管理总局改为国家医药管理局,隶属于国家经济贸易委员会。1986 年,为了进一步加强中医工作,提高中医在我国医疗卫生事业中的地位,充分发挥中医中药防病治病的作用,国务院决定成立国家中医管理局,为国务院直属机构,由卫生部代管。1988 年,国家医药管理局改为国务院直属机构;国家中医管理局改为国家中医药管理局,由卫生部管理。将国家医药管理局管理的中药部分划归国家中医药管理局。1993 年,国家医药管理局改为国家经济贸易委员会管理的国家局;国家中医药管理局改为卫生部管理的国家局。1998 年,国务院决定撤销国家医药管理局,成立国家药品监督管理局,为国务院直属机构,主管药品监督的行政执法。将卫生部的药政、药检职能,原国家医药管理局的药品生产流通监控职能,国家中医药管理局的中药监控职能,并入国家药品监督管理局。2000 年,国务院决定改革现行药品监督管理体制,实行省以下药品监督管理系统垂直管理。2003 年,党中央、国务院决定在国家药品监督管理局的基础上组建国家食品药品监督管理局,进一步加强对食品安全的监控。国家食品药品监督管理局作为国务院直属机构,继续行使国家药品监督管理局职能,同时负责对食品、保健品、化妆品安全管理的综合监督、组织协调和依法组织开展对重大事故的查处。2008 年国务院机构改革中,国家食品药品监督管理局改由卫生部管理。根据 2013 年 3 月 10 日披露的国务院机构改革和职能转变方案,组建国家食品药品监督管理总局。保留国务院食品安全委员会,具体工作由国家食品药品监督管理总局承担;不再保留国家食品药品监督管理局和单设的国务院食品安全委员会办公室。2016 年 3 月 4 日,国家食药监总局发布《食品生产经营日常监督检查管理办法》。其中明确规定日常监督检查法律责任,针对食品生产经营者撕毁、涂改日常监督检查结果记录表,由市、县级食药监控部门责令改正,并处 2000 元以上 3 万元以下罚款。

党的十八大以来的历次全会都对食品药品安全监控工作作出重大部署,十八届六中全会再次对食品药品安全治理体系建设、药品医疗器械审评审批制度改革、药品流通体制改革等进行重点强调,这是人民之福,是食品药品安全监控事业发展的重要保障。食品药品监控部门要始终不忘初心、继续前进,按照中央的统一部署,坚定信心、奋发进取,努力为人民群众"舌尖上的安全"把好关。要做到以下几点。一要深入学习习近平总书记关于食品药品监控工作的一系列重要讲话精神和指示批示要求,坚持以人民为中心的思想,全面加强食品药品监控工作。二要从公共安全角度看待和抓好食品药品安全,须臾不容懈怠,严把从农田到餐桌、从实验室到医院的每一道防线,防范区域性、系统性风险,确保不发生重大食品药品安全事故。三要从发展的观点看待和抓好食品药品安全,推进我国食品药品产业供给侧结构性改革,抓产品质量效益,确保食品安全和药品安全有效,满足人民群众日益增长的食品药品质量安全需要。四要从改革的全局看待和抓好食品药品安全,加快完善统一权威的食品药品监控体制和制度,不断推进食品药品安全治理体系和治理能力现代化,深化药品医疗器械审评审批制度改革、药品流通体制改革,以监控制度创新推动食品药品产业转型升级,全面提高食品药品安全保障能力和水平,以实实在在的改革成果惠及广大人民群众。

第二节　新时期食品药品监控预警工作稳步推进

改革开放以来,在党中央、国务院坚强领导下,我国食品药品监控工作坚持解放思想、与时俱进、开拓创新,实现了跨越式发展,极大地提高了食品药品安全保障水平,维护了人民群众的身体健康和生命安全,促进了经济社会协调发展和社会和谐进步。

以习近平同志为核心的党中央高度重视卫生与健康工作,高度重视食品药品安全工作。在全国卫生与健康大会上,习近平总书记指出没有全民健康,就没有全面小康。食品药品安全关系人民群众身体健康和生命安全。要求建立药品供应保障制度,并从完善药品审评审批制度、提高上市药品质量、保障短缺药品的供应、建立完善药品信息全程追溯体系、整顿市场流通秩序、压缩流通环节、降低费用等多个方面提出了明确要求。党的十八届六中全会再次将食品药品安全治理体系建设、药品医疗器械审评审批制度改革、药品流通体制改革等作为重点进行强调。

一、坚持“以人为本”，全面加强食品药品监控工作

党的十八大以来，习近平总书记对食品药品安全做了一系列重要讲话和指示批示，提出了关于食品药品安全工作的新理念、新论断和新要求，确立了关于食品药品安全工作的思想基础、理论指导、制度框架、实践方法，是总书记关于食品药品安全工作战略思想的集中反映，是我们做好食品药品监控工作、保障人民群众“舌尖上的安全”的根本遵循。

习近平总书记在很多场合多次强调，现阶段食品药品安全形势依然严峻，人民群众热切期盼吃得更放心、吃得更健康。他深刻指出，“民生与安全联系在一起就是最大的政治”。食品药品安全，既是民生，又是安全，关系人民群众身体健康和生命安全，关系全面建成小康社会，关系党和国家事业全局，是最大的政治。

二、全面深化药品审评审批制度改革，提高上市药品质量

改革药品审评审批制度，是党中央、国务院的重大决策部署。2015 年 8 月 13 日，国务院印发《关于改革药品医疗器械审评审批制度的意见》（以下简称《意见》），标志着改革全面启动。这次药品审评审批制度改革，也是落实全国卫生与健康大会精神的具体行动。

《意见》立足当前、着眼长远，针对监控实践中面临的一系列重大现实问题，提出了解决积压、提高质量的目标任务、重点工作和保障措施。推进药品审评审批改革，总体要求就是要紧紧围绕保障公众健康和促进产业转型升级的大局，以提高药品质量为核心，以解决注册积压为重点，以鼓励创制新药为导向，治标与治本相结合、当前与长远相结合，加快建立更加科学、高效的审评审批体系。《意见》共提出 5 项目标和 12 项任务。一年来，我们围绕改革出台了 30 多项审评审批制度的措施并付诸实践。

（一）提高新上市药品审批标准

改革的核心就是全面提高药品质量。《意见》中明确，将新药定义为“未在中国境内外上市销售的药品”，并明确划分为创新药和改良型新药两类，其意义在于今后批准的创新药应当是真正具有全球意义的创新。要求创新药要有临床价值，能解决临床实践中遇到的问题，否则不予批准；改良型新药要突出新技术和新手段，而不是简单地改酸根、改碱基、改剂型，一定要与原药品相比有明显的临床优势，否则不予批准；要求仿制药必须与原研药的质量和疗效一致，即要仿得一模一样，能够替代原研药，否则不予批准。要在这个基础上逐步形成中国的仿制药参比制剂目录，即国际上俗称的“橘皮书”，实现中国所批准的仿制药真正达到和原研药同样的疗效。审评标准提高后，新药的审评重点将是临床疗效和应用优势，仿制药的审评重点将是与原研药的质量和疗效是否一致。要通过这些措施，确保新上市的药品都是有疗效的。

（二）解决注册申请积压

《意见》提出，要在2016年年底前消化完积压的存量，尽快实现申报量和审评量的年度平衡；到2018年实现按规定时限审评。在《意见》发布的2015年8月，药品申请积压量为2.5万件左右，且每年新增申请量约8000件，而当时的审评能力约5000件，如果不采取有效措施，积压将进一步严重。解决审评积压是块“硬骨头”，必须标本兼治、分类处理、综合施策：一是细化解决积压的措施；二是简化临床试验的审评审批；三是充实审评人员力量；四是提高收费标准；五是引导企业合理申报。药品审评量从每年5000件提高到1万件，药品注册受理量从8000件下降为5000件。截至2016年11月，注册申请积压量还剩1.1万件左右，为2018年实现按时限审评打下坚实的基础。

（三）提高仿制药的质量

解决中国医疗的关键是用仿制药。仿制药不是原研药的山寨产品，而是原研药的复制品，与原研药在规格、剂型、用法用量、质量可控性、疗效方面一模一样，可以完全替代原研药的药品。

鼓励和发展仿制药是世界各国的普遍政策。仿制药的特点是有效、安全、廉价，有利于降低医药总费用。例如在2006年，美国仿制药的平均售价为32.23美元，而原研药的平均售价却高达111.02美元。仿制药占据美国88%的处方药市场，由于仿制药价格比原研药低很多，2005—2014年，为美国医保系统节约了约1.68万亿美元。据统计，当批准2家仿制药上市后，药品价格平均下降50%左右。做仿制药的关键是要与原研药在质量和疗效上达到一致，仿制药中有研究，有创新，因此，国产仿制药要与原研药一模一样，甚至更好。

2007年《药品注册管理办法》修订以后，要求凡是国内市场有原研药的，仿制药必须与原研药进行对比，否则不予批准。随着研发水平和审评标准的不断提升，我国仿制药已得到国际认可，开始进入国际市场。目前，我国有超过300个原料药和40个制剂获准在美国上市销售，25个原料药、17个制剂和2个疫苗产品通过世界卫生组织的认证，我国疫苗监控体系连续两次通过世界卫生组织的评估。

在严把新上市药品质量的同时还要对已上市仿制药进行质量和疗效一致性评价（以下简称一致性评价）。由于没有与原研药做对比，没有足够的数据证明有效性，有些仿制药疗效和质量不好。开展一致性评价就是要与原研药和国际公认的药做对比，达到原研药水平，树立公众对国产仿制药的信心。

（四）鼓励研究和创制新药

近几年来，我国药品注册申报结构正在发生变化，新药占的比例提升到40%以上。原创新药申报量都在100件/年以上。最近几年，平均每年批准上市的原创新药3～4个，如康柏西普、西达本胺、阿帕替尼和埃克替尼，特别是治疗眼睛黄斑变性的康柏西普，获得美国 FDA 批准在美国直接开展Ⅲ期临床试验。这表明我国的创新能力在不断地提高，在一些领域与国际水平接近。但与美国等发达国家相比，差距还很明显，我国在全球仅处于新药研发的第三梯队，对全球的贡献率仅为4%，美国是50%。如何鼓励新药创制，食品药品监控总局局长毕井泉同志用7句话进行过概括：定义上明确、制度上创新、审评上优先、程序上简化、机制上重构、理念上转变、技术上沟通。

一是定义上明确。即明确什么是创新药。《意见》把中国的新药重新定义，明确强调“没有在中国境内外上市的药品”为新药，即“全球新”；过去的定义是“未在国内上市的药品”是新药，即“中国新”。

二是制度上创新。鼓励创新有一系列制度。比如“药品上市许可持有人”制度，把生产许可与产品上市许可两者分离，改变过去仅由生产企业持有批文的做法，允许科研单位、科研人员持有批文。这看似变化不大，实则是巨大的改革。第一，提升科研人员的积极性，可以通过持有批准文号获得持续的利润，使其更加专注于新药的研发和成果的产业化；第二，可以减少固定资产的投入，研发的产品可以委托其他企业生产，不用新建车间，节约宝贵的资金；第三，有利于药品生产的专业化和集约化，提高过剩产能的利用率，促进全行业持续健康发展。

三是审评上优先。根据药品临床价值和创新程度的不同给予不同的审评政策。第一，将全球新的创新药归入“无灯区”，相当于开车走高速公路，不限速，有问题及时沟通，一旦取得共识，立即批准，对有重大临床价值的产品还可以有条件批准；第二，将临床急需、有助于产业转型的药品归入“绿灯区”，相当于开车一路绿灯，给予单独排队，尽快批准；第三，“黄灯区”，限制过度重复申报的品种占用有限的审评资源；第四，对疗效不确切的品种归入“红灯区”，不受理，不批准。

四是程序上简化。重点是简化临床审评程序。对申报临床试验的申请，着重审查临床价值和受试人员保障，即有没有价值和安不安全。简化了创新药临床试验的审评，过去是做完Ⅰ期申报Ⅱ期，做完Ⅱ期申报Ⅲ期，现在改为一次批准分期试验，为企业的临床试验节省时间。对于仿制药开展与原研药生物等效试验的申请，取消审批制，改为备案制。

五是机制上重构。突出临床主导，由具有临床医学背景和经验的审评员作为组长，组织药学、毒理、统计专家进行集体审评。建立专家咨询委员会制度，对一些重大技术问题和重大分歧，由专家咨询委员会公开论证，提出意见供决策参考。

六是理念上转变。建立以临床需求为导向的监控理念，鼓励有临床价值的药品尽快上市，服务临床需求。允许国外研发机构在中国同步开展国际多中心临床试验，这些数据可以作为今后注册审批的依据，鼓励国外创新药在中国与国外同步申报，同步上市。

七是技术上沟通。发布《药物研发与技术审评沟通交流管理办法（试行）》，建立审评团队与申请人的会议沟通制度，规范监控机构与企业的沟通交流。在临床试验的重要节点，由审评机构与申请人就审评中的重要事项进行沟通讨论，形成纪要，指导审评和研发，提高审评的质量和效率。

（五）提高审批透明度

药品技术审评、行政审批必须做到标准、程序、结果三公开。

一是标准公开。开门立法、开门定规，是我们一直遵循的原则。所有技术标准都要向社会公开征求意见，给予至少30天的评议期，不暗箱操作、不闭门造车。所有技术标准都全文公开，供业界和监控部门遵循，既约束企业、临床机构，也约束监控部门。目前，已经制定了125项技术指导原则，还将根据工作的需要，借鉴国际先进经验，制定更系统、更详细的技术标准。

二是程序公开。受理程序、技术审评程序、现场检查程序、检验程序及行政审批程序，都有明确、具体的规范和要求，有明确的报告、考核要求，有明确的时限要求，用程序的公正保证结果的公正。申请人既可以在食品药品监控总局网站了解相关事项的申请流程、资料要求和时限，也可到食品药品监控总局行政受理中心咨询。

三是结果公开。建立了药品许可信息的月度公告制度，每月对外公告批准上市的药品信息，主要包括药品名称、剂型、治疗的疾病，生产厂家，批准文号等，方便公众查询。对防治疾病有重要价值的药品，特别是有重要临床价值的创新药，还对外详细介绍该品种的审评审批过程、上市的意义和价值等。例如，2015年1月14日，食品药品监控总局批准了全球首个Sabin株脊髓灰质炎灭活疫苗上市，其对防控脊髓灰质炎具有重要意义，官方网站专门对该药品进行了介绍。对申请人来说，可以用受理号随时查询其申请事项的办理进度及结果。我们将继续推进审评结果公开，力争在公布产品上市许可时，同步公布审评、检查、检验等技术性审评报告。

三、严格监控，加快建立统一权威的食品药品监控体系

药品是人类应对疾病最重要的手段之一。从全球来看，药品因其特殊性而受到严格监控，各国的共识是：不仅要对药品上市进行审批，而且要对药品进行从生产、流通、使用全过程，以及药品从上市到退市的全生命周期的严格监控。赋予一个部门对药品实施严格监控，并不是哪个人或哪个部门的突发奇想，而是人类从血的教训中总结出来的经验。

1937年，美国发生磺胺酏剂受到二甘醇污染造成107名儿童死亡的悲剧。二甘醇有很强的肾毒性，患者因肾脏衰竭而死亡。于是，1938年美国通过了《联邦食品药品和化妆品法》，要求药品必须通过FDA的上市前审批。

1960年，欧洲发生了“反应停”事件。当时，德国格仑南苏制药厂开发药品沙利度胺，它能帮助孕妇控制呕吐、恶心的症状，缓解孕妇的精神紧张，还有安眠作用，所以又叫“反应停”。但是，药品生产者却没有发现，这个药物能影响胎儿的手脚发育，导致手脚比正常人短小，甚至没有手脚。这个药在欧洲上市后，使1.2万个新生儿变成手脚短小、酷似海豹的畸形儿。但是，美国却幸免于难！美国FDA的审评员弗朗西斯·凯尔西对“反

应停”临床研究数据进行深入分析后发现,其临床试验数据不足以证明产品的安全性,于是勇敢地顶住各方压力,拒绝放行“反应停”上市,使得美国躲开了这场劫难,事后她获得总统勋章。FDA 能有今天的公信力,正是凭借若干个凯尔西的努力才建立起来的。德国的这一悲剧直接推动了美国 1962 年法律修正案的出台,使得 FDA 获得了每一个新药都必须通过安全性和有效性审批的权力,并由此诞生了药品监控的一系列制度。

第三节　食品药品监控预警所面临的主要问题

2015 年 5 月 29 日下午,中共中央政治局就健全公共安全体系进行第二十三次集体学习。中共中央总书记习近平在主持学习时强调,要牢固树立安全发展理念,努力为人民安居乐业、社会安定有序、国家长治久安编织全方位、立体化的公共安全网。用最严谨的标准、最严格的监控、最严厉的处罚、最严肃的问责,加快建立科学完善的食品药品安全治理体系。

经过改革开放 30 多年的发展,我国已经告别了缺医少药的年代,药品供应保障体系已基本建立,公众用药基本需求得到满足。目前,可以生产全球 2000 多种化学原料药中的 1600 多种,化学制剂 4500 多种,疫苗年产量超过 10 亿个剂量单位,是世界第二大医药消费市场。2015 年全国医药工业生产总值约 2.9 万亿元。但我国医药产业总体发展水平不高,关键技术受制于人,低水平重复问题突出,呈现出“多、小、散、乱”的局面。临床试验核查发现数据不完整、不规范、不可溯源的现象比较普遍,甚至故意弄虚作假;银杏叶整治中发现有非法添加、擅自变更工艺等严重问题;以及近期山东济南非法经营疫苗系列案件暴露药品流通领域的混乱现象。我国药品安全问题仍然易发多发,处于药品安全风险的高发期,既有产业基础薄弱、职业操守不强、市场竞争混乱等原因,也有监控体系不健全、监控制度不完善、监督执法不严格等问题。

一、地方食品药品监控体制改革还不到位

《国务院关于地方改革完善食品药品监督管理体制的指导意见》(国发〔2013〕18 号)要求省、市、县三级原则上参照国务院模式,整合食品和药品监控职能,组建食品药品监控机构,并于 2013 年年底前完成改革任务。但这项改革不仅没有按时到位,而且许多地方把食品和药品监控职能的整合变成了食品药品、工商、质监等多个部门的合并,带来一系列问题。一是政令难以畅通。上面多头指挥,基层职责庞杂、疲于应付。二是执法标准不一致。监控的权威性、政令的严肃性受到影响。三是专业力量被削弱。食品药品监控体制屡次调整,造成机构和队伍不稳定,队伍人心波动。

二、监控力量薄弱

食品药品安全没有“零风险”。对生产经营全过程是否执行良好生产经营规范进行现场检查，对上市产品是否符合质量标准进行抽样检验，对违法违规行为进行惩处是食品药品监控部门的基本职责，但目前的检查、检验、执法能力与“零容忍”的要求都存在着较大差距。职业化的检查员队伍尚未建立，检查能力还有待提高，一些系统性、区域性风险不能及时发现。最近一些国家的检查机构对我国的出口产品发警告信，也迫切要求我们提高监控的能力。

三、对违法行为的打击形不成震慑

现行法律法规对于一些发生在食品药品安全领域的造假行为，还难以直接追究刑事责任，对直接责任人的处罚力度不够，违法成本过低，达不到惩戒极少数、教育大多数的目的。执法办案受到各种形式的阻挠和威胁，基层以罚代刑情况突出，加之取证手段和能力不足，有案不办现象屡见不鲜。

这些问题不解决，“四个最严”的要求难以落地，保障广大人民群众饮食用药安全、推进健康中国建设的基础就不牢固，中央加强食品药品监控工作的改革预期目标就难以实现。

四、食品安全责任不够适应

与全社会对食品安全的高标准严要求相比，食品安全法律责任偏轻，重典治乱威慑作用没有得到充分发挥。食品生产经营企业作为第一责任人的规定还需明确落实，配套法规制度需要细化，企业的违法成本仍然偏低。一些地方政府对食品安全重视不够，片面追求经济增长，监控失之于宽、失之于软，法律责任落实有待进一步强化。

为全面贯彻落实党的十八届三中全会精神，深化改革创新，完善制度机制，标本兼治解决食品安全突出问题，切实保障人民群众吃得健康、吃得放心，国务院办公厅前不久印发《2014 年食品安全重点工作安排》。

首先，要深入开展食品安全治理整顿。围绕重点产品、重点行业，着力开展食用农产品质量安全源头治理，深入开展婴幼儿配方乳粉专项整治，开展畜禽屠宰和肉制品专项整治，开展食用油安全综合治理，开展农村食品安全专项整治，开展儿童食品、学校及周边食品安全专项整治，开展超过保质期食品、回收食品专项整治，开展“非法添加”和“非法宣传”问题专项整治，开展网络食品交易和进出口食品专项整治。

其次，加强食品安全监控能力建设。以深化食品药品监控体制改革为契机，完善从中央到地方直至基层的食品安全监控体系，加强基层执法力量和规范化建设。进一步强化食品安全风险监测评估，加快食品安全检验检测能力建设，推进食品安全监控工作信息化，探索建立健全符合国情、科学完善的“餐桌污染治理体系”。

第六章　我国食品药品监控预警体制的发展

21世纪,人类进入了一个全球范围内的新一轮社会转型时期。中国作为国际社会的一员,经过30多年的改革开放,自然融入世界的转型浪潮,进入了一个对国家发展和社会进步都有重大意义的、以多元复合社会转型为核心特征的战略机遇期。这是中国从传统社会向现代社会转型的关键时期,所呈现出的多元复合特征客观上加剧了中国现代化进程的复杂性。要避免陷入挫折与断裂充斥的现代化陷阱,深化体制改革、转变政府职能、实现市场体系与行政体系的良性互动变得极为重要和紧迫。近几年,监控体制的改革,不仅是政府治理市场经济的职能创新,而且也必然打破传统的中央和地方之间的行政关系。在政府监控职能改革中,食品药品监控体制在横向和纵向权力配置方面不断发生着深刻变化,并初步形成了具有独立、公正、权威、专业和职权法定等特征的食品药品监控体系。

第一节　食品安全监控预警体制

我国是一个农产品生产大国,农产品的产量在世界均名列前茅,然而目前我国食品加工业的发展水平与发达国家相比有很大的差距,食品质量安全总体形势不容乐观,给人们生活带来不利影响。近年来发生的众多食品质量安全事件,充分暴露出我国食品质量安全管理体制的缺失,已经引起我国各级政府前所未有的高度重视。造成这种现状的原因是多方面的,本部分主要从我国食品加工业发展本身以及食品质量安全管理中存在的问题做出阐述。明确当前我国食品质量安全总体形势严峻,即明确警义,是食品质量安全预警研究的基础。

一、我国食品安全的现状

(一)我国食品安全的概况

1. 初级农产品质量安全水平总体状况向好

近年来,作为食品加工原料——初级农产品质量安全水平稳步提升,总体状况向好。

从2001年国家实施“无公害食品行动计划”开始，农业部即在京、津、沪、深等试点城市开始对蔬菜中农药残留和畜产品中“瘦肉精”污染实施例行监测。根据《农产品质量安全法》的规定和《国务院办公厅关于印发2015年食品安全重点工作安排的通知》(国办发[2014]20号)要求，2015年全年，农业部按季度组织开展了4次农产品质量安全例行监测，共监测全国31个省(区、市)152个大中城市5大类产品117个品种94项指标，抽检样品43998个，总体合格率为97.1%。其中，蔬菜、水果、茶叶、畜禽产品和水产品例行监测合格率分别为96.1%、95.6%、97.6%、99.4%和95.5%，农产品质量安全水平继续保持稳定。“十二五”期间，蔬菜、畜禽产品和水产品例行监测合格率分别上升3.0、0.3和4.2个百分点，均为历史最好水平。

2. 食品卫生质量合格率大大提高

从1983年开始，卫生部对全国食品卫生合格率进行监测，从监测的结果看，食品质量安全状况得到很大改善。我国食品卫生合格率从1982年的61.5%上升至1990年的81.9%，到2008年达到91.6%。2009年以来由国家质检总局对各种食品质量进行监督抽查，在全国范围内对食品生产企业进行产品实物质量监督抽查，从2016年的抽查数据看，全年共抽查23152家企业生产的23851批次产品，国家产品质量监督抽查合格率为91.6%。从近5年的抽查情况看，产品抽查合格率分别为89.8%、88.9%、92.3%、91.1%和91.6%，整体呈现波动上升态势，2016年同比2015年提高了0.5个百分点。其中，2016年加强了食品相关产品的监督抽查力度，全年共抽查2413家企业生产的2919批次产品，抽查合格率为97.6%。从企业生产规模来看，全年抽查的大、中、小型企业数分别占抽查企业总数的11.1%、18.5%、70.4%，与往年抽查比例相比，加大了小型企业的抽查力度，产品抽查合格率分别为96.1%、93.6%、90.3%，占产业主导的大、中型生产企业产品质量基本稳定，小型生产企业产品抽查合格率同比2015年上升了1.3个百分点。

3. 食物中毒发生率近年来呈下降趋势，但仍处于较高水平

由致病微生物和其他有毒有害因素引起的食物中毒和食源性疾病的发病率是衡量食品质量安全状况的直接指标。食源性疾病是重要的一个致病来源，也是食品质量安全问题最直接的表现之一，但目前我国尚无确切的食源性疾病发病率的统计数据。食物中毒报告是反映食品质量安全水平的又一个重要方面。根据世界卫生组织(WHO)估计，发达国家食源性疾病的漏报率在90%以上，发展中国家则为95%以上。从目前的统计数据看，我国每年食物中毒报告例数约为2万~4万人，但据专家估计这个数字尚不到实际发生数的1/10，也就是说我国每年食物中毒例数至少在20万~40万。

2015年，卫生部通过突发公共卫生事件管理信息系统共收到28个省(自治区、直辖市)食物中毒类突发公共卫生事件(以下简称食物中毒事件)报告169起，中毒5926人，死亡121人。与2014年相比，报告起数、中毒人数和死亡人数分别增加5.6%、4.8%和10.0%。2015年无重大食物中毒事件报告。报告食物中毒较大事件76起，中毒676人，

死亡121人;一般事件93起,中毒5250人。2015年与2014年相比,微生物性食物中毒事件的报告起数和中毒人数分别减少16.2%和17.0%,死亡人数减少3人;化学性食物中毒事件的报告起数、中毒人数和死亡人数分别增加64.3%、151.9%和37.5%;有毒动植物及毒蘑菇食物中毒事件报告起数、中毒人数和死亡人数分别增加11.5%、34.0%和15.6%;不明原因或尚未查明原因的食物中毒事件的报告起数和中毒人数分别增加23.5%和36.3%,死亡人数减少4人。

近年来,食品质量安全事件一波未平,一波又起。食品质量安全问题已成为中国公共卫生的焦点问题,成为全社会关注的热点问题。

数据显示,2015年畜禽产品的监测合格率为99.4%,已连续6年在99%以上的高位波动,表明我国畜禽产品质量安全一直保持在较高水平。其中,备受关注的"瘦肉精"污染物的监测合格率为99.9%,比2013年又提升了0.2个百分点,连续8年稳中有升,生猪"瘦肉精"污染问题基本得到控制并逐步改善,基本打掉地下生产经营链条。

"水产与水产制品已经成为食品安全事件高发的食品种类。"报告课题组相关负责人介绍,农业部主要监测对虾、罗非鱼、大黄鱼等13种大宗水产品,监测合格率连续3年低于96%,在五大类农产品中排名较低,安全水平稳定性不足。

(二)食品安全管理中存在的问题

以下从食品加工业本身以及国家监管两个方面对我国食品质量安全管理存在的问题进行深入的分析。

1. 食品加工业发展中存在的问题

(1)食品加工业总体发展水平不高,制约食品质量安全的总体水平提高

从一般规律来看,食品质量安全水平是以食品加工业的发展程度相适应的,包括工业化程度以及工业科技发展水平。而我国食品加工业总体发展水平不高,尚处于起步阶段,加工水平与国际先进水平差距很大。食品工业总产值与农业总产值之比是衡量一个国家食品工业发展程度的重要指标。自1994年以来我国食品工业总产值与农业总产值之比虽然呈上升趋势,但与发达国家相比,差距还很大。20世纪90年代我国食品工业总产值与农业总产值之比仅为0.3∶1左右,进入21世纪以来,食品加工业进入快速发展时期,2016年,我国食品工业总产值为6.91万亿美元,农业总产值为5.77万亿美元;与农业总产值之比上升至1.2∶1,而发达国家约为(1.5—2.0)∶1。

(2)加工企业规模小、布局分散,造成食品质量安全管理的难点

截止到2016年12月底,全国规模以上食品企业414494家,较上年增长5.00%,增幅快于总体农产品加工企业2.08%,高于全部工业企业的1.28%。食品行业规模以上企业数量占到全部工业企业数量10.94%。其中,农副食品加工企业数量25853家,食品制造企业884410家,饮料企业(包括酒、饮料和茶制造)6797家,较上年分别增长3.84%、6.99%和6.96%。规模以上食品加工企业数量增长明显,显示农产品在国家一二三产融

合政策的推动下,农业企业数量出现较快增长。细分行业来看,食品制造和饮料制造明显进入规模以上企业的数量增幅快于农副食品制造行业,作为终端消费品的细分行业进入者快于中间品为主农副食品行业。食品制造行业大量中小企业快速发展才能拉动原料供应为主导农副食品加工行业的发展。

我国食品生产加工企业有相当一部分是家庭作坊,即使是一些大型食品加工企业,也根本无法与世界上大型食品加工企业相比。截止 2016 年底,世界上很多大型食品加工企业年销售收入都在 100 亿美元以上,而我国目前还没有几家年销售收入达到 100 亿元人民币的食品加工企业。世界 500 强企业中,共有食品企业 21 家,世界 50 强食品产业集团的情况是:一年总销售收入是 6300 亿美元,其中食品工业是 4530 亿美元,排名前 3 位的瑞士雀巢、美国菲利普·莫里斯公司和英国、荷兰联合利华公司,每年销售收入在 400 亿 ~600 亿美元。而企业规模小,实施质量安全管理体系的负担较重,成本与收益风险较大,而大规模或中规模的企业一般有较为雄厚的资本积累,而且更加重视产品的质量和品牌效应,支付质量安全管理体系的实施成本的能力与意愿较强。企业布局分散,给政府监管部门带来监管成本高、难以管理的问题。因此,企业规模小、布局分散成为食品质量安全管理的难点。

(3)原料生产基地建设滞后,难以满足加工原料质量安全的要求

优质的产品必须有优质的原料作保证,而目前我国食品加工业与农业发展之间尚未形成科学的产业链,原料生产难以满足食品工业对标准化、专用化原料的需求。这样不仅造成品种缺乏,更主要的是产品质量安全难以保证。目前,我国在啤酒大麦、乳品奶源、葡萄酿酒种植基地建设方面尤为滞后。据统计,我国所需 300 万吨大麦的 60% 依赖于进口,葡萄种植基地提供的原料不足酿酒原料的 10%,用于加工酸奶的奶源也主要依靠进口,原因是国内的奶源含抗生素超标,抑制乳酸菌的生成。以乳制品加工业为例,奶源问题是中国乳制品企业的"命门"。长期以来国家和企业在奶牛养殖基地建设方面的投资不足,大型规模化养殖所占比重很小,主要还是农户散养模式,奶源生产效率低下,制约了乳业的发展。大多数乳品企业收购鲜奶都是通过各个奶站,而奶站的奶源大多来自于分散的奶农。传统的个体散养和一些小牧场饲养的奶牛,普遍存在奶牛品种质量差、产奶量低等缺点。另外由于鲜奶极易成为各种微生物生长的温床,传统的人工挤奶,原料奶都不可避免地暴露在空气中,加上受盛奶器具清洁程度的影响,难免会造成原料奶被污染的现象。二次污染是目前国内不少乳制品加工企业难以解决和影响奶源质量的关键问题。

(4)用于技术研发的经费投入比重较少,制约食品质量安全关键控制技术的发展

我国长期以来对食品质量安全技术研发的投入不足。2015 年,全国研究与试验发展(R&D)经费支出 14169.9 亿元,比上年增加 1154.3 亿元,增长 8.9%;研究与试验发展(R&D)经费投入强度(与国内生产总值之比)为 2.07%,比上年提高 0.05 个百分点。按

研究与试验发展(R&D)人员(全时工作量)计算的人均经费支出为37.7万元,比上年增加2.6万元。分产业部门看,研究与试验发展(R&D)经费支出超过500亿元的行业大类有7个,这7个行业的经费支出占全部规模以上工业企业研究与试验发展(R&D)经费支出的比重为60.8%;研究与试验发展(R&D)经费支出在100亿元以上且投入强度(与主营业务收入之比)超过规模以上工业企业平均水平的行业大类有9个。但是与发达国家相比还是远远不够的,比如联合利华公司每年投入于食品质量安全的科研经费达到10亿欧元。发达国家大型食品加工企业研究发展投入(R&D经费)占其销售额的2%~3%。而根据国际经验,食品加工的研究开发投入占销售收入的比重在1%以下难以生存,1%~2%可以勉强维持生存,达到3%以上才具有竞争力。

2015年中国研发总投入(R&D经费)占GDP的比例预计为2.1%,没有实现"十二五"期间达到2.2%的目标。这表明我国整体科技投入和经济发展规模不匹配。尽管中国2013年已经超越日本,成为世界第二大R&D经费支出国,但经费规模仍然只相当于美国的一半。研发投入较低,制约着食品质量安全关键控制技术的发展。首先是在基础研究方面比较落后。比如"吊白块"是一种漂白剂,早在很多年前政府就有明确规定,如果用这种东西漂白食品,就要被判刑,因为它可能致癌。但关于吊白块究竟怎么致癌?多大量致癌?在哪些人群中更易致癌?在哪种食品中更易致癌?这一系列的问题,却没有做过深入的研究,直到现在,"吊白块"还被一些食品生产加工厂家添加到米、面、腐竹、食糖等食物中进行增白。我国目前在食品质量安全问题上精力大多投入在调研允许使用的东西上,对于国家不允许使用的添加剂涉及不多,但是,最近食品质量安全领域出现的问题,恰恰大多出在不允许使用的东西上。其次是在检测技术与设备仪器方面,不能全面采用危险性评估技术和控制技术,没有对化学性和生物性危害的暴露评估和定量危险性评估,对一些新型食品添加剂、包装材料、酶制剂以及转基因食品的安全性问题缺乏研究与评估。此外,多残留方法检测检测农药残留技术落后,美国FDA(食品药品管理局)可以检测360多种农药,德国可检测300多种农药,加拿大可检测250多种农药,而我国尚缺乏测定上百种农药的多残留分析技术。

(5)产业链各主体利益分配机制不完善,影响产业链的协调发展

从农田到餐桌的每一环节,构成了食品加工产业链的各个组成部分,从原料生产、加工、储运、流通、消费等,都是保证食品质量安全的每一环节,只有整个食品加工产业链的协调发展才能从根本上解决食品质量安全问题。仍以乳制品加工业为例,在乳制品加工产业链的各主体中,乳品加工企业在原料奶的定价、鲜奶收购的检测标准确定、企业与奶农的利益关系中占有绝对优势地位;而奶农在乳业市场中长期处于弱势地位,地方政府、奶业行业协会等对企业也缺乏有效的监督机制。由于奶农与乳制品加工企业只是单纯的买卖关系,缺乏必要的利益联结机制,一些乳制品加工企业不与农户签订收购合同,在销售旺季靠提高奶价来获得奶源,在销售淡季,又随意压价或限收鲜奶,造成奶源在数

量、质量和价格上波动。利益分配机制的不均衡既诱导奶农违反合同售奶,又诱使更多企业只顾眼前利益,不注重奶源基地建设,因此,奶源基地多数是地方政府和奶农投资建设,乳品加工企业投资较少或没有投资。在这种松散的利益联结机制下,一旦乳业终端产品价格低迷,乳制品加工企业就会把市场风险转嫁给奶源基地和奶农,造成每遇市场波动,奶农利益都会受到损害的现象。

2. 国家监管中存在的问题

(1)管理体制不顺,导致政府失灵

自2009年《中华人民共和国食品安全法》(以下称《食品安全法》)颁布以来,我国已成立国家食品安全委员会,但目前看来,依然摆脱不了“分段监管为主、品种监管为辅”的方式。

除了农业生产过程以外,产前产后的链条被割断,整个系统涉及许多部门。食品安全委员会的职能为协调和高级议事机构,但由于它没有相应的研究机构,起不到真正的协调作用。《食品安全法》并未或难以对食品的生产、加工、流通、消费环节进行清楚的界定和区分,导致食品安全职能部门不能对号入座。这种多头管理的格局使得主管部门具有的管理权限与所承担的责任不对称、不匹配、不落实,降低了管理效率,导致“一颗白菜、一头猪”要经过十多个部门的局面。这种齐抓共管的局面,不但损害行政效率,而且可能造成管理真空,也可能形成部门行业垄断,导致信息失真。

(2)法律法规体制不完善,对违法行为处罚力度不够

一是《食品安全法》已实施,但是与之相配套的法律法规体系还有待于进一步完善。原有的法律法规主体框架是以部门实施为主的,而部门法多为农产品生产、流通、销售和消费的某一环节,使得农产品生产者、加工者、经营者、消费者以及执法者很难找到一个统一的法律基础,缺乏一个基础性的、综合性的、能作为各个部门基础准则的法律。法律法规种类繁多、交叉重复、可操作性低,目前急需形成一个统一协调的法律法规框架体系。二是对违法行为的惩处力度不够。地方保护主义和执法不力问题依然存在,对违法行为大多以罚代管、以罚代刑,由于处罚力度未触及生产和销售者的根本利益,因此,难以抑制其违法行为的继续。

(3)标准体系不完善

一是标准总体水平偏低,国际采标率低。我国很多食品国家标准和行业标准是20世纪80年代和90年代制定颁布的,由于我国食品工业基础差、管理水平落后,相当一部分标准远远低于国际水平。如1997年发布的GB10770—1997《婴幼儿断奶期补充食品》规定蛋白质不低于5.0%,而CAC标准(CODEX STAN74—1981《以谷物为主的婴幼儿食品》低于10%;食品中铅的限量标准,中国标准为0.5毫克/升(葡萄酒)、0.2毫克/升(液体乳)、0.5毫克/千克(婴幼儿配方食品),而CAC标准(CODEX STAN230—2001《铅含量》)规定葡萄酒不得超过0.2毫克/升、液体乳不得超过0.02毫克/升、婴幼儿配方食品

不得超过0.02毫克/千克;采用国际标准和国外先进标准的比例偏低,在现行的国家标准中采标率为25%,行业标准采标率仅为2%,我国目前粮食及其加工品标准共有228项,其中,只有54项是等同或等效采用国际标准,采标率为20%,相比之下,英国有关粮食及其加工品质量检测采标率达92%,德国近100%,法国81%。

二是标准体系不完整,与国际接轨不紧密,导致农产品进出口受阻。标准中某些技术要求,特别是有关农药、兽药残留、抗生素限量等指标设置不完整甚至没有规定。如欧盟对进口茶叶农药残留限量品种达56项,德国56项,英国13项,日本64项,这些国家颁布此类标准的主要目的是保护本国茶叶市场,对外实行有效的技术壁垒。而我国迄今只规定了"六六六"和"滴滴涕"等9种农药最大限量指标,导致按我国国家茶叶卫生标准检验合格的产品,在出口贸易中往往不合格,严重影响了茶叶出口。

(4)检验、检测、认证体系不完善

一是检验检测机构分布不均,检验检测能力不足。我国目前食用农产品安全类质检机构数量不足且布局不合理,我国农产品质量安全残留类质检机构大多由投入品或食品品质类质检机构改造而来,各省检验检测机构数量不平衡,中西部地区尤为滞后,山东省各类部级农业质检机构达18家,而青海省只有1个部级质检机构,有的省份甚至还未建成质检机构。检验机构普遍存在检测能力不足,缺乏具备相应专业知识和较高素质的检测人员,缺乏对标准、检测、认证、风险评估等工作的深入研究。

二是认证认可体系缺乏系统性。有关食品的认证由多个部门承担,造成我国认证认可形式缺乏系统性。目前国家正式推出的有关食品认证的形式有"无公害农产品认证""绿色食品认证""有机食品认证",此外还有各部门的多种形式,如"食用农产品安全认证""安全饮品认证""安全食品认证""健康食品认证"等;国家推出的管理体系认证形式有"HACCP管理体系认证"、用于流通领域的"绿色市场认证""质量管理体系IS09000认证"和"环境管理体系IS014000认证"等。不同认证形式之间存在交叉重复,使得食品加工企业不堪重负,加大了"守法成本",影响了食品质量安全水平的提高。

(5)监测与预警体系不完善

一是食品质量安全信息共享体系尚未建立。目前,有关食品质量安全信息的部门有卫生部、农业部、国家质检总局、国家工商局和国家食品药品监督管理局等。农业部的信息主要在农产品的产前和产中领域,主要包括农业标准、农业投入品管理、动植物疫情防治、绿色食品管理等;卫生部主要是关于食品和饮用水的卫生监督与抽检、食品安全法规建设以及相关的认证管理等;国家质检总局主要负责发布动植物检疫法规、出入境检验检疫管理、动植物疫情等;国家食品药品监督管理局主要发布食品安全政策法律制定、食品安全协调、出口等。由于不同部门之间存在职能分割,造成所发布的信息缺乏统一协调性,不能做到信息共享,降低了信息的权威性;发布的信息缺乏权威性的分析,预测分析不足,降低了信息的指导性。

二是缺乏风险评估的微观预警机制。从发达国家的管理经验来看，首先是重视风险评估与管理，风险评估的实质是应用科学手段检验食品中是否含有对人体健康不利的危害物，分析这些危害物可能带来的风险因素的特征与性质，并对它们的影响范围、时间、人群和程度进行分析；其次，对预警技术进行深入的研究，如美国通过食品和饲料中某些成分的控制来实现风险预警，欧盟的“食品快速预警系统（RASFF）”主要是针对各成员国内部由于食品不符合安全要求或标识不准确等原因引起的风险和可能带来的问题通报各成员国，是消费者避开风险的一种安全保障系统；第三，强调食品质量安全管理的公开性和透明度，让社会公众积极参与管理，减少由于信息不对称而带来的不利因素。这些先进的管理经验正是我国与发达国家的差距。

三是缺乏食品质量安全管理的宏观预警体系。在管理部门的宏观管理上，对食品安全的全过程管理没有深入研究，包括“从农田到餐桌”每一个供应链环节，同时包括法律、标准、检测、市场等管理体系，还未建立我国食品质量安全管理的宏观预警体系，可以从食品质量安全的各个影响因素着手，建立我国食品质量安全评价预警指标体系以及对我国过去及未来的食品质量安全度进行评价预警。

二、食品安全的影响因素

警源是警情产生的根源。农产品在从“农田到餐桌”的过程中，要经历原料生产、运输存储、加工生产、销售流通、产品消费等供应链流程，影响质量安全的因素也将受到每一环节的影响。本部分的研究重点主要着重于食品的加工环节，影响食品质量安全的因素很多，只有把它们都研究透彻，才能搞清产生食品质量安全警情的“警源”，达到预警的目的。

（一）食品安全影响因素的概况

食品的加工过程分为原料验收、原料贮存、加工过程、产品包装等环节，每一环节都会带来一种或多种影响最终产品质量安全的因素。影响食品质量安全的因素分类有很多方法，按表征因素分为生物性污染、化学性污染和有毒动植物；按管理控制因素分为内生警源和外生警源，其中内生警源包括加工原料安全水平、加工辅料使用安全水平、加工环境卫生管理水平和加工技术安全管理水平，外生警源包括国家监管水平、消费者的食品质量安全意识水平和食品加工业的发展水平，每一方面的影响因素都包括许多子因素。

从近几年来我国卫生部公布的食品中毒发生情况看，引起食品中毒的原因主要有生物性、农药化学物和有毒动植物，因此，本文把食品安全影响因素按表征因素分为生物性污染、化学性污染和有毒动植物天然有毒物质。

1. 生物性污染

生物性污染是指自然界中各类生物性危害对食品质量安全产生的污染。如在原料验收、原料贮存、加工过程、包装过程中的霉烂、变质、工具及设备带来的致病性细菌、病毒以及某些毒素污染，此外还有农业转基因技术所导致的质量安全问题，生物性污染具有较大的不确定性，控制难度大。生物性污染包括：真菌污染、细菌污染、病毒污染。真菌产生的毒素致病性强，随时都可能污染食品。其中黄曲霉毒素是目前已发现最强的化学致癌物之一，其主要作用部位是肝脏，亦可使其他部位发生肿瘤。霉菌引起的食品变质和霉菌产生的毒素引起人类中毒，霉菌污染食品可使食品的食用价值降低，甚至完全不能食用，造成巨大的经济损失。细菌种类繁多，分布广泛。根据国内外统计，在各种食品中毒中以细菌性食品中毒最多，引起中毒的细菌类型有沙门氏菌属、致病性大肠杆菌、肉毒梭菌、副溶血性弧菌、金黄色葡萄球菌、假单胞菌、李斯特菌属等。在食品中的病毒主要有猪水疱病毒、狂犬病病毒、口蹄疫病毒、疯牛病病毒、禽流感病毒等，人类食用了含有病毒的食品后，会产生人畜共患病。

随着人类社会经济的发展，由生物性污染引起的食品中毒人数最多。生物性污染是导致食品中毒最为广泛的因素，其发生范围最大，影响面最广，由其引发的中毒人数基本达到半数以上。

2. 化学性污染

化学性污染是指由于不合理使用化学合成物质而对食品质量安全产生的危害，如在原料的生产中，化肥、农药、兽药、饲料添加剂等的大量使用，工业废弃物中的有毒有害化学物质通过污染农田、水源和大气也可能在原料农产品中聚集。

从我国食品中毒发生的致病原因来看，由农药化学物造成食品中毒的死亡人数高于由于生物性污染引起的死亡人数。化学性污染又分为：环境污染、农药残留、兽药残留。

(1)环境污染

环境污染包括大气、水体、土壤污染。农作物通过叶片上的气孔吸收大气中的污染物，或者通过畜禽食用牧草后进入食品链，对食品造成污染。氟化物、二噁英是大气中的主要污染物，氟被吸收后，95%以上沉积在骨骼里，引起的人体疾病有氟斑牙和氟骨症，表现为齿斑、骨增大、骨质疏松等。二噁英(Dioxin)是目前世界上已知的毒性最强的化合物之一，它在脂肪中具有高度溶解性，极易污染鱼、肉、禽蛋、乳及制品，在人体内蓄积，在人体内的半衰期为7年，一旦进入环境或人体则很难排出。

目前我国水污染的状况较为严重，我国每年排放废水约310亿吨，其中有毒有害物质13万吨左右。全国27条主要河流中有15条污染较为严重，导致水生生物死亡或有毒有害物质沉积。未经处理的污水用于灌溉农田，造成重金属超标，影响食品的品质，如稻米的黏度降低、蔬菜味道不佳或易腐烂不易贮藏、马铃薯畸形或黑心。

土壤污染主要来源于工业“三废”污染、化学农药、化肥等。因工业“三废”污染的农田近700万公顷，使粮食每年减产100亿千克。中国农药总施用量达131.2万吨(成药)，比发达国家高出一倍，农药施用后在土壤中的残留量为50%～60%，已经长期停用的“六六六”“滴滴涕”目前在土壤中的可检出率仍然很高。过量施用化肥，致使大量的硝酸盐蓄积在作物的叶、茎和根中。20世纪90年代,世界的氮肥使用量为8000万吨,其中中国用量达1700多万吨,占世界用量的21.6%。土壤中的重金属污染造成植物中的重金属超标,如镉、铅、砷、汞、铬等,据统计,中国重金属污染的土壤面积达2000万公顷,占总耕地面积的1/6。

(2)兽药残留

目前,对人畜危害较大的兽药及药物饲料添加剂包括抗生素类、磺胺类、呋喃类、抗寄生虫类和激素类等药物。造成我国动物性食品中兽药残留量超标的主要因素有:使用违禁或淘汰药物,如β-兴奋剂(克伦特罗,又叫"瘦肉精")、类固醇激素(乙烯雌酚)、镇静剂(氯丙嗪、利血平);畜禽屠宰或出售前不按规定执行应有的休药期;随意加大药物用量或把治疗药物当成添加剂使用;畜禽发生疾病时滥用抗生素;饲料在加工过程中受到污染。兽药残留不仅对人体健康造成直接危害,而且对畜牧业和生态环境造成很大的威胁,最终将影响人类的生存安全,影响经济可持续发展和对外贸易。

(3)农药残留

目前农药残留问题已成为全球性的共性问题,也是一些国际贸易纠纷的起因,是限制我国农畜产品出口的重要因素之一,我国每年农药生产和使用量居世界第二位。在农药使用过程中,若不按国家限量标准甚至使用国家早已明令禁止的甲胺磷、双氟磷、毒鼠强等农药,都会导致农产品中农药残留超标。20世纪70~80年代初,我国食品中有机氯农药残留较为普遍和严重,如有机氯农药是一种杀虫剂,其化学性质相当稳定,不易分解,不断迁移和循环,污染环境,是最重要的农药残留物质之一。为了保证人类的健康,世界各国都非常重视食品中农药残留的研究和监测工作,制定了严格的农药允许限量标准,从而形成新的贸易壁垒。欧盟仅对茶叶中规定执行的农药残留限量标准已达108项,日本的《肯定列表制度》专门是针对食品中的农业化学品残留的。

3. 动植物天然有毒物质

动植物天然有毒物质是指有些动植物中存在的某种对人体健康有害的非营养性天然物质成分,或者因加工贮存不当在一定条件下产生的某种有毒成分。动植物中有毒物质的摄入可不同程度地危害人体健康,降低食品的营养价值和影响风味品质,引起人食品过敏或中毒反应。我国每年因食用有毒动植物而发生中毒的人数甚至高于农药化学物引起的中毒。

由此可见,有毒动植物对健康的潜在威胁已经成为一个不容忽视的问题。食品中影响其安全性的天然成分(如有毒蛋白质、有毒氨基酸、生物碱、蘑菇毒素、微生物代谢毒素——食源性细菌毒素、真菌毒素、河豚毒素和藻类毒素等),其中河豚毒素是最毒的天然产物之一,我国《水产品卫生管理办法》中严禁餐饮店将河豚作为菜肴经营,但是每年因食用河豚中毒的事件屡见不鲜。

（二）按照管理控制因素分类

按管理控制因素分为内生警源和外生警源。内生警源，指所研究对象系统内部的影响因素。从食品质量安全预警来说，内生警源分为加工原料安全水平、加工辅料使用安全水平、加工环境卫生管理水平和加工技术安全管理水平。外生警源，就是指所研究对象系统外部的影响因素。从食品质量安全预警来说，外生警源分为国家监管安全水平、消费者食品质量安全意识水平和食品加工业发展水平。

1. 加工原料安全水平

（1）农（兽）药以及其他添加剂残留

我国是世界上农药使用量最大的国家，农药年施用量超过130万吨，单位面积用量是世界平均水平的两倍。农药残留问题是影响植物性食品质量安全的主要因素，蔬菜中的有机磷超标是较为突出的问题。在畜禽及水产品的养殖过程中，饲料及添加剂的使用是影响动物性食品的重要因素，其中畜产品中的“瘦肉精”问题大大降低了畜产品的安全性。农业部自2001年以来把主要农产品中农（兽）药残留合格率作为重点监测的项目，重点监测对合格率的提高成效显著。2016年，蔬菜中农药残留合格率为96%以上，畜产品中“瘦肉精”合格率为99.3%，畜产品中磺胺类药物残留合格率为99.7%，水产品中氯霉素污染合格率为99.6%。

（2）原料生产基地的标准化、规模化水平

建立农产品生产基地，是实现农业产业化经营，实行标准化生产、加工，促进农业结构调整的重要途径。建立农产品标准化、规模化的生产基地，可以促进农业标准化生产、优化农产品区域布局和延长农业产业链条，提高农产品的综合利用效率、转化增值水平，更为重要的是有利于提高农产品质量安全水平。我国传统农业生产方式是以农户分散生产为主的，难以适应当前的市场要求，而且难以保证食品供应链的源头安全。因此原料基地的标准化建设是提高食品质量安全的有效措施，尤其是我国当前在食品领域推行的无公害、绿色、有机产品认证，要求产品必须是在国家认定的生产基地生产，而且对生产基地做出了严格的规定和要求。此外，农产品生产基地的规模化水平的提高，可以培育龙头企业和企业集群示范基地，发挥龙头企业的守法经营、诚信经营带头示范作用，建设农产品专业化、规模化生产区域，生产基地的规模化也有利于质量安全标准化管理。

（3）农产品生产者的行为规范

农民的安全生产行为是食品质量安全的重要保障。目前，由于受知识水平的限制，中国有相当一部分农民在农业生产中不能正确使用农药和兽药，也缺乏专业技术人员的指导，常常是凭感觉使用，使食品质量安全面临严重的威胁。有关学者的研究表明，在生产者的生产行为中，生产者对采用无公害和绿色农药行为与以下几方面的因素有关：生产者家庭人口数及人均耕地面积、生产者受教育水平、生产者的能力（是否有非农收入及信贷支持）、生产者对农药的认识、生产者与企业及专业技术协会的关系以及是否有农技人员的指导。在“三鹿奶粉”事件中,生产者所表现的思想意识是一种为了牟取利益而丧失了人性道德的违法行为,远远谈不上是否采用无公害和绿色农药行为。因此食品质量安全的主要影响因素是生产者的生产行为规范,具体地说,就是他们的思想素质、法律意识、受教育水平,以及是否给予他们技术指导和政策上的扶持优惠等。

2.加工辅料使用安全水平

(1)食品添加剂本身及其使用中的安全性

食品添加剂是指为改善食品的品质、色、香、味、保藏性能以及为了加工工艺的需要,加入食品中的化学或天然物质。食品添加剂属于加工辅料,包括防腐剂、抗氧化剂、发色剂、漂白剂、营养强化剂、食品加工助剂、增味剂、保鲜剂、香料等21种食品生产中允许使用的添加剂。食品添加剂是食品工业发展的重要组成部分,从某种意义上来说没有食品添加剂,就没有现代食品加工业。

一是食品添加剂产品本身是否安全。食品添加剂产品是否符合国家有关标准要求,食品添加剂生产企业除了遵守卫生部发布的《食品添加剂生产企业卫生规范》外,应该通过技术创新,开发新型的更加安全的食品添加剂,采用新型的食品添加剂可以消除部分传统食品添加剂的毒性及危害性,如新型淀粉糖浆系列甜味剂可以取代目前使用的糖精钠和甜蜜素等,将进一步提高食品的质量和安全性。随着食品工业的快速发展,人们对食品添加剂的品种、数量、安全、健康等提出更高的要求,食品添加剂工业应朝着天然、营养、安全的方向发展。

二是食品添加剂的不合理使用。食品添加剂若不被科学地使用会对食品质量安全带来影响。虽然我国已经明确规定了食品添加剂允许使用的品种和使用量,但滥用和超量使用食品添加剂的现象时有发生。

(2)加工用水的安全

饮用水,除了供人们直接饮用外,也是食品加工中不可缺少的原辅材料,在加工中,用于对原料产品、设备、用具的清洗,更为重要的是,在许多加工食品中大量含的是饮用水,如饮料、啤酒,因此加工用水的安全性直接影响食品的安全性。

我国在《食品卫生法》中专门规定:加工用水必须符合国家规定的城乡生活饮用水卫生标准,然而我国是世界上最贫水的13个国家之一,加之大量工农业和居民生活废水污染水体加剧了水资源紧缺,致使目前不安全饮水人群依然较高,对公众健康与公共安全造成威胁。我国饮用水的类型有市区集中式饮用水,县级市、区、乡、镇集中式饮用水,地下水和经涉水设备水,从近些年来我国饮用水安全状况看,市区饮用水水质较为稳定,达标率较高,但是乡镇饮用水和地下水由于受到环境污染,水质污染很严重。水利部、卫生部和发展改革委的联合评估显示,我国有3亿左右的农村人口饮水不安全,44.3%的农村饮用水未达到基本卫生安全标准,农村集中供水中有消毒设备的仅占30%。而由于大量的人畜粪便未能得到及时有效处理,导致农村饮用水中微生物指标超标。研究表明,目前全国农村饮用水中细菌总数和总大肠菌群所引起的水质超标率为26%（食品商务网，2009年3月23日）。此外目前我国大多数食品加工企业都是乡镇企业，因此使用地下水的加工企业占相当的比例。地下水水质超标的项目中，亚硝酸盐氮、硝酸盐氮等含量过高，用于食品生产中会使产品污染变质，严重影响和威胁消费者的身体健康和生命安全。

（3）包装等其他辅料的安全

由于与产品直接接触，包装材料中的有害物质会向产品中释放，纸质包装可能存在增白剂或重金属超标，还有纸板间的黏合剂等含有毒物质；塑料制品中所含增塑剂、稳定剂、着色剂容易溶出或者用回收工业废旧塑料、医疗垃圾制造出来的塑料包装制品中含有致病菌和铅等重金属；金属包装材料化学稳定性能较差，容易发生涂层溶解，使金属离子析出；玻璃容器由于一般都是循环使用，可能存在异物或清洗消毒剂的残留；陶瓷包装容器容易发生表面釉层中重金属元素铅或镉的溶出，对健康造成危害。

目前国家制定的关于包装方面的标准远远跟不上食品包装的发展，目前实施的国家强制标准中，只对部分包装容器、包装材料、包装材质卫生指标及检验方法有硬性规定，缺乏食品包装容器、机械、印刷质量的强制标准。2017年，国家质检总局组织对食品包装用塑料复合膜（袋）产品质量进行了国家监督抽查，共抽查了北京、天津、河北、山东、江苏、上海、浙江、广东、福建等9个省、直辖市100家企业生产的100种产品，产品抽样合格率为69%。结果表明，大型生产企业产品抽样合格率为90%，产品质量较好。而一些小型生产企业产品抽样合格率为61%，产品质量存在较多问题。

抽查中发现的主要质量问题是有部分产品溶剂残留总量和苯系溶剂残留量不合格。国家标准规定食品包装用塑料复合膜（袋）产品中溶剂残留总量$\leqslant 10mg/M^2$，苯系溶剂残留量$\leqslant 2mg/M^2$。溶剂残留总量和苯系溶剂残留量是反映成品包装膜、袋中残存的溶剂量。

针对抽查中发现的主要质量问题，国家质检总局已责成各地质量技术监督部门严格按照产品质量法等有关法律法规的规定，对抽查中产品质量不合格的企业依法进行处理、限期整改。同时，公布抽查中质量较好的产品及其生产企业，引导消费。国家质检总局将继续对该类产品质量进行跟踪抽查，进一步促进食品包装用塑料复合膜（袋）行业整体质量水平的不断提高，为消费者创造放心满意的消费环境。

3. 加工环境卫生管理水平

由于加工企业厂址选择不当、厂房设施设备设计不合理、工作人员卫生不规范，都会对加工环境造成污染。

（1）加工厂厂址选择

食品加工企业的选址不当，会造成周围环境对加工安全产生不良影响，主要有：水源如含有病原微生物或有毒化学物质超标会造成产品污染；污染源，一些排放毒性物质的化工厂、垃圾堆放处等，若与食品加工厂的距离太近，都会对农产品造成污染；风向，如果食品加工企业处于污染源的下风口，污染物会因风力作用而对产品造成污染。

(2)加工设备

由于厂房设施设备的布局不合理，生产工艺流程、生产线排列混乱，缺少污染区与洁净区的划分；地面、天花板、墙壁等的卫生程度不规范或不便于清洁；设备的材质及安装，如选用铜质设备，铜离子的作用会使食品变色、变味，油脂酸败；设备表面的光洁度低，会增加微生物的吸附能力，因此设备材质多选用不锈钢；此外设备、管道的安装若存在死角或拆卸不方便，会造成清洁上的困难，使得微生物滋生。

(3)工作人员

在所有导致食品的微生物污染的因素中，工作人员是最大的污染源。工作人员若不遵守卫生操作规程，极易将微生物、病原菌传播到产品上，工作人员可能在生产过程中通过接触、呼吸、咳嗽、喷嚏等方式将微生物传播到食品上。工作人员的手是主要的污染途径，手指污染的细菌主要是金黄色葡萄球菌和肠道致病菌。据有关报告显示，加工鱼类、肉类从业人员手上的大肠杆菌检出率达50%以上，生产糕点人员的手有80%以上检出大肠杆菌。

4. 加工技术安全管理水平

在食品加工过程中所利用的各种加工技术和加工工艺，如分离、干燥、发酵、清洗、杀菌、腌制、熏制、烘烤等，均不同程度地存在对质量安全的影响。因此对加工技术安全的管理，找出关键控制点，解决其中的安全隐患是我国乃至世界食品质量安全的关键问题。从警源因素来说，加工技术安全管理水平是很难找到可以量化的指标的，本研究从我国食品加工企业的技术人员分布、技术研发机构与经费投入和质量安全管理体系的建立3个方面来分析。

(1)加工企业技术人员分布

从业人员是食品加工的行为主体，从业人员中的工程技术人员又是技术安全管理的行为主体。1994—2006年以来，与全国大中型企业(所有行业)相比，我国食品加工企业工程技术人员占从业人员比重水平偏低，2002年以来急剧下降，2006年为6.45%，低于全国8.2%的水平。

(2)加工企业质量安全关键控制技术的研发

加工企业的技术研发是解决产品质量安全问题的技术保障。长期以来，我国在食品加工技术工艺、质量检测、预警及可追溯等质量安全关键控制技术上发展落后。首先，从我国大中型食品加工企业有技术研发机构的企业所占比重来看，2006年为18.8%，总体低于全国23.2%的平均水平。再者，我国在食品加工技术研发方面的投入太低。资金投入与发达国家相比相距甚远，这一点在前面的分析中已知。与国内其他行业相比，也能说明这一点，我国2006年食品加工业(大中型企业)R&D经费占销售收入的比重仅为0.41%，这不仅远远低于发达国家2%—3%的水平，而且低于全国大中型工业企业(所有行业)0.77%的水平。

(3)加工企业质量安全管理体系的建立

实现农产品从“农田到餐桌”的全过程管理,建立食品质量安全管理体系对于保障质量安全十分重要。目前世界上比较通行的质量安全管理体系是危害分析与关键控制点体系(HACCP)。传统的食品质量安全管理控制侧重于最终产品的检验,依靠最终产品的检验或政府部门的抽样检测分析来确定食品的安全及质量水平。而HACCP则通过安全风险评估和危害分析,预测和识别食品生产、加工等全过程,找出最可能出现的风险或对人体危害较大的环节,确定为关键控制点,采取必要的措施,减少危害的发生,以使食品安全卫生达到预期的要求。质量安全管理体系的认证有利于消费者鉴别企业行为的规范性,促使企业提高质量安全水平。然而我国目前食品质量安全管理体系的认证起步较晚,存在问题较多,认证规模较小。以HACCP认证为例,目前仅在出口企业中较为普及,在大多数加工企业中还未开展。目前我国共有食品加工企业44.8万家,其中只有2675家企业获得了HACCP认证,仅占企业总数的0.5%。

5. 国家监管水平

根据2004年5月进行的“中国目前对HACCP体系建立和实施的现状及政府部门管理体系的调查”,在“当前影响食品质量安全和卫生的根本因素的4个选项——国家法规和监管体系、企业管理水平、消费者的安全卫生意识、蓄意作假”中,有37.3%的参与者认为,目前的国家法规和监管体系是影响中国食品质量安全和卫生的最根本因素,明显高于其他选项,说明我国的法规和监管体系还存在不足,不能有效地发挥其规范和监督作用。

6. 消费者食品质量安全意识水平

在“从农田到餐桌”的整个供应链中,消费者是最终环节,也是较为重要的环节,消费者的食品质量安全意识将对整个供应链的管理控制起到有效的监督作用。因此本研究认为,消费者的食品质量安全意识是影响食品质量安全的因素,具体地说消费者食品质量安全意识又受到社会经济发展水平、居民受教育程度和公众对食品质量安全信息的知晓程度3个子因素的影响。

(1)居民生活水平

根据消费理论的基本假设:收入是影响消费的主要变量,收入的变化会引起消费者在选择商品时所追求利益的变化。就食品消费而言,随着收入的提高,消费者的需求重点呈现从价格优先向品质优先方向发展的趋势,从而收入差距决定了食品消费价值取向的差异。因此随着社会经济的发展,消费者收入增加,消费水平提高,人们的健康意识和安全要求不断增强。从发达国家的发展规律来看,越是经济发达、人们生活水平高的国家,消费者的食品质量安全意识就越强,人们对食品质量安全水平的要求就越高。恩格尔系数是人们用于食品的支出占总支出的比重,国际上常用恩格尔系数来衡量一个国家和地区人民生活水平的状况,恩格尔系数越高,表明消费者的收入越低,反之,消费者的收入越高,生活水平越高。根据联合国粮农组织提出的标准,恩格尔系数在59%以上为贫困,50%—59%为温饱,40%—50%为小康,30%—40%为富裕,低于30%为最富裕。一般来说,当恩格尔系数在50%以上,人们主要关注的是食品的数量安全;当恩格尔系数在40%—50%,人们逐步注重食品的质量安全;当恩格尔系数降至40%以下,人们将对食品的营养、安全卫生水平要求更高。

(2)居民受教育程度

许多有关食品质量安全问题的研究对消费者的受教育程度与消费者对安全食品消费行为的影响进行了探讨,大量研究认为,消费者的受教育程度与消费者对食品质量安全问题认知水平及安全食品支付意愿呈正相关关系。一个国家或地区人们的受教育程度影响到居民对各种食品质量安全风险的认知,从而影响其安全消费意识以及应用法律手段来进行自我保护的意识的形成。城乡居民人口受教育程度的差距也是造成我国城乡食品质量安全状态差距的原因之一。

(3)公众对食品质量安全信息的知晓程度

前已述及,食品质量安全具有信息不对称性,实现食品质量安全的信息共享是食品质量安全的有效保障措施。一方面,随着社会进步和人类文明的发展,公众要求了解并参与政府决策和行动的呼声越来越高,对食品质量安全的知情权是公众要求的最基本的权利,而政府也有责任公布食品质量安全的信息;另一方面,从发达国家的经验来看,对食品质量安全信息的公开,可以促进食品质量安全管理的透明性,公众只有知晓了食品质量安全的信息,才能参与到食品质量安全管理的监督之中。在最近发生的一系列食品质量安全事件中,从各媒体对事件各方面的报道(包括事件的前因后果和具体的统计数据)可以看出,我国政府在对食品质量安全信息公开方面已迈出很大的一步。

7. 食品加工业发展水平

食物发展的一般规律表明,食品质量安全水平是与食品加工业发展的总体水平相适应的,食品质量安全的总体水平是建立在食品加工业发展的总体水平基础上的,本研究认为食品加工业发展水平可以从以下两个方面来分析:加工能力和加工产业集中度。

(1)加工能力

加工能力,即把初级农产品转化为食品的能力,是衡量一个国家或地区食品工业整体发展水平的重要指标。加工转换程度高,表明居民食品消费中加工食品所占比重较大,同时,加工能力越强,质量安全水平将越高。经济发达国家的工业食品一般占食品消费量的90%,发展中国家低于38%,而我国仅为20%,只相当于发展中国家不到一半的水平,不到发达国家的1/4(韩俊,2007)。2006年我国食品工业产值与农业产值之比为1.2:1,而发达国家的比例约为1.5:1至2:1,其中美国为3.7:1。日本为2.2:1,由此可见,我国食品工业产值与农业产值之比仍然低于发达国家,反映了我国食品工业与国际食品工业先进水平的差距,整体发展水平比较落后。

(2)加工产业集中度

产业集中度一般是指在一定区域、行业内排名前几位的企业其销量累加所占总量的比例。产业集中度的大小决定食品质量安全监管模式的选择,从长远来看,提高加工业产业集中度,改变现有的"按环节由不同政府监管部门分散监管的模式",向"按产品由单一政府监管部门集中监管的模式"转变,是保障我国食品质量安全的必然趋势。我国食品加工企业规模小、布局分散,给质量安全管理带来不便。

三、食品安全管控预警机制的构建

(一)食品安全管控利益相关者分析

从以上对"瘦肉精"事件乃至其他食品质量安全问题的梳理分析中可知,与食品安全管控有关的利益相关者包括食用农产品生产者行为、加工企业的生产行为、运销售过程的流通行为、消费者的食品质量安全意识行为以及国家监管控制行为等 5 个方面,前 4 个方面覆盖了"从农田到餐桌"的整个食品质量安全供应链全过程,而第 5 个方面则对整个过程起着预警、监督、控制以及引导的作用。

1. 食用农产品生产者的行为

农户的生产行为决定了食品原料的安全性,是食品质量安全的首要因素。我国传统农业生产方式是以农户分散生产为主的,难以保证食品供应链的源头安全,而且难以适应当前的市场要求。由于受知识水平的限制,相当一部分农民在农业生产中不能正确使用农药和兽药,也缺乏专业技术人员的指导,常常是凭感觉使用,使食品质量安全面临严重的威胁。我国是世界上农药使用量最大的国家,农药年施用量超过 130 万吨,单位面积用量是世界平均水平的两倍。农药残留问题是影响植物性食品质量安全的主要因素,蔬菜中的有机磷超标是较为突出的问题。在畜禽及水产品的养殖过程中,饲料及添加剂的使用是影响动物性食品的重要因素,其中畜产品中的"瘦肉精"问题大大降低了畜产品的安全性。

2. 加工企业的生产行为

一是在食品加工过程中对食品添加剂的使用。虽然我国已经明确规定了食品添加剂的允许使用的品种和使用量,但滥用和超量使用食品添加剂的现象时有发生。一些食品生产企业缺乏食品质量安全诚信意识,缺乏检测仪器和技术,在激烈的市场竞争下,有些食品生产企业为了降低生产成本,追求经济效益的最大化,往往不按有关规定标准操作;一些企业为了达到保质期长、色泽好来吸引消费者,加入超标的防腐剂、着色剂或违规使用其他的添加剂,对人们的身体健康产生危害。由于食品添加剂的危害性具有隐蔽性,消费者很难识别,只能依靠质监部门检测公布后,才知道其中的问题。

二是加工企业质量安全管理体系的建立。实现农产品从"农田到餐桌"的全过程管理,建立食品质量安全管理体系对于保障质量安全十分重要。质量安全管理体系的认证有利于消费者鉴别企业行为的规范性,促使企业提高质量安全水平。然而我国目前加工农产品质量安全管理体系的认证起步较晚,存在问题较多,认证规模较小。2016 年 1—12 月份,食品工业规模以上企业主营业务收入 11.1 万亿元,同比增长 6.8%;实现利润总额 7247.7 亿元,同比增长 6.5%。规模以上企业增加值增速:农副食品加工业同比增长 6.1%,食品制造业同比增长 8.8%,酒、饮料和精制茶制造业同比增长 8.0%。规模以上企业固定资产投资额:农副食品加工业 11786 亿元,同比增长 9.5%;食品制造业 5825 亿元,同比增长 14.5%;酒、饮料和精制茶制造业 4106 亿元,同比增长 0.4%。

3. 运输销售过程的流通行为

运输销售环节是食品质量安全供应链的终端环节,运输出售过程的流通行为是食品质量安全的最后一道关。大多数农产品及加工食品在运输过程中对温度、卫生条件等要求较高,需要专业化的运输设备运送。但我国食品配送和流通体系还很不发达,专业化的食品配送企业极少,许多大型食品加工企业都是自己解决产品的流通问题,而农户和小型食品加工企业运输设备都极为简陋,难以保证运输过程的食品质量安全。农产品及加工食品的销售渠道,在大众城市乃至小城镇,主要由超市、批发市场等正规渠道和和地摊、小商小贩等非正规渠道组成,相对而言,超市和批发市场等正规渠道的食品质量安全状况较好,而非正规渠道的食品质量安全较难保证。在广大农村,消费者购买食品主要通过零售店和小商贩等非正规渠道,大型超市和连锁店的触角还没有延伸到这里。此外,随着在外就餐次数的增多,餐饮业和学校、单位食堂也成为食品消费的主要场所,其卫生安全的重要性也日益突出。相对于生产和加工环节,我国在运输销售的流通环节的食品质量安全监管涉及的部门最多,运输过程由商务部负责,市场销售过程由工商部门负责,餐饮食堂由工商部、卫生部门负责,由于各部门职责有交叉,监管难度较大,难免出现疏漏现象。

4. 消费者的食品质量安全意识行为

消费者的食品质量安全意识行为将对整个供应链的管理控制起到有效的监督作用。消费者食品质量安全意识又受到社会经济发展水平、居民受教育程度和公众对食品质量安全信息的知晓程度等因素的影响。随着社会经济发展水平的提高,人们对食品质量安全水平的要求就越高,这几年恩格尔系数都在下降,从 2013 年的 31.2% 降到 2014 年的 31%,2015 年进一步下降到 30.6%。按联合国粮农组织提出的标准,已处于“对食物营养、安全卫生要求更高”阶段。一个国家或地区人们的受教育程度影响到居民对各种食品质量安全风险的认知,从而影响其安全消费意识以及应用法律手段来进行自我保护的行为,因此城乡居民人口受教育程度的差距是造成我国城乡食品质量安全状态差距的原因之一。此外,公众对食品质量安全信息的知晓程度也影响消费者的意识和行为,有关调查表明我国消费者食品质量安全信息知晓率处于偏低状态,主要有两方面的原因:一是媒体对食品质量安全信息的披露制度不健全,存在有时夸大其词,造成消费者过度恐慌,有时披露不够,剥夺消费者知情权的现象。二是对食品质量安全知识的普及程度不够,目前消费者对食品质量安全相关知识,比如对食品是否能够含有农药残留、抗生素、含量为多少是正常范围等知识不了解,对一些食品质量安全标识(如绿色食品、有机食品、无公害食品)的认知度不高。

5. 国家监管控制行为

前面已提及,国家对食品质量安全的监管控制行为对整个食品质量安全供应链起着预警、监督、控制及引导的作用,但是目前我国的食品质量安全监管体制存在问题较多。我国食品质量安全监管体系存在分段监管与多头管理的制度缺陷。管理体制保存着较浓厚的计划经济色彩,除了农业生产过程以外,产前产后的链条被割断,整个系统涉及许多部门。一个环节由一个部门监管,采取“分段监管为主、品种监管为辅”的方式。以乳制品监管为例,我国对乳制品质量安全的监管涉及多个部门:农业部门负责奶牛养殖环节,质检部门负责乳制品生产加工环节,工商部门负责乳制品流通环节,卫生部门负责乳制品的消费环节,食品药品监督部门负责乳制品质量安全的综合监督。2008 年“三鹿奶粉”事件,2010 的“地沟油”事件,2011 年的“瘦肉精”事件,2011 年的“塑化剂”事件,2013 年的“甜蜜素”事件,等等,这种看似紧密的“接力式”监管方式效果并不理想,一是监管重叠,表现为政出多门,职能交叉,多头执法;二是监管缺位,会出现上下环节间的“无人管”的现象。比如奶站是属于养殖环节还是属于流通环节或生产加工环节难以界定,因而成为监管的盲点。2009 年《食品安全法》实施以来,国家成立国务院食品安全委员会,负责协调、指导食品质量安全监管工作,规定由卫生部门承担综合协调职责,这意味着我国食品质量安全监管体制改革迈进了一大步,开始向“统一协调与分段监管相结合”过渡,但是由于《食品安全法》相关配套法规尚未健全,对有关部门的职责范围依然界定不清,职权交叉和监管盲区依然存在。

从上述分析可知,与食品质量安全管理相关的利益者包括农产品生产者、食品加工企业以及运输销售等主体,涉及从原料生产、加工生产、运输销售最后到“消费者餐桌”的全过程,因此食品产业组织体系的安全保障是食品质量安全管理的关键,而国家监管体系的不断完善是食品质量安全管理的保障,食品质量安全关键技术为食品质量安全管理提供支撑,而社会组织的第三方参与则起到监督促进的作用,为此,本研究提出从食品产业组织保障机制、国家监管保障机制、科技支撑保障机制、社会组织参与保障机制等四个方面,构建我国食品质量安全管理的保障机制。

(二)食品产业组织保障机制

食品产业组织体系与食品质量安全的关系主要表现为:食品产业组织体系是食品质量安全政策、法律、法规、标准等实施的载体;食品产业组织体系的有效运行是全面监管食品质量安全的基础;食品产业组织各主体间的利益分配是影响食品质量安全的制约因素;食品产业组织体系主体的伦理道德是解决食品质量安全问题的主观因素。我国目前在食品质量安全管理的研究和实践中对政府监管职能比较关注，而对食品产业组织机制的研究不够。国内许多学者的研究表明，建立我国食品产业组织保障机制对于食品质量安全水平的提高有着至关重要的意义，食品产业中有3种可以有效促进食品质量安全水平提高的食品质量安全保障模式：产业纵向一体化、生产经营者之间的纵向契约协作和合作经济组织。

根据我国实际情况，借鉴发达国家食品产业组织体系建设和发展的经验，提出以下建议。

(1)扶持壮大食品产业中的龙头企业，推动产业纵向一体化发展

食品产业中的龙头企业不仅通过内部的质量安全控制来提高其产品的质量安全水平，而且可以通过纵向一体化和纵向契约协作，在食品产业中起到食品质量安全生产的带动作用。龙头企业通过农民合作组织进行农产品专业化商品生产，建立初级农产品生产基地，对田间生产进行技术指导，同时提供农产品加工和销售、农用投入物品供应以及有关服务，特别是对收购的加工原料按照严格的标准进行检验、分级，控制加工原料的安全性。在加工过程中通过采用国际通行的GMP和HACCP的方法，保证加工全过程的质量安全。因此产业的纵向一体化发展，把食品加工企业与分散经营的农户组合为互相协作、互惠互利的共同体，以市场销售为龙头，反向延伸，用市场价格和市场需求调节农产品加工，靠加工企业对原料的需求和对原料的检验监督，来带动分散生产的农户组成有一定规模的标准化的商品生产基地，使生产、加工、销售联为一体，形成良性循环，从而保证“从农田到餐桌”的食品质量安全。国家要大力扶持食品产业中龙头企业的发展，要落实相关的优惠政策，支持龙头企业发展现代物流，改善农产品贮藏、加工、运输和配送等冷链设施与设备；支持龙头企业开展质量管理体系和“三品一标”认证，龙头企业申报和推介驰名商标、名牌产品、原产地标记给予适当奖励；支持符合条件的国家和省级重点龙头企业承担重要农产品收储业务，在税收、运输费和基础设施建设方面给予扶持。

(2)完善产业链中的利益联结机制，促进生产者之间的纵向契约协作模式的良性发展

由于任何食品企业都无法将食品链的每一环节纳入到自身，因此都不可避免地与其他生产环节的企业有契约关系，通过纵向契约的模式达到节约交易成本、保障食品质量安全的目的。纵向契约协作是发达国家安全食品供应链中常见的一种产业治理模式，在我国也逐渐得到较快的发展，比如在奶业中乳品加工企业和奶农之间关于牛奶质量和价格之间的契约协作，但在乳品加工产业链的各主体中，缺乏紧密的利益联结机制，长期以来呈现“企业一头独大”态势，而奶农处于弱势地位，地方政府、奶业行业协会等对企业也缺乏有效的监督机制，常常导致奶农的利益受损或在质量安全中采取逆向选择。对于其他鲜活农产品，如鲜菜、鲜果等，农产品在农户手中无法长期保存，生产后必须尽快送到加工厂进行处理，否则就会坏掉，因此无论企业给出什么样的价格，农户只能被动接受。因此，完善食品产业链上各个主体的利益分配机制的实质，就是完善产业链内部各个成

员利益目标的一致性和利益分配的合理性。利益可调动内部诸方面的积极性,产业链上的各个主体要本着“风险共担,利润共摊”原则来进行合作。首先,食品加工企业要根据市场行情以契约合同的形式设立最低保护价格。最低保护价格保障了农民的利益,使他们能够获得比较稳定的合理收益,使得处于弱势地位的农户对未来的合作产生信心,同时也使食品加工企业有较稳定的原料来源。其次,加工企业可以根据农户提交的优质农产品的数量,按适当比例把一部分利润返还给农户,这样可以使农户和企业之间的关系变得更加紧密,不会因为市场环境的变化轻易毁约,使加工企业能获得稳定优质的原料供应,能够建立一种长期相互信任的激励机制。除此之外,应充分发挥政府和行业协会的作用,使产业链成员之间经常开展面对面的交流以及共同参与某些重大决策,促进产业纵向协作关系的良性发展。

(3)发展农民专业合作经济组织,提高农户生产安全农产品的组织化程度

农民专业合作经济组织,可以将分散的农户组织起来,提供统一的生产原料、遵守统一标准化的农业生产操作规程,并创立自己的品牌进行统一销售等经济活动。首先,合作经济组织可以在农户和企业之间搭起一座桥梁,方便企业对农户生产进行质量安全的监督控制,农户也可以获得企业在食品质量安全技术、资金方面的支持,并依靠合作及组织与企业建立稳固的购销关系,实现优质优价。其次,合作经济组织可以将较全面的食品质量安全信息,如政策、法律、法规、标准等及时传递给农民,由于农民加入合作组织是本着“自觉自愿”的原则,因此,合作组织制定的质量标准,通过合作组织自下而上的管理体系,让农民由“要我做”变为“我要做”,更有利于农产品质量标准的实施。因此,农民合作经济组织起到连接农户与企业之间、农户与政府之间的纽带作用,反过来,农民专业合作组织的发展也离不开企业的推动和政府的支持与服务。鉴于我国农民专业合作经济组织存在着发展不平衡,规模小、科技含量不高,带动能力不强,组组织内部机构不健全、运作机制不合理等问题,目前,在我国发展农民专业合作组织,还不能完全照搬国外的模式,而是要探索适合我国农业、农村发展的途径。依靠政府推动、龙头企业带动、种养大户参与是现阶段可行的农民合作经济组织的发展方式,地方政府要为合作经济组织的发展创造良好的外部环境并做好服务工作,从法律法规、管理体制、政策、资金和信贷等方面进行规范、引导和支持;食品加工龙头企业要发挥主导带动作用,大力发展“龙头企业+农户+专业合作经济组织”模式;选择和培育一批优势明显、带动辐射作用大、运行规范的农民专业合作经济组织作为示范单位,发挥其在提高食用农产品质量安全水平的示范带头作用。

(4)整合现有食品加工企业,提高产业集中度

我国食品生产加工企业有相当一部分是家庭作坊,企业规模小、布局分散是食品质量安全管理的难点,是造成质量安全问题的主要原因。在食品质量安全事故为企业生产经营造成的重大损失的严峻形势之下,加工企业必然会因为“检测环节增加、原材料采购

门槛提高”等带来产品成本增加。再者,从政府监管的效益来说,产业集中度的大小决定政府监管的模式,产业集中度提高,可以由单一政府食品质量安全监管机构统一行驶监管职能,从而减少监管环节和监管部门,节约监管成本。我国现有的其他食品加工行业进行行业内部的兼并、收购和重组,形成规模以上的企业集团,提高产业集中度,减少资源消耗,降低原料收购、加工、销售等环节的成本,有利于质量安全过程控制体系的实现,提高质量安全管理水平。

1. 国家监管保障体制

在食品质量安全问题得到党中央国务院高度重视的同时,各种食品质量安全事件却频频爆发,人们不禁惊呼“为何多个部门居然管不了一头猪?”我们必须从根本上寻找原因。《食品安全法》出台后,国务院已设立国家食品安全委员会,但是食品质量安全管理体制改革还不够彻底,原有的多部门分段监管格局仍未改变,仍然存在各部门管理职责不清、管理重叠、管理缺位的现象。目前对于我国而言,要想完全像发达国家那样形成单一部门监管的模式是有难度的,是需要很长时间来过渡的。目前在国家监管方面,应该重点考虑健全国家监管体系中各部门的行政协调机制,完善国家监管体系的法律法规、标准制定、认证认可、信息发布等支持体系,并借鉴发达国家的经验,实现食品质量安全风险分析与风险管理的分离。

(1)健全食品质量安全政府监管的行政协调机制,增强各监管部门之间的合作

一要明确国家食品安全委员会的统一协调职责。《食品安全法》较为详细地规定了卫生行政部门的食品安全综合监管职责,而对作为最高层次的议事协调机构的国务院食品安全委员会的职责未做出明确规定。因此应尽快明确国家食品安全管理委员会的职责,并明确划分国务院食品安全委员会与国务院卫生行政管理部门之间的职责关系。二要增强卫生行政部门的综合协调能力。《食品安全法》规定,卫生行政管理部门负责食品安全的综合监管职责。因此卫生部门应建立健全与相关部门协调的综合协调工作机制,充实食品质量安全综合监督力量,重点整合分散在各部门、各环节的食品质量安全信息,会同有关部门开展食品质量安全标准清理工作,加强食品质量安全监测预警和风险评估工作,建立重大食品质量安全事故查处制度和信息通报制度等。三要创新各监管部门之间的合作方式。建议在卫生部门设立相关合作关系管理机构,赋予该机构同其他食品质量安全监管部门之间关系协调的职责,可以通过服务合同等方式将食品质量安全的执行职责及相应的财政拨款分配出去,这种方式可以使得各监管部门之间的合作主动性更强、更紧密。

(2)完善相关法律法规,完善国家监管的支持体系

一要构建以《食品安全法》为核心,覆盖食品质量安全全程监管的法律法规框架。贯彻执行《食品安全法》,明晰食品质量安全的第一责任方“饲料的生产者、农产品原料生产者、食品加工企业以及地方政府”应该对食品质量安全承担最主要的责任;二要加大食品

质量安全违法行为的处罚力度，增大违法者的“违法成本”，从违法动机上打击其违法行为。以基本法为核心，逐步完善配套的实施条例和细则，增强其系统性和可操作性，尽可能地覆盖农产品从“农田到餐桌”的全过程，全面完善国家监管的支持体系。这些方面应包括：标准化、产地环境认证、质量体系认证、产品认证、标签管理、投入品使用、检疫分级、质量监督检查、食品质量安全承诺与召回等方面。

(3)坚持风险分析与风险管理职能相分离的原则，实现食品质量安全风险分析与检验检测机构的独立

根据欧美国家的经验，风险分析与风险管理相分离。风险分析职能由风险评估专家委员会来完成，可以受政府的委托，但不受政治、经济、文化因素的影响，风险分析结果作为制定、修订质量安全标准和对质量安全实施监督管理的科学依据；政府监管部门根据风险分析的结果出台各项有关食品质量安全管理的政策和措施，并及时公布这些管理措施和质量安全风险的信息，促进信息在政府、产业和消费者之间的交流和沟通。我国目前的食品质量安全风险分析与检验检测机构一般都隶属于各不同的食品质量安全监管部门，这种体制便于部门内部的监管和监测工作的统一、协调，但带来的弊端是：食品质量安全风险分析与检验检测工作受制于部门利益，而且各部门之间检验检测机构缺乏协调性、工作重复，造成检验检测资源浪费。为了解决这些问题，建议将检验检测机构从食品质量安全监管部门中独立出来，并对食品质量安全风险分析与检验检测资源进行整合，也可以依托第三方组织的力量，一些社会机构的检验检测资源很强大，他们具备承担检验检测任务的能力。独立的检验检测机构所完成的食品质量安全风险分析与检验检测结果具有客观公正性，可以为任何食品质量安全监管部门所利用，从而避免重复建设和浪费，提高了监管和检验检测效率。

2. 科技支撑保障机制

根据“从农田到餐桌”全程控制的要求，确定食品质量安全关键技术领域，分阶段、有选择地、逐步深入地开展食品质量安全基础研究工作。根据目前的情况，优先发展危害物(化学污染、生物毒素、食品添加剂等)评估技术，加强重要食品质量安全限量标准的研究工作；进行技术攻关，研究方便快捷的检测技术；发展食品质量安全过程控制技术；加大食品质量安全研究和科技成果转化资金的投入力度。力争使我国食品质量安全科技总体水平接近发达国家，建立起适应全面建设小康社会需要的食品质量安全科技体系。

(1)发展危害物评估技术，加强重要食品质量安全限量标准的研究工作

由于我国对许多食品中的污染状况“家底不清”，现有监测与评价体制对食品中多农药(兽药)残留、生物毒素、环境污染物以及食品添加剂等对食品的污染状况不明，对其中的规律与机理缺乏基础性的研究，因此，许多重要安全标准缺失，从而导致了“事件发生后，才来制定有关污染物的临时限量标准”的现象。因此，目前需要根据产品种类对有可能出现的危害物进行评估与识别，编制危害物清单，制定一些重要食品质量安全限量标

准,包括:农药(兽药)残留限量标准、添加剂的限量标准、重金属污染物的限量标准、有害微生物与生物毒素限量标准等,尤其是针对近期发生的重大食品质量安全事件,应在食品添加剂的使用规范上做文章,过去我们的精力大都集中在允许限量使用的添加剂上,然而安全事件中出现的大多是不允许使用的添加剂,因此,应该把研究范围放得宽一些。

(2)进行技术攻关,研究方便快捷的检测技术

我国目前已建立了近400种有关农药、兽药、食品添加剂等的检测技术与标准,但是,与国际上通常的检测方法覆盖数目仍然相差5倍以上,一些快速检测技术,如酶联接免疫吸附剂测定试剂盒(ELISA)、农药多残留技术、生物纳米技术等与国际水平存在较大差距。因此,目前急需在研究方便快捷的检测技术和相关设备上有所突破,包括:农药残留、兽药残留、重金属污染、病原微生物、水产品中的危害物、食品添加剂、饲料添加剂等。

(3)发展食品质量安全过程控制技术,制定HACCP控制技术标准

发展食品生产、加工、储运、包装等各环节的安全技术,建立对食品质量安全进行全过程控制的技术体系。在生产环节,推广清洁生产技术、利用生物技术和物理方法控制病虫害;在加工环节,加强食品加工工艺与设备的研发;在储运环节,研制安全、经济、高效的食品贮藏技术,开发低温冷藏设备;研究推广食品包装过程的安全控制技术。国际经验表明,农产品生产及食品加工过程,在"良好农业规范"(GAP)、"良好生产规范"(GMP)、"良好卫生规范"(SSOP)的基础上,应用危害分析与关键控制点(HACCP)的安全过程控制技术对提高农产品及加工食品的质量安全十分有效。但是,我国应用HACCP起步较晚,目前还基本局限于直接引用国外的HACCP模式,而且采用HACCP的企业所占比例较低,因此,目前应大力推广HACCP在食品生产加工中的应用,并加紧制定分产品种类的HACCP指导原则和评价原则等技术标准,成立推行HACCP体系的技术机构和国家HACCP体系研究中心。

(4)加大食品质量安全研究和科技成果转化资金的投入力度

政府要增加对食品质量安全研究和科技成果转化资金的投入,将重点放在提高食品质量安全技术、完善基础设施、引进先进设备以及加强人员培训与教育等方面。各级科技管理部门要切实把食品质量安全科技放在首要位置,在项目、经费、人才等方面给予扶持,同时探索新的运行机制,调动企业、个人等社会力量投入食品质量安全科技领域,从根本上解决食品质量安全科技投入不足的问题。

3.社会组织参与保障机制

在食品质量安全管理的市场失灵和政府失灵的双重困境下,社会组织的参与就成为第三种可供选择的方式,我国政府应该建立食品行业的第三方参与机制,发挥食品行业协会、农民专业合作经济组织以及食品行业以外的消费者权益保护组织等社会组织对食品质量安全的管理作用。国外发达国家在发展社会中间组织控制食品质量安全方面也积累了许多值得借鉴的经验。如美国的行业协会或合作组织通过影响立法进程实现对

食品行业质量安全的控制;美国等一些国家通过制定科学合理的行业标准实现对产品质量安全的控制。目前,我国食品行业中的社会中间组织仍处于发展初期,发展的主要障碍在于制度环境的约束,因此我们应在加强社会组织参与食品质量安全管理的法律政策环境、社会组织自身的机制创新以及加强食品行业以外的社会组织(媒体和消费者权益保护组织等)建设等方面,构建社会组织参与食品质量安全管理的保障机制。

(1)加强社会组织参与食品质量安全管理的法律政策环境建设

一要明确社会组织的法律地位,制定对各种社会组织的管理法规和条例,对其主体资格、活动范围、权利与义务、违法处理等做出明确规定。二要完善社会组织的支持政策,在经费扶持上,设立社会组织发展专项基金;在税收优惠上,尽可能地对会费收入、社会捐赠、奖励等资金免征税费;在人才培养上,协助引进培养“职业化”的人才担任社会组织的秘书长或副秘书长;对运作良好、影响较大的社会组织,可以优先向其转移食品质量安全管理职能。

(2)加强社会组织自身的机制创新建设

一要扩大食品行业中间组织的职能范围,我国社会中间组织的组织独立性较差,应该把更多的权力赋予更多的社会中间组织,如市场准入、生产许可、商标认定、安全认证等。二要加强食品行业社会中间组织的组织体系建设,促进内部财会审计、各主体利益分配等机制的创新。三要充分发挥社会组织的服务职能,主要包括信息咨询服务、技术培训服务等,并根据本行业市场技术特点参与制定和组织实施行业持平质量安全标准。

(3)建立食品加工企业质量信用体系管理机制

食品质量安全事件中已经暴露出有部分食品加工企业在“名牌企业”“免检产品”的保护下,也卷入到制造假冒伪劣食品的违法行为中去,导致了食品加工企业的质量信用诚信危机。因此,企业的诚信和信誉才是保证食品质量安全的重要前提。目前我国食品加工企业存在规模小、布局分散的特点,特别是家庭作坊式企业,法制观念淡薄,质量意识差,环境条件差,技术设备落后,卫生条件不达标,是不合格食品、伪劣食品的主要源头。政府监管部门可也通过行业协会等社会组织规范企业行为,对企业进行诚信教育。首先,建立和完善食品生产企业的质量档案,逐步建立起食品质量安全信用体系的基本框架和运行机制,建立完善食品质量安全信息平台,充分发挥权威媒体和公众的舆论监督作用,把制假售假等严重失信的企业列入“黑名单”;其次,发挥行业协会“倡导、帮助、督促”的作用,对本行业的生产经营企业做出质量安全承诺,完善质量安全承诺制度体系建设,通过法律、行政及市场手段来加强企业自律行为,引导和约束企业诚信经营,形成以法律为基础,以道德为支撑,以各项完善的体系、机制为保障的食品质量安全信用社会系统。

(4)加强食品行业以外的社会组织建设

食品行业外的社会组织包括社会公益媒体、消费者协会或消费者维权组织等,这类组织的行为对食品的生产经营者形成有力监督。对于新闻媒体,要鼓励其开展食品质量安全法律、法规以及食品质量安全标准和知识的宣传,对不安全的食品生产经营行为进行舆论监督,同时也要防止一些新闻媒体对食品质量安全事件的过度炒作而引起社会恐慌。对于消费者协会,要发挥其集体力量,强化对消费者的宣传教育,提高消费者对食品质量安全知识以及信息的知晓率,完善消费者维权激励制度。

4. 信息共享与预警保障机制

(1)完善信息内容,建立“从农田到餐桌”的信息采集体系

根据经济学理论,农产品质量安全具有信用品的特征及“柠檬市场”问题,信息不对称的直接后果就是由逆向选择造成市场失灵。长期以来,我国农产品质量安全管理一直受到“信息由多部门发布,不完整、不全面”的困扰,从而使得风险评估及预警等研究工作很难开展。本研究在实证研究部分,对有关数据缺乏带来的困扰已深有体会,因此建立“从农田到餐桌”的完整的信息采集体系是基础工作的一部分。目前,可根据本书所建立的理想指标体系,促进各部门的信息统计工作,同时通过推进农业部、质检总局、卫生部等部门的污染物监测体系的建设来收集全面的信息,包括:产地环境、投入品、生产、加工、流通等方面的信息,安全状况的评估信息、有关的国内外政策及法规信息等。

(2)对信息进行分析,构建信息分析预测和预警体系

在食品质量安全信息需求中,无论是制定政策的各级主管部门,还是实际进行生产的企业以及消费者,需要的不是未经加工的原始信息,而是经过专门研究和分析的权威性信息。因此对采集的信息进行加工处理,建立食品质量安全预警指标体系以及预警系统,对预警阈值(即安全警戒线)、信息处理模型等问题进行研究,对潜在的问题和可能的影响进行分析预测,形成一批高质量的、有参考价值及权威性的信息,为政府和企业提供信息支持,并及时向社会发布,做到有备无患,及早提出解决和处理的方法。

(3)坚持信息发布的公开透明,提高消费者食品质量安全信息知晓率

根据我国以往的深刻教训和国际社会的成功经验,只有让公众及时而又充分地了解食品质量安全风险的相关信息,才可能使其避免危害。目前,我国尚缺乏系统的食品质量安全风险信息的发布机制,广大消费者无法充分了解当前究竟存在那些风险以及如何规避风险。本文在前面的研究中提出,消费者对食品质量安全信息的知晓率是影响食品质量安全的主要因素之一,而我国目前消费者对食品质量安全信息的知晓率并不高。因此,当务之急是要尽快建立风险信息公开制度,包括产品标签制度,将农产品或食品中的配料(包括添加剂、有可能成为过敏原的配料等)标注在产品的包装上,以保证广大公众对有可能出现的风险的知情权,让社会公众积极参与管理,减少由于信息不对称而带来的不利因素。

第二节 药品安全监控预警体制

从管理学角度来说,“体制”指的是国家机关、企事业单位的机构设置和管理权限划分及其相应关系的制度,所以药品安全监控预警体制指的就是药品安全监控、控制及预警机构设置和职能划分情况以及相关制度建设。完善的药品安全监控预警体制主要包含与时俱进的监控预警理念、合理的职能划分、优化的组织结构和多样化的监控预警方式等几个方面。药品安全监控预警体制各组成部分的完善与否对药品安全监控预警成效的好坏起着重要的决定作用。我国应该建立健全药品安全监控预警体制。通过体制的完善来提升药品安全监控的规范化建设,最终提高群众的用药安全。到目前为止,我国的药品安全监控预警体制建设取得很大成效,但是,频繁发生的药害事件也让我们意识到,当前的药品安全监控预警体制还不够完善,依然存在较多需要改进的问题。而这些问题的产生都有其必然的原因,必须针对所存在的问题和原因采取有效措施加以改进。

一、药品安全监控预警体制的现状

(一)药品安全监控预警体制取得的成绩

为了不断提高药品安全监控的效率和效能,多年以来,我国一直致力于药品安全监控体制的建立健全,为药品安全监控提供了体制保障。具体表现如下几个方面。

1.组织机构日渐成熟

根据药品安全监控的需要,我国于1998年组建了国家药品监督管理局。到了2003年,根据食品与药品的类同性以及管理的需要,我国将国家药品监督管理局改建成国家食品药品监督管理局,该局主要负责对药品的研发、生产、销钩和使用等全过程实施监督和管理,主要采用行政监督和技术监督两种方式。2008年,在大部制改革的环境下,我国药品安全监控体制再一次得以改革和完善,最终建成了中央政府统一领导、省以下垂直管理的药品安全监控行政机构。

截至2015年11月底,全国共有食品药品监控行政事业单位7116个,其中:行政机构3389个,比上年增加89个;事业单位3727个,比上年增加219个,全国共有乡、镇(街道)食品药品监控机构21698个。区县级以上食品药品监控行政机构共有编制(含市场监控机构所有编制,不含工勤编制)265895名,比上年增长95.6%。其中,省、副省、地市和区县级(县级含编制在县局的乡镇机构派出人员)分别比上年增长7.1%、96.9%、33.1%和107.7%。

2.药品安全检测机构和队伍日渐壮大

除了加强建设监控机构,我国在提高药品安全检测能力和水平方面也做出努力。例如国家加大财政投入，力争提高检测能力和水平，目的是能够为药品安全监控工作提供技术保障。目前，我国已建成的国家级药品安全监理技术机构主要包括：国家食品药品监督管理局下属的中国药品生物制品检定所、国家药典委员会、药品审评中心、药品认证管理中心、国家中药品种保护审评委员会、药品评价中心、国家药品不良反应监测中心、医疗器械技术审评中心等。这些机构的主要工作就是负责对药品进行日常监测、研究新的检验技术方法、实验和研究动物保护方式方法以及标准化研究、注册申请技术审评、药品不良反应监测等工作。此外，还有 19 个国家口岸药检所承担进口药品的注册检验和口岸检验，33 个省级药品检验所负责辖区内的药品抽验、复验、委托检验、药品注册复核检验、国家计划抽验以及国家药品标准起草等工作，325 个地市药品检验机构负责辖区内药品抽验和委托检验。

然而，除了取得以上成绩之外，我国的药品安全监控预警体制建设依然存在很多不足，包括药品安全监控理念、职能、组织结构、方式等多个方面。

（二）药品安全监控预警体制存在的问题

从总体上看，我国药品监督管理以 SFDA 和省级药品监督管理部门作为药品注册和管理部门，地方政府负总责，企业为第一个责任的监控模式。因此在分析当前监控模式存在的问题时，也可以从这几方面入手。

1. SFDA 及省级药监部门在药品注册中的主要问题

所谓药品注册，就是指国家食品药品监督管理局根据药品注册申请人的申请，依照法律规定的流程，对拟申请注册的药品从安全性、稳定性等方面进行综合评价，并作出是否批准申请的全过程。其审批机构有三个：药品注册司、药品审评中心及药典委员会，分别对应行政审批、行政审批及质量标准审评。对省级药品监控部门而言，则主要负责监督实施国家标准、拟定地方中药材标准、受国家居委托进行各类药品及辅料的注册及一级临床试验的监督管理等。在这一阶段监控上存在的主要问题如下。

（1）注册管理不规范，“新药”不新

近几年，国家食品药品监督管理局每年受理上万个新药注册申请，大量的新药面世。但与此同时，我国新药创新能力却一直饱受质疑，表面原因在于“新药”不新，根本原因还是在于药品注册审评审批标准偏低，部分老药品通过更改剂型等方式后，即按新药注册申请，药品注册与市场监控脱节，企业也就没有很强的意愿投入大量时间和金钱去创制新药，监督制约也不到位等。作为全国药品注册的统一管理机构，我国批准注册的药品（含批准临床试验、批准生产）的数量，远远高于美国。2016 年统计显示，在我国上市药品中，独家品种批文数 10094 个，其中进口品种 647 个，国产品种 9447 个。仅在 2016 年上半年，在新三板挂牌的 160 家药企中，就有 5 个独家品种的销售过千万元，这些企业凭借独家产品发展迅速，倒逼很多大中型药企改革创新。在 10094 个批文数中，中药 6062 个、化学药品 3612 个、生物制品 349 个、辅料 35 个，占比分别为 60. 06%、35. 78%、3.

46%、0.35%。如此多的药品出现,原因在于:“新药”受巨大经济利益的驱动不断问世。药品事关民生,其价格直接关系到患者的经济负担与医患关系,以及社会的和谐稳定。也正因为如此,药品价格受到国家发改委、物价局等政府部门的严格监控,药品厂家不得随意提高药品价格。但是在巨大经济利益的驱动下,生产厂家对药品通过更改包装、规格、剂型等方式,即以创制后“新药”进行审批生产,并提高药品出厂价及零售价。如水溶性药物改头换面制成分散片、混悬剂或干混悬剂,粉针剂变换成注射针剂或大输液,剂量大的药物制成滴丸,难以掩盖异味的药物则制成口腔崩解剂等。此类药品在注册申请时都以“新药”面目视人,大量的类似的新药增加了药品审批的工作量,同时也增加了药品注册申请的成本。如此多的新药出现,根本原因就在于药品注册管理阶段出现了监控问题。①药品审评审批制度存在缺陷。2007 年以前,我国的药品审批制度存在巨大的“黑洞”,行政审批权力的过度集中导致以技术为基础的评审作用成为摆设,大量注册药品通过灰色手段获取了上市的资格。政企同盟的这种结果直接导致了郑筱萸、曹文庄、郝和平等人的东窗事发,暴露出专家技术评审的虚弱,即行政审批大于技术评审,形同虚设。虽然我国经修订后的《药品注册管理办法》自 2007 年 10 月 1 日起实施,该法律强化了审批的公开透明度,规定药品注册实行主审集体责任制、相关人员公示制和回避制、责任过错追究制,特别是强调“受理、检验、审评、审批、送达等环节均接受社会监督”,但在药品受理过程中,仍存在“黑洞现象”,比如药品注册进度中就强调“本进度查询结果仅供药品注册申请人了解其申报品种的注册进度等”,如果公众要了解药品注册进度,就需要输入“受理号”,这就意味着只有药品注册申请企业才能查询和了解进程及状态。而且在反馈结果上也只是显示“评审状态”“制证状态”,这其实和暗箱操作无异,一旦药品注册申请通过,社会监督就成为空话。于是很多“新药”不断问世,新包装、新规格、新剂型不断问世。②新药评价体系未遵循药品本身的特点。首先表现在中药制剂疗效评价方法比较单一,不完全符合中医药特点。传统中药主要有以下特点:成份复杂多样、靶目标多、效应途径多且强度较低。而随着现代医药技术及医药学理论的发展,新技术、新工艺逐步应用到传统的中医药中,这就增加了对中药评审的难度。因为它既与化学药品的审查不同,也有别于传统中医药标准。如针对治疗冠心病、心绞痛的药物评价就基本参照化学药品的标准,但这方面的中药制剂表面没有硝酸醋类药物的速效、强效,但却有作用持久、副作用较小的特点。另外中药的作用机理较为复杂,直至现在对中药业没有形成统一的、完整的认识。但是在新药申报时往往又要求申报企业写明其作用机理。综合这两个因素,打着“中药”旗号的大量申请注册药品,往往因为标准难统一,或者因为作用的缓和性获得了“放行”。

(2)药品注册机制不能完全适应医药产业的发展和监控的需要

药品注册申请资料存在很大的水分是我国药品注册过程中公开的秘密。通过资料造假、“三改”钻药品注册的空子屡禁不止。但从另一方面看,药品注册的成功与否又直接关系到新药的生产和医药工业的发达，进一步关系到患者的用药疗效、治疗成本和社会成本上。在这种背景下，新药审评与注册程序和机制将面临考验，他们既要保证药品安全有效，杜绝重复申报，又要保证适应新时代的变化，保证医药科技创新，促进医药经济发展，让疗效更好的新药为患者带来福音。但在目前我国新药注册评审的制度下，注册管理都是一种事后控制行为，很多企业是将新药研制出来以后进行申报，此时评审单位只能从申请资料、试验上进行了解，而且对外部专家过于依赖。一旦评审不通过，企业的短期投资就成为了一种浪费。因此，如果药品注册、评审从药品研发立项开始进行跟进，一旦发现不符合立项要求的，比如创新程度不够、三改药品等，直接禁止立项，即便企业立项，也不能通过注册。这样可以减少企业浪费，促使企业注重医药研发和创新。又如，SFDA 以及省级药品监控部门还负责“组织开展药品不良反应和医疗器械不良事件监测，负责药品、医疗器械再评价和淘汰”。有些药品或因市场竞争淘汰出市场，但有些药品只有在出安全事件之后才可能被淘汰出市场，那么针对这些有不良反应的药品，如何建立一套高效的信息搜集机制，这一直是我国 SFDA 积极探索的问题。

2. 地方政府负总责下的药品监控及存在的问题

(1)政府职能中的监控与服务不分

市场经济在发展过程中，国家无法取代市场，其优化资源配置、调剂供给和需求的能力比国家行政手段要好得多。但是市场经济也存在失灵的可能性，因为市场只有建立在严格的完全竞争的假设条件上，才能够合理配置资源。即要求市场上所有的商品都是同质的且所有的资源都要有完全的流动性以及信息，还要具备大量的买卖者。但在现实中，这些条件是难以出现的，而这就可能导致“市场失灵”。药品市场同样存在市场失灵的情况，不断出现的药品安全事件就是明证。因此对药品进行监控是必须的。目前在我国对药品进行监控的总负责人是地方政府，这就存在以下几个问题。①地方政府和药品企业关系处理不当，导致商业贿赂、权力寻租，进而影响药品的有效监控。既然地方政府“一言九鼎”，它负总责，也就必然使得其在药品监控过程中有最大的发言权，它可能会忽视涉及药品安全的一系列因素，如生产企业不按要求生产后的处罚，忽略药品批发和销售环节的监控，忽略药品价格的监控和广告的监控等。地方政府在对药品进行监控时，往往还必须顾及企业在当地的经济地位和本地的经济发展，以及社会影响力。甚至在出现药品安全事件后，还帮助企业进行遮掩以避免给企业和当地财政带来损失。此时政府将为企业“服务”凌驾于“监控”之上，将服务与监控混淆。②意识上重服务，轻监控。药品企业从注册、生产、销售、流通都不可避免与当地政府发生关系，如环保、质检、工商、税务等。对药品监控部门而言，他们更乐意将更多精力放在“审评审批、认证发证、检验检测、稽查处罚”等环节上，而唯独将本职工作，即“日常监督”忽视，导致政府行为的缺位和越位现象屡屡发生。由于“日常监督”更多的体现在过程，它要求药品监督管理部门对药品生产的每一个环节进行监督，这比单纯地提供“服务”要复杂得多。

(2)横向专业监控易造成监控效率低下

当前我国的药品监督管理体制采取“地方政府负总责,各部门各负其责”的监控模式,这里“各部门”是指卫生、质监、工商、物价、商务、海关、公安等。从专业的角度看,各个部门分头负责具有一定的专业性质,但是这种分权架构又可能因为相互制衡的作用而导致工作中出现相互推委、扯皮、执法责任不明等法律后果。典型如1998年机构改革,药监正式从卫生部门中分出去,对药品“研发、生产、流通、使用”全过程进行监督管理,但是药品最终却是由卫生部管辖下的医院药店进行流通。尽管在2007年之后药监控理部门再次划归卫生部,但是地方总负责下的多部门管理仍然存在类似的问题。如在药品广告监控方面,药品监控部门负责广告审批,而登记权与查处权则赋予了工商部门。因此在实际操作中,药监部门在发现违法药品广告后,对经审批过的广告采取撤消广告批准文号等措施,对未经审批或擅自更改审批内容发布的,只能移交同级工商行政管理部门处理。这种审批权与查处权分属不同部门的后果,使得行政效率不高,也导致了不少监测到的违法药品广告未能及时处罚。又如,在价格管理方面,对《国家医保基本目录》的乙类药的政府定价的药品,国家发改委可以定价,省级药价主管部门也可以定价,究竟哪些乙类药由国家发改委定价、哪些乙类药由省级药价主管部门定价并没有明确界定。显然这种部门间冲突与部门内消耗会造成监控组织体的混乱,从而导致监控效率低下。

(3)地方保护主义导致“地方政府负总责”的效果打折扣

“医药产业具有以下四个方面的特性:技术准入门槛高、前期资金投入大、产品附加值高、风险较一般行业大,目前各国基本形成共识,都在大力发展医药产业”。但是药品是一种特殊的商品,它缺乏价格弹性,市场容量有限,因此很多政府通过控制医药企业的准入门槛,来保证医药企业合理的经济效益。在我国实行药品生产质量管理规范认证制度前,全国共有8000多家药品生产企业,后来通过实行药品生产质量管理规范认证,淘汰了1000多家软硬件条件比较差的药品生产企业,但是对比全球最大的医药市场——美国,却只有200多家。如果按照人口比率,我们也有足够的理由认为,中国有限的市场容量下,医药企业过多,这就造成了恶性竞争、整体行业利润率下滑等现象,同时,相当多的企业通过削减在科研方面的投入,而把大量时间、金钱、精力投入到现有市场的占有率上。此时,作为市场监控的总负责人——地方政府,可能就会在地方经济利益的驱动下,采取各种手段对医药企业进行保护。这种“地方政府负总责”的模式,其实可能会演变成一种条块化的行政体制,它使得执法效率的提高受阻于地方保护主义。

另外,随着近年药品招标模式的兴起,“以药养政”逐渐形成了新的毒瘤。在部分地区,药企招标的衡量标准不仅包括产品质量等因素,还需要中标企业对地方卫生事业有所“贡献”,这就是所谓的“贡献度”或是“卫生促进基金”等。这一方提高了药企的成本,另外一方面也阻碍了医药经济的正常发展。一旦政府要求外地药品企业做出额外的“贡献”,往往也就意味着地方政府和本地药企的某种程度上的同盟关系的成立,既然存在同盟关系,那么“地方政府负总责”的监控模式必成为空谈。

3. 第一个责任人——药品企业的监控缺失

截至2015年底,全国实有原料药和制剂生产企业5065家。根据《药品管理法》的要求,我国药品生产企业必须限期实施《药品生产质量管理规范》(即GMP)。通过GMP认证,总体上看我国药品企业在生产质量管理水平上获得了质的飞跃,但是近年我国不断出现的假药、仿制药以及食品药品安全时间表明,GMP不是保证药品安全的灵丹妙药,还必须对药品生产企业加强监控,提高药品生产质量管理水平。

(1)重硬件轻软件的药品监控模式

GMP要求的是对药品生产的全过程进行严格的质量控制,取得GMP认证证书只是GMP生产的开始,而CTMP要求的目标是从起点、过程、标准和系统等各个方面对药品生产的全过程进行监督管理,通过对药品生产的各个环节的质量进行控制,从而避免产出不合格产品。而在我国药品生产企业的实际生产过程中,很多企业并未严格按照GMP要求生产,根本原因在于药品监督管理重视硬件忽视软件。GMP首先是从厂房、生产设施等生产硬件的建设上对企业提出较高的要求,然后在各种规章制度上也有硬性的规定。但是在药品监督这个问题上,厂房、设备等硬件容易检查,企业也不容易作假应付,而在软件上,监督管理部门只能从文字、纸张上对药品的生产状态进行监控管理,这就给了企业很多钻漏洞的机会,造成在现场认证时,企业能严格按照制定的各项制度来实行,但在实际生产管理中,就没有去落实各种工作流程及操作标准。其结果直接导致企业通过GMP认证后不按GMP要求生产。而诱发这一现象的根本原因很多,最重要的原因在于按照GMP要求生产在短期内可能会增大企业成本。据报道,我国药厂通过GMP的认证成本平均超过1000万元,认证通过之后,为了维系生产系统的运作成本也较高,如人员配置、设备更换、现场管理、过程管理等。为了减少成本,增加利润,企业很容易投机取巧,在认证通过后擅自降低生产条件,有的甚至改变生产工艺,或者将认证车间暂时性关闭,另找厂房生产。又比如使用食用酒精代替药用酒精、使用食用糖代替药用糖、在中成药里添加化学药成分等。这也就近年我国出现了多次“合格”药品导致的药品安全事件的发生,典型如“齐二药”“欣弗事件”。

(2)药品生产信息的不对称

因为药品是一种特殊商品,它具有商品性与公益性两种特性,在药品市场上,关于它的生产信息,在生产者和消费者两边存在严重的信息不对称。首先,大多数消费者对药品的质量等信息无分辨能力,既不懂药效也很难分辨真伪,而药品生产企业就非常清楚其生产的产品的质量、成分、形状、药理毒理和禁忌等。这样在交易过程中,药品消费者和生产者就处于完全不对等的地位,前者可能在多数情况下承担着额外的交易成本,而且有相当一部分可能是无法挽回的,因为它直接影响到人的身体健康和生命安全。其次,对于单个消费者而言,一旦出现信息不对称,因受到各种条件的限制,也没有太多的时间精力能搜寻所有药品信息,并对生产企业形成诉讼。除非其所造成的损失远超过其所承受的范围。那么如何弥补这种信息不对称呢?这就应该是政府监控的职责。本质上,信息不对称理论是政府加强和执行监控的一个重要依据。政府应该通过制定法律法规要求药品生产企业公布有关药品的信息,监督药品企业的行为,这样,才能改进信息不对等的现状,促进交易双方的平等顺利进行,同时对企业的不诚信问题加强监控。而药品生产监控还不仅仅如此,因为以上问题涉及的特性往往是一种相对简单的信息公布,而且只涉及药品本身,而不是药品生产全过程,这也是对消费者的迷惑。从我国药品生产的角度看,信息不对称还存在以下几个问题。首先,对关于药品生产企业人员、原料、软硬件设备等方面的要求不明确,不知情。因为按规定,在不损害厂家销售机密的情况下,涉及的用户意见、不良反应记录、起始原料、生产操作过程中的一些非机密控制信息应可以选择公开,通过国家监督管理机构以网站的形式进行发布。其次,对于生产不达标、已经造成药品安全事件的生产厂家的处罚措施要明确、公开。再加上我国的药品监督体制还存在很多政企合一的现象,对于问题企业的问题监控,很多监控部门出于地方保护主义的目的,往往采取“捂着整改”的方式进行处理,企业就会从机会成本的角度出发,平衡违法成本,这事实上给他们继续不实生产开了绿灯。

(3)验证与委托检验流于形式

药品生产过程中有很多验证工作,以保证符合 GMP 的要求和规范,它是证明程序、生产过程、设备、物料、活动或系统确实能达到预期结果的有文件证明的一系列活动,其中包括前验证、再验证和回顾性验证。多数企业在实行 GMP 过程中都制订了验证方案和验证报告,但是在实际生产监督管理中,却往往生搬硬套,较多出现用过去的数据代替当前的数据,用过去的标准代替当前的标准的现象。正常情况下,药品生产企业的验证包含三点:(一)标准管理规程验证:如人员管理规程、厂房设施管理规程、物料管理规程、生产管理规程、质量规程、卫生管理规程、文件管理规程等;(二)标准操作规程验证:如生产岗位、生产岗位清场、设施设备使用和维保、检验仪器使用、厂房设施清洁、设备清洗、质量控制、卫生标准、原辅料检验、包装材料检验、工艺用水检验、中间产品检验、成品检验等;(三)生产工艺规程验证:如各种剂型及品种的工艺规程,以及其他质量标准、管理记录等。所有这些文件记录和标准都是药品生产的“记录档案”,是追踪药品、对药品进行监督管理的身份证。但这种档案盒身份证,在缺乏有效的监督管理情况和惩罚措施下比较缺失甚至被企业造假。另外一方面,在药品检验过程中,由于部分企业不具备全面的检验能力,特别是要用到较为昂贵的红外光谱仪、薄层色谱分析仪等,有些企业一方面经济实力不强,不能购置整套的先进仪器设备,另一方面因为这些仪器的操作使用需要较高技能,企业往往在人才配置上也有缺失。为此,国家食品药品监督管理局允许企业委托具备检验资质的检验单位进行检验。并且在认证检查过程中双方按照要求鉴定委托检验协议书,但是在实际生产过程中,由于委托检验费用较高、委托检验报告不及时等原因,不少企业对委托检验项目采取了弄虚作假的手段,如不进行检验或少检验,或以一次检验代替多批量生产等。

4. 药品监控过程中行政执法面临诸多困境

我国药品监控主要靠省以下的地方政府、各部门以及企业本身。在监控过程中,执法依据主要是《中华人民共和国药品管理法》《中华人民共和国药品管理法实施条例》《药品流通监督管理》《药品生产质量管理规范》《药品经营质量管理规范》等法律法规,其中只有《药品管理法》属人大立法,其余均为行政立法。这使得药品监控部门在执法过程中遇到很多困难。(1)药品监控法律“低、乱、少”。首先是低,用于药品监控的有法律、行政法规、地方性法规、部门规章和其他规范性文件,但成熟的高效力的法律法规少,暂行条例、条例、规定等规范性文件一个个出台,这容易使药品监控前后连续性不强。其次是“乱”,它相对突出。因为在地方政府负总责各部门各负其责的情况下,各个部门偏向于自己部门起草的行政立法,这些法规在各自制定过程中,缺乏部门之间的沟通、协调,把它们架集到对一项工作的监控过程中,就发现整个监控的法规体系有拼凑感,协调性比较差,不是造成监控漏洞就是重复监控,其结果就是“角色不清、权限不清、定义不清”,进而容易滋生政府工作人员腐败、造成监控机构职责不明,增加消费者识别安全药品的难度和市场的不透明度等。最后是“少”,主要体现在药品监控法律未能及时跟上快速发展的社会要求,因为由经济、科学、流通等造成的危机药品安全的事件层出不穷,一些涉及药品安全的新情况、新问题在法律规范中并无体现。传统上只注重监控,忽视监控后的处理效果、措施等,如药品安全应急处理机制、药品安全风险评价制度、药品安全信用制度、药品安全信息发布制度、药品可追溯制度、召回制度等都没有很好地贯穿到现有药品安全法律体系中。(2)行政立法本身存在几个问题。首先是缺乏必要的行政立法。欧美等国家注重建立药品市场信用法律法规体系和有关药品管理的专业性法律法规体系。而我国在这方面基本是空白。其次,行政立法的制定程序公开度和参与度不高。药品监控需要什么样的法律?怎么执行?类似的法律在立法过程中过程并不太透明,特别是一些地方性法规,在公布之后才发现被广泛批评。这种闭门造车式的立法必然得不到市场和消费者的支持。而且传统的行政立法都容易忽视市场的内在需求,将立法强加于市场,这种行政主导型导致公众参与热情不高,参与程度不够。再次,从行政立法的内容来看,受传统体制的影响,我国药品行政监控重视事前审批,即准入关,而轻视全过程的管理,重事后的行政处罚手段,忽视其他手段,如对行业自律和中介组织的重视不够。最后,缺乏行政立法评估。什么时候需要什么样的行政立法?法律的执行效果如何?该如何修改?这是我国所有行业行政立法的一个大缺陷。相关管理部门习惯使用一个行政立法解决前一个行政立法所留下的漏洞。而在各部门各负其责的情况下,就容易出现争权、扩权等现象,并会出现人为地对药品市场设立关卡的情况。

二、建立完善的药品监控预警模式

(一)深化药品注册管理制度改革

药品注册是药品进入市场流通前的准入关,是对药品质量及有效性实行监控的重要手段。我国药品注册审批权设在国家药品食品监督管理局注册司,主要负责新药申请、仿制药申请、进口药品申请及其补充申请和再注册申请等。但不管哪种申请,都涉及药品的变更,如新药上市、改变剂型、改变给药途径、增加新适应症,或者药品批准证明文件有效期满的注册申请等。药品注册是药品安全监控的入口,它对药品安全管理有着非常重要的意义。

1. 建立完善的药品注册、审批制度,从政务公开走向信息公开

我国目前比较强调政务公开,我国宪法也规定公民享有知情权。公开政府信息是政府的一项基本义务,也是现代法治政府实现的主要标志。我国的药品注册和审批一直由国家食品药品监督管理局进行管理。在 2007 年以前,注册审批存在众多灰色地带,也导致大量药品被注册上市,同时也衍生了众多的政府腐败行为。自 2007 年以后,国家食品药品监督管理局为加强公众监督,提高药品注册工作的透明度,定期在网上公布各项工作开展情况:如公告通知(包含药物临床试验机构认定公告、药品行政保护公告、GSP 认证、违法广告公告等 9 项)、药品的质量标准、批准文号、说明书及承办任务情况等。但是大部分内容属于政务本身的信息。而政府信息公开的外延和内涵则要比政务公开广泛得多,本质上它是一种权力型的公开,要求药品监控机构在药品注册、审批过程中将所有获得的过程信息业进行公开(商业机密除外),而不是简单地结果公开。这种结果就是公众、企业只知道政府做了什么,但是对为什么这么做、如何做、哪些人参与做了并不知情,它仍然给公众留下了众多想象空间,也给当事人和相关部门企业留下了很多操作空间和钻空子的空间,进而演变成暗箱操作、违法犯罪。如"国家食品药品监督管理局药品 GMP 认证审查公告(第 230 号)",其只公布了哪些企业经检查和审核,但是检查、审核结果如何,在检查审核过程中发现有哪些违规现象,是否有对公众的质疑进行针对性的检查和回应都没有在认证中进行公布。又如,网站每个月公布的由认证审评中心承办的任务情况,每次仅提供审批的数量,而具体是哪些企业哪些品种,公众却无法及时知道。这种带有一定模糊性的信息并没有达到真正的信息公开的目的。要做到这一点,最根本的就是要认识到信息公开的重要性,并禁止将这些信息作为一种资源,即保持政府信息的中立性。政府信息公开在我国还处于艰难的起步阶段,而且药品注册和审批本身又涉及众多的经济利益,因此完善的药品注册、审批公开制度的建立还需时日。另外我国也缺乏一个迅速建立透明政府的成熟法治基础和理论基础。但在我国加入 WTO 之后,建立一个公开、透明的政府已是当务之急。对此我们可以借鉴欧美、日韩等在药品注册审批信息公开方面的成功经验,健全发展我国政府药品信息公开制度。

2. 完善药品的技术评审与评价

近年我国每年有2000—3000种药品申请注册，虽较2007年前每年近万种申请注册少了很多，但是相较美国每年只有几十种的数量，还是庞大得惊人。如此多的药品申请注册，如何保证注册和审批的科学性、合理性，同时又要保证评审效果，如何保证药品安全、合理、有效地进入市场？这需要药品监督管理局抓好药品技术评审工作。以2010年底出现的“云南白药”在美国出售时详细罗列了在国内所谓的“保密配方”，而在国内云南白药的产品基本都没有注明配方和成分，甚至连云南白药创可贴在成分栏中都写着“国家保密方”。那么是真的需要“保密”吗？这可能与我国药品的技术评审相关。在这方面要做到以下几点。(1)法律支持力度不够，应强调注册过程中的GMP规范和要求。以美国为例，新药的注册和审批必须通过NDA(新药审评)和ANDA(仿制药审评)才能合法生产，但是这两项程序均包括GMP考核，这是法律的规定。通过这种考核，药品监督管理部门就可以掌握并公开药品的基本情况、药品成分、临床使用记录、不良使用记录等，但是在我国，药品的生产和认证并没有法律条件上的依赖关系，这就造成事实上的先生产、再认证，即药品企业有遵守GMP的法定义务，但是GMP认证还需要药品监控部门主动、强行地进行监控实施。这种主观上的监控可能会导致GMP认证的不严谨，项目缺乏完备性，法理缺乏严密性等。(2)强化会议制度。药品技术评价是在医学、药学的基础上，涵盖了药物在临床前和临床中安全有效性研究的相关内容，所以具有一定的专业特性。目前我国的药品评审和评价工作分别由国家食品药品监督管理局的下属单位“药品审评中心”与“药品评价中心”完成。前者主要负责“对药品注册申请进行技术审评、参与起草药品注册管理相关法律法规、部门规章和规范性文件；参与制定我国药品技术审评规范并组织实施”，后者主要负责“承担全国药品不良反应、医疗器械不良事件监测与评价的技术工作及其相关业务组织工作，对省、自治区、直辖市药品不良反应、医疗器械不良事件监测与评价机构进行技术指导，以及参与拟订、调整国家基本药物目录的相关技术工作等”。药品技术评价是为了提高和保障药品的安全有效性。药品评审和评价中心会采取一定的组织方式对注册药品进行技术评价工作。目前常采用的是会议制度，它以会议的形式组织专业人员和专家对药品的成分、药理、完全性进行综合评价，这种方式强调集体评审，有效地限制了个人裁量权。同时，针对诸如疫苗、血液制品等风险品种，以及创新药和疑难品种的技术评审也万万不能离开会议制度、专家咨询制度。因为评审人员在专业领域具有其局限性。但是有这些往往还是不够的，药品的注册评价还应考虑将药品的注册理念、科学研究、临床试验等一系列数据纳入其中，当然这就要求药品监督管理部门正确对待机密信息和非机密信息。

3. 严把市场准入关

药品注册和审批是药品生产、流通、消费的入口。我国药品企业多达10000多家，药品流通企业则更多。不过，整个医药市场却显现出以下缺陷：小企业数量多，大企业数量少,行业整体利润率下滑严重,与跨国医药巨头差距很大。这一方面与我国医药科技不发达相关,另外一方面也与我国的药品准入不严相关。为此要注意以下几点。(1)强化药品的创新意识。总体上看我国的药品同类多,竞争激烈。只有提高市场准入门槛,才会促进企业加大科研投入,不断创新,通过优胜劣汰的自然生存规则来促进医药产业的发展。严把市场准入关并不意味着药品市场的垄断,而是需要通过严格的技术评审、科学认证,让真正有技术含量的高科技产品问世。(2)限制仿制品的数量。药品的仿制品是常规药品不可缺少的品种,但国家药品监督注册管理部门应对药品仿制品批准进行宏观的调控,防止大量药厂生产同一品种药品,积极引导医药市场健康合理发展。另外针对我国的优势中药产业,则需要鼓励企业通过制定较高的药品标准,改进剂型等方式,积极争取得到国外医药界的认可,让我国中药产业走向世界。(3)严把药品入门关,这是解决医药分家的重要手段。当前我国药品价格虚高,国家通过基本药品目录等多种方式对药品进行限制,但是效果并不明显。究其原因就在于医药不分家,限价之后药品不入院、厂家不生产,于是众多厂家通过更改包装、说明书、剂型等方式推出新药上市,并借机提高药品价格。如果通过药品注册严把关的方式就会给企业进行"三改"以威慑,在提高企业药品注册的时间成本和机会成本之后,企业就会主动地积极地提高产品本身的质量,加强科研创新,同时又能降低药品的价格,减轻患者负担。

(二)地方政府负总责下的各部门监控职能改进

1. 地方政府要整合多部门药品监控力量

药品监控工作是一项复杂的系统工程,它虽然主要由药品监控部门来具体管理,但要切实做好这项工作,还离不开卫生、工商、物价、公安等有关部门的通力合作,才能在全社会形成良好的药品监控新局面。也正是在这种思想的指导下,我国于 2007 年形成了药品监控的总体思路,即"地方政府负总责"。具体来说要做到以下几点。(1)积极发挥新闻媒体及大众的监控作用。媒体和大众是进行药品监控最可靠的力量,地方政府需要强化宣传、司法等部门的作用,通过大力宣传,让人民群众了解药品常用知识和合理药用知识,特别是要将《药品管理法》当作普法的重点内容。另外,积极利用集会、广播、电视等媒体,强化群众对药品的认识,提高他们的医药常识。只有群众的意识提高了,群众的监督力量才会真正地发挥出来。(2)做好协调工作,真正杜绝"政出多门"。政出多门是我国长期存在的一个政治现象,药品监控也不例外。2008 年 4 月,我国政府机构改革,取消省以下药品垂直管理,国家食品药品监督管理局重新划归卫生部旗下,这是一次整合力量、提高效率的改革。但是"地方负总责"下的药品监控体制,还是需要各个部门的合作。在当前我国药品监控法律体系不完整,而行政执法又较多的情况下,"政出多门"的现象仍然存在。不过,在卫生部门的统一管理下,药品监控部切实做到了对于药品研发、生产、流通、使用等环节全过程监控。地方政府在药品监控过程中,总体上看是一个"家长角色",其他的各个部门都在行使政府权力,帮助政府实行药品监控,这就需要政府这个“家长”对各个部门有明确的权责。(3)减少地方行政干预和地方保护主义。从一定程度上看,地方政府负总责其实也为地方政府实行地方保护和执法干扰提供了一定程度上的“便利”。如一些由老国有企业改制的股份企业,在药品生产出现问题,环境保护不力时,地方政府领导时常以发展经济、保护地方企业为名,向药品监督管理部门提出一些不符合药品管理法律法规的要求,使得正常的行政执法受到干扰,从而降低了药品监控部门的监控积极性。

2. 强化药品再评价、药品不良反应监测及召回工作

《中华人民共和国药品管理法》明确说明:药品在正式批准上市后,需要运用最新的医药学技术成果和学术水平,对上市后的药品进行再评价。对药品进行再评价、药品不良反应监测有着重要的预防意义。我国自1999年才开始进行药品不良反应监测工作。但是相较于国外,我国的药品不良信息主要来自于医疗机构,而不是医药生产企业。以2009年为例,我国共收到638996份药品不良反应报告,但是大部分报告来自于医疗机构,而不是医药企业本身,又如在2008年的近53万份报告中,其中医疗机构报送了87.5%的药品不良反应,而药品生产企业仅仅占12.5%,而欧美发达国家由企业上报的不良反应事件在60%以上。造成这一现象的原因在于,我国医药研发及生产企业在通过国家食品药品监督管理局对新药的审批准入后,就不愿再投入人力物力以药品实际使用中的有效性和安全性进行跟踪评价。个别企业为了经济利益甚至采取回避隐瞒的手段。而在医药监控严厉的国家,生产企业必须配备有进行不良反应搜集的人员,还必须将不良反应在说明书中进行记载,否则会面临重金罚款。因此,在地方政府负总责的情况下,应建立符合药品市场情况的强化药品再评价、药品不良反应监测及立法工作。可从以下几点入手。(1)建立药品不良反应救济制度。制度要求各药品生产、经营单位指定专人负责药品不良反应的报告和监测工作,如有瞒报、未按要求报送药品不良反应的,将依据《药品不良反应报告和监测管理办法》进行处罚。但这种规定的约束力非常有限。首先,罚款额度对药品生产企业而言没有任何威慑力;其次,如果造成不良后果,究竟按照什么法律、什么标准进行处罚,也没有详尽地说明。在国家没有出台与之配套的处理机制前,就不能有效地对造成严重后果的患者进行保护。对此,地方政府可以结合当地的经济发展水平和企业的实际情况,对因为问题药品造成的具有严重事故的患者进行不良反应救济。救济基金的来源可以多样化,如社会捐款、药品生产商或进口商缴纳的药品风险基金、政府补贴等。近年我国出现过多例给患者造成严重后果的医疗事故,但患者在维权过程中则遭遇到巨大的阻力,药品生产商、医院、医生都不担责,患者则因为病情既耽误有效治疗时间,又耗费了大量的成本。通过建立不良反应救济制度,确定和补偿救济标准及程序,是保护患者利益的有效方式。同时通过这种方式,惊醒企业,甚至可以提高企业缴纳更多的风险基金,事故越多,缴纳的不良反应基金也愈多,通过这一制度将企业利益和患者利益紧密联系在一起。(2)切实执行《药品召回管理办法》。办法中明确要求药

品监控部门建立药品召回信息公共制度，而药品生产企业对药品生产的各个环节信息进行全过程记录收集，药品经营企业和使用单位也要建立和保存相应记录，来保证药品的可溯源性，并按规定向药品监控部门及时报送。但目前看来这些规定都是水中月镜中花。根本原因就在于执行不力。事实上，地方政府在药品召回问题上，大有作为。如上海、大连等为了加强对医疗器械上市后的监控，就在全国率先实行了医疗器械产品的召回制度。因此一旦发现药品出现不良反应事件，政府应积极介入，针对具体药品的情况来确定召回的级别，如一级、二级还是三级。在药品召回过程中，政府各相关部门，特别是药监、工商等部门要全程跟进，对药品的发货去向、使用情况、收回情况进行详细说明，并将信息公布于众。但值得注意的是，当前《药品召问管理办法》仅仅是国家食品药品监督管理局局的行政文件，因此各地还要积极推进药品召回的立法工作，让药品召回形成和药品生产、销售一样的管理制度与法律。

3. 完善省级以下地方政府药品价格的监控制度

药品作为一种有其自身的且其他商品不可比拟的特殊性商品，其价格一直受到各国的重点监控，根本原因就在于它的需求具有价格刚性。在我国，患者是消费者，但是对药品购买的选择权却在医生手里，特别是处方药，多数情况下患者不可能因为药价高或药量大拒绝购买，药品价格即使虚高数倍，消费需求也不会因之减少药品。也正因为如此，对药品的价格进行监控就成为药品监控的重要组成部分。但是从我国的实际情况看，药品的价格并没有因为市场监控而下降多少，相反看病难、药价贵一直是广大群众不满意的地方。在地方政府负总责的情况下，地方政府理应承担更多的关于药品价格监控的重任。可以从以下几方面入手。(1)建立新型地方政府分类定价的药品价格管理机制。目前我国药品限价主要只能对基本药品目录，而且定价权限局限于中央或省级药品价格主管部门。地方政府并无多大发言权。但是地方政府对于当地药品生产企业的情况最为了解，对当地的经济发展水平、社会保障水平最有发言权，因此地方政府可以积极参与到药品定价工作中。对此，可以考虑由市一级药品监督管理牵头，由税务、工商、环保、科技等部门组成专门的药品价格委员会，或者医药价格管理处或医药价格评审中心。由该部门制定药品生产成本监审办法(仅仅是生产成本，营销成本和管理成本暂不考虑)与成本调查与审核制度，通过长期的档案准备，就可以建立药品企业药品品种成本数据库，然后对社会进行公示和公告。具体的成本可以考虑采用成本管理信息化流程将企业的工资、人员、支出等成本综合考虑确定社会平均成本，然后把社会平均先进成本水平作为定价的基础，制定严格的成本调查与审核制度。一旦企业的生产成本被公开化，那么《基本药品目录》里面的药品，其合理的市场定价也基本确定了。这种方式既有利于控制药品价格，还可增加政府监控的透明度和科学化。(2)按照我国《价格法》要求，建立和完善药品价格监测制度。政府部门通过对药品价格进行监测，有利于了解和把握医药经济运行情况，增强宏观调控和决策的科学有效性。药品价格监测如同对石油价格、粮食价格监测一样重要。对此地方政府要积极地参与到药品监测中来,并加强地方政府之间的合作。首要的工作就是要搭建药品价格网监信息系统平台。当前信息化已经发展到一定程度,这为价格搜集、监测、分析提供了基础。同时药品生产厂家众多、品种繁多、分类复杂、专业性强,如再对药品价格进行搜集、比对,将是一项非常复杂的任务。因此通过建立现代化的信息系统平台,自动搜集各类药品的成本、价格信息,就可以实现地方政府之间的信息交流,从而形成对药品的前期管理和后期监督。而且这种方式还能将各种药品原始信息储存在系统内,并形成原始数据库,具有对比分析功能。一旦发现那些自主定价的药品出现价格相对高、用药量大的药品,地方政府就可以实行重点网络监控。通过网上信息系统平台的方式,还有利于社会各界对药价审批的监督,减少地方保护主义,同时又让消费者维护了个人权益。

4. 药品流通和销售环节改革

由于药品的特殊性,药品生产企业不能直接将药品销售给消费者,而必须通过药品批发企业、医院、药店等进行销售。药品的流通和销售环节过多,使得药品"雁过拔毛",层层加价,而且很多药品批发企业不按照 GSP 的管理规范和要求进行,导致药品在流通环节出现很多质量问题。作为负总责的地方政府,应加强对药品在流通环节的管理。管理的任务主要有两点。(1)价格。终端零售店价格高与流通环节的效率息息相关。如果单纯地从流通环节入手,对终端价格的影响可能不大。因此地方政府可以考虑从"价格入手",迫使流通环节通过加强药品管理、提高药品配送效率入手。对此,地方政府可以采取以下几种方式。首先,借鉴"经济适用房"的概念,引入"经济药店"的价格竞争机制。"经济药店"在上海等大城市已经形成了一定的规模,目前已经在 30 多个城市开设。"经济药店"的开设,可以打破原有的药品流通体制和药品价格的长期沉寂,促进流通发生秩序变化。但是"经济药店"的引入必须控制在一定的数量,保证市场消费的平均性,因为"经济药店"需要政府的资金支持,通过政府的手段,而非自然的市场手段,保持高价药、平价药的市场分布合理性。(2)强化 GSP 认证制度。在药品流通环节进行 GSP 认证制度,已经被世界上多数国家所接受,且被证明是有效的。因此我国实行 GSP 认证制度的方向是正确的,是毋庸置疑的。但是我国在 GSP 认证和管理方面则存在很多缺陷。首先,要进一步整合过程系统。目前的 GSP 将药品经营企业划分为机构人员、管理职责、设备与设施、进货、仓储与养护、检验和验收、出库与运输、销售和售后服务等九个环节。但是他们并没有统一的分类标准。总体上看,GSP 只是将这些要素都指向某一方面,各自独立,互不干扰。对此,应该且必须强化企业的 GSP 意识,在 GSP 的要求之下,将其进行细化分类,在管理职责、产品实现、资源管理、测量和改进等过程系统,为达到每个子过程系统的效果最大化,这就必须使得以上几种资源能进行循环。比如人员管理,在四个过程中应该有其单独的评价体系,这个评价体系从属于 GSP 分类下的人员管理。(3)强化企业认识。目前很多药品流通企业对 GSP 的认识都不到位,他们单纯地认为是管理部门

“要我认证”，因此在 GSP 管理上多采取应付检查的措施，而不是企业的自身生存发展迫切需要认证的认识上。特别是很多企业在获得第一次认证后，就又回到原先的经营状态和模式。因此务必要强化企业对 GSP 的认识，加强对流通企业的物流进货渠道、销售去向的监控。

5. 整顿违法广告

违法药品广告一直是药品市场上的一大顽疾，对这一类广告的整治一直都是药监部和工商部门的重点工作之一。但从近年不断发生的虚假广告看，切实抓好违法药品广告的整顿还需要扎扎实实地做大量的工作。违法药品广告主要表现方式之一：未经审批擅自发布或随意夸大疗效，如通过“无任何副作用”“根治”“药到病除”“有效率百分之 X”“获得 X 最新奖”“最高奖”等进行虚假宣传，欺骗消费者；打“擦边球”，广告主根据需要擅自变更广告内容。我国法律规定，处方药是不能在大众媒体做广告的，但广电部门为了广告收入，对此常睁只眼闭只眼，变相鼓励广告主的违法行为。一些药品厂家还以“免费试用”“送药”的方式进行宣传，变相地销售产品，对一些疑难杂症，以“购 x 送 x”等方式，常请所谓的治愈好的“病人”来现身说法，吹嘘药效。还有明星代言虚假广告。近年我国发生多起由明星代言的虚假广告，诱导消费者。这种广告害人不浅，因为普通消费者对药品的疗效往往一知半解，而名人的影响力又让他们相信药品的效果。药品监控部门负责药品广告、互联网药品信息服务和交易行为的监督工作。在药品广告监控方面，省级药品监控部门负责对广告内容进行审批，合格后下发药品广告批准文号，但对于未经批准的擅自变更批准内容的违法药品广告，则由工商行政部门负责查处。因此在实际操作中，药监部门在发现违法药品广告后，对经审批过的广告采取撤消广告批准文号等措施，对未经审批或擅自更改审批内容发布的，只能移交同级工商行政管理部门处理。在地方政府负总责的情况下，这种药品广告的管理方式使得监测审查环节与行政处罚环节脱钩，如药监局监测到有违法不实广告后必须通过工商部门才能进行处理，延误了处理时机。另外一种就是直接绕过药品监督管理部门并获得工商部门的药品广告批准文号。越是在基层，这一现象越是突出，因为在基层药品监督管理部门相对没有工商部门强势，他们对于自行制作的音像材料，或擅自加入大量违规内容的广告监测内容不太熟悉，更谈不上监督处罚。而且在潜意识里面认为工商部门应该对广告的内容进行审核，因此不如不管。这种监控与处罚脱节的方式使得违法广告“打一枪换一个地方”，它只需要保证获取的利益超过罚款基数。因此，地方政府应加强对药品广告的监督和管理，净化药品广告市场。(1)建立广告监测和处罚的联动信息平台。在现有的广告管理模式下，广告监测部门与行政处罚部门容易形成相互推诿和扯皮的现象，延误广告的处理时机。如果建立联动的信息平台，两者可以在最短的时间将广告监测信息、违法信息、处理意见、处理结果进行共享，同时将这些信息予以公布，让社会监督，敦促两个部门减少推诿扯皮。当然，如果可能的话，可以采取以药品监督部门为主，广告管理部门(工商)为辅的措施，即凡药品监督管理部门提出的处罚意见，工商管理部门遵照执行，或配合执行。这种模式需要地方政府牵头或引导。(2)要关口前移，严把审批关。药品广告的入口如果把关不好，只会给后面的监测、行政处罚带来诸多不必要的麻烦，而且事后监督本身就不是一种理性的监测行为。因此尽可能地按照药品广告方面的法律法规要求，从准入上保证药品广告的合法性。(3)建立联合打击药品违法广告机制。药品广告监控涉及药监、工商、广电、卫生等多个部门，要彻底管好药品广告，需要各部门加强协作，群策群力，通过日常监控和专项行动，从多个角度多个层面对违法广告进行监测、处罚。

(三)发挥社会第三方的监控力量

对药品进行监控是政府的责任，它是政府接受人民的委托，行使管理社会公共事务的权力的一种体现。也正因为如此，人民本身也可以成立自己的监控组织对药品本身进行监控，这种组织就是可以统称为第三方。相对于欧美等发达国家，我国在政治上一直都体现的是“大政府”，因此社会第三方在对进行社会事务进行监控时往往是一种附庸角色，或者从属于政府，听命于政府。在药品监控上，生产企业作为药品质量的第一责任人，是第一方监控力量。而我国政府监控部门在保证药品质量安全中起主导性作用，它要求医药企业按照《中华人民共和国药品管理法》、《中华人民共和国药品管理法实施条例》、GMP、GSP等法律法规来指导生产经营行为，并在发现医药企业有违法违规经营行为时，可直接进行行政处罚，是保证药品质量的第二方监控力量。而第三方监控力量也是必不可少的，它包括“xx药品质量管理协会”“公众的投诉举报监控”等。这些“第三方”是竞争性市场机制必不可少的配套或补充，他们可以部分地解决体制内不能解决的问题，是政府之外公共服务的替代供给者。社会第三方监控在国外相对成熟，但在我国还需要大力发展。主要策略有以下几点。(1)行政监控与技术监督分家。目前我国的建筑行业基本实现了第三方监控的模式，但是药品行业中，行政监控和技术质量监控始终是“父子”关系，即各级质量技术检验检测机构表面上是独立的、并具备行业合法资质，但实质上与对口的行政监控部门有着千丝万缕的关系，甚至是行政部门的下属事业单位。如药品质量监督单位(药品评价中心、药品评审中心)等都是药品监督管理局的下属单位。这种关系可能为内部人操作提供各种便利。(2)积极发挥药品行业协会的监控力量。我国各行业的协会组织众多，但是距离市场经济的要求甚远，甚至很多行业协会最终演变成官办色彩较为浓厚的相关利益代一言人。行业协会的这种非独立运行终因外部干扰太多，必然会损害消费者的权益。如何切实发挥药品行业协会的作用呢？政府应该实现一定程度的放权，如执业药师的资格考试、再教育等，这些可以交由独立的中介机构完成，政府则需要进行宏观层面的监督管理，对其进行限制、考核、规范等。通过设立第三方监控机制，鼓励有条件的药品生产经营企业建立大型现代物流中心，这种物流中心完全按照市场机制进行操作，对于降低药品成本，提高企业管理效率具有重要意义，同时它又处于政府的宏观监控之下，有利于提高监控、保证药品质量。对于生产企业的

GMP 管理，也可以交由第三方监控机构，不定时地对企业生产条件、规范等进行抽查管理，而且保证这些信息务必公开，从而加强行业自律，共同进步。

第三节　食品药品安全监控预警体制的改革状况

行政管理体制改革是深化改革的重要环节和重要组成部分。改革开放以来，特别是党的十八大以来，不断推进行政管理体制改革，加强政府自身建设，取得了明显成效。经过努力，政府职能转变迈出重要步伐，市场配置资源的基础性作用显著增强，社会管理和公共服务得到加强；政府组织机构逐步优化，公务员队伍结构明显改善；科学民主决策水平不断提高，依法行政稳步推进，行政监督进一步强化；廉政建设和反腐败工作深入开展。从总体上看，我国的行政管理体制基本适应经济社会发展的要求，有力保障了改革开放和社会主义现代化建设事业的发展。

一、食品药品安全监控预警体制的改革概况

（一）继续和深化行政管理体制改革

当前，我国正处于全面建设小康社会的冲刺阶段，改革开放进入关键时期。面对新形势新任务，现行行政管理体制仍然存在一些不相适应的方面。政府职能转变还不到位，对微观经济运行干预过多，社会管理和公共服务仍比较薄弱；部门职责交叉、权责脱节和效率不高的问题仍比较突出；政府机构设置不尽合理，行政运行和管理制度不够健全；对行政权力的监督制约机制还不完善，滥用职权、以权谋私、贪污腐败等现象仍然存在。这些问题直接影响政府全面正确履行职能，在一定程度上制约经济社会发展。深化行政管理体制改革势在必行。

党的十八大以来，习近平总书记对食品药品安全做了一系列重要讲话和指示批示，提出了关于食品药品安全工作的新理念、新论断和新要求，确立了关于食品药品安全工作的思想基础、理论指导、制度框架、实践方法，是总书记关于食品药品安全工作战略思想的集中反映，是我们做好食品药品监管工作、保障人民群众“舌尖上的安全”的根本遵循。习近平总书记 2013 年 12 月在中央农村工作会议上指出，食品安全，首先是“产”出来的；食品安全，也是“管”出来的。2015 年 2 月，习近平总书记在陕西考察的时候进一步指出，“食”字下面是“良”字，食品行业必须有良心，食品生产必须是良好的。2015 年 7 月，习近平总书记在吉林考察时强调，“保障药品安全是技术问题、管理工作，也是道德问题、民心工程。每家制药企业都必须认真履行社会责任，使每一种药、每一粒药都安全、可靠、放心”。习近平总书记的这些指示，为药品生产企业加强质量管理，推动供给侧结构性改革指明了方向。食品药品安全监管部门要按照总书记反复强调的“最严谨的标

准、最严格的监管、最严肃的问责、最严厉的处罚”的“四个最严”要求，“严”字当头，切实把“四个最严”贯穿到监管工作的每一个环节，确保食品药品的安全，推进供给侧结构性改革，习近平总书记在很多场合多次强调，现阶段食品药品安全形势依然严峻，人民群众热切期盼吃得更放心、吃得更健康。他深刻指出，“民生与安全联系在一起就是最大的政治”。食品药品安全，既是民生，又是安全，关系人民群众身体健康和生命安全，关系全面建成小康社会，关系党和国家事业全局，就是最大的政治。习近平总书记在2015年5月29日中央政治局第23次集体学习时强调，食品药品安全具有公共安全的特点，社会关注度和敏感性日益凸显，而且触点增多、燃点降低，如果处置不当，也有可能迅速发酵蔓延，有的还可能转化为影响稳定的突出问题。前几年的“瘦肉精”案件、2015年的“僵尸肉”风波、2016年的“非法经营疫苗”案件，都一再表明，食品药品安全绝不仅仅是一个产品质量问题，也绝不仅仅是一家一户的事情，而是关系公共安全的大问题。我们一定要按照习近平总书记的要求，自觉把维护食品药品安全放在维护最广大人民群众根本利益的高度来认识，放在贯彻落实国家总体安全观中来思考，放在推进国家治理体系和治理能力现代化中来把握。坚持问题导向，着力治理这些突出问题，坚决打击违法犯罪行为，严把从农田到餐桌的每一道防线，努力让党和政府放心、让人民群众满意。

（二）深化行政管理体制改革的指导思想、基本原则和总体目标

为推进健康中国建设，提高人民健康水平，根据党的十八届五中全会战略部署，2016年11月25日，中共中央、国务院印发了《“健康中国2030”规划纲要》（以下简称《纲要》），明确了深化改革的指导思想、基本原则、总体目标和主要任务。

深化行政管理体制改革，必须高举中国特色社会主义伟大旗帜，全面贯彻党的十八大和十八届三中、四中、五中全会精神，以马克思列宁主义、毛泽东思想、邓小平理论、“三个代表”重要思想、科学发展观和党的十八大关于改革和完善食品药品安全监管体制为指导，深入学习贯彻习近平总书记系列重要讲话精神，紧紧围绕统筹推进“五位一体”总体布局和协调推进“四个全面”战略布局，认真落实党中央、国务院决策部署，坚持以人民为中心的发展思想，牢固树立和贯彻落实新发展理念，坚持正确的卫生与健康工作方针，以提高人民健康水平为核心，以体制机制改革创新为动力，以普及健康生活、优化健康服务、完善健康保障、建设健康环境、发展健康产业为重点，把健康融入所有政策，加快转变健康领域发展方式，全方位、全周期维护和保障人民健康，大幅提高健康水平，显著改善健康公平，为实现“两个一百年”奋斗目标和中华民族伟大复兴的中国梦提供坚实的健康基础。

深化行政管理体制改革，必须坚持健康优先。把健康摆在优先发展的战略地位，立足国情，将促进健康的理念融入公共政策制定实施的全过程，加快形成有利于健康的生活方式、生态环境和经济社会发展模式，实现健康与经济社会良性协调发展。要想实现此目标，需要做到以下几点。

（1）必须坚持改革创新。坚持政府主导，发挥市场机制作用，加快关键环节改革步伐,冲破思想观念束缚,破除利益固化藩篱,清除体制机制障碍,发挥科技创新和信息化的引领支撑作用,形成具有中国特色、促进全民健康的制度体系。

(2)必须坚持科学发展。把握健康领域发展规律,坚持预防为主、防治结合、中西医并重,转变服务模式,构建整合型医疗卫生服务体系,推动健康服务从规模扩张的粗放型发展转变到质量效益提升的绿色集约式发展,推动中医药和西医药相互补充、协调发展,提升健康服务水平。

(3)必须坚持公平公正。以农村和基层为重点,推动健康领域基本公共服务均等化,维护基本医疗卫生服务的公益性,逐步缩小城乡、地区、人群间基本健康服务和健康水平的差异,实现全民健康覆盖,促进社会公平。

深化行政管理体制改革的总体目标是,到 2020 年,建立覆盖城乡居民的中国特色基本医疗卫生制度,健康素养水平持续提高,健康服务体系完善高效,人人享有基本医疗卫生服务和基本体育健身服务,基本形成内涵丰富、结构合理的健康产业体系,主要健康指标居于中高收入国家前列。

到 2030 年,促进全民健康的制度体系更加完善,健康领域发展更加协调,健康生活方式得到普及,健康服务质量和健康保障水平不断提高,健康产业繁荣发展,基本实现健康公平,主要健康指标进入高收入国家行列。到 2050 年,建成与社会主义现代化国家相适应的健康国家。

到 2030 年具体实现以下目标。

(1)人民健康水平持续提升。人民身体素质明显增强,2030 年人均预期寿命达到 79.0 岁,人均健康预期寿命显著提高。

(2)主要健康危险因素得到有效控制。全民健康素养大幅提高,健康生活方式得到全面普及,有利于健康的生产生活环境基本形成,食品药品安全得到有效保障,消除一批重大疾病危害。

(3)健康服务能力大幅提升。优质高效的整合型医疗卫生服务体系和完善的全民健身公共服务体系全面建立,健康保障体系进一步完善,健康科技创新整体实力位居世界前列,健康服务质量和水平明显提高。

(4)健康产业规模显著扩大。建立起体系完整、结构优化的健康产业体系,形成一批具有较强创新能力和国际竞争力的大型企业,成为国民经济支柱性产业。

(5)促进健康的制度体系更加完善。有利于健康的政策法律法规体系进一步健全,健康领域治理体系和治理能力基本实现现代化。

(三)加快政府职能转变

深化行政管理体制改革要以政府职能转变为核心。加快推进政企分开、政资分开、政事分开、政府与市场中介组织分开,把不该由政府管理的事项转移出去,把该由政府管理的事项切实管好,从制度上更好地发挥市场在资源配置中的基础性作用,更好地发挥公民和社会组织在社会公共事务管理中的作用，更加有效地提供公共产品。

要全面正确履行政府职能。改善经济调节，更多地运用经济手段、法律手段并辅之以必要的行政手段调节经济活动，增强宏观调控的科学性、预见性和有效性，促进国民经济又好又快发展。严格市场监管，推进公平准入，规范市场执法，加强对涉及人民生命财产安全领域的监管。加强社会管理，强化政府促进就业和调节收入分配职能，完善社会保障体系，健全基层社会管理体制，维护社会稳定。更加注重公共服务，着力促进教育、卫生、文化等社会事业健康发展，建立健全公平公正、惠及全民、水平适度、可持续发展的公共服务体系，推进基本公共服务均等化。

各级政府要按照加快职能转变的要求，结合实际，突出管理和服务重点。中央政府要加强经济社会事务的宏观管理，进一步减少和下放具体管理事项，把更多的精力转到制定战略规划、政策法规和标准规范上，维护国家法制统一、政令统一和市场统一。地方政府要确保中央方针政策和国家法律法规的有效实施，加强对本地区经济社会事务的统筹协调，强化执行和执法监管职责，做好面向基层和群众的服务与管理，维护市场秩序和社会安定，促进经济和社会事业发展。按照财力与事权相匹配的原则，科学配置各级政府的财力，增强地方特别是基层政府提供公共服务的能力。

合理界定政府部门职能，明确部门责任，确保权责一致。理顺部门职责分工，坚持一件事情原则上由一个部门负责，确需多个部门管理的事项，要明确牵头部门，分清主次责任。健全部门间协调配合机制。

（四）推进政府机构改革

按照精简统一效能的原则和决策权、执行权、监督权既相互制约又相互协调的要求，紧紧围绕职能转变和理顺职责关系，进一步优化政府组织结构，规范机构设置，探索实行职能有机统一的大部门体制，完善行政运行机制。

深化国务院机构改革。合理配置宏观调控部门的职能，做好发展规划和计划、财税政策、货币政策的统筹协调，形成科学权威高效的宏观调控体系。整合完善行业管理体制，注重发挥行业管理部门在制定和组织实施产业政策、行业规划、国家标准等方面的作用。完善能源资源和环境管理体制，促进可持续发展。理顺市场监管体制，整合执法监管力量，解决多头执法、重复执法问题。加强社会管理和公共服务部门建设，健全管理体制，强化服务功能，保障和改善民生。

推进地方政府机构改革。根据各层级政府的职责重点，合理调整地方政府机构设置。在中央确定的限额内，需要统一设置的机构应当上下对口，其他机构因地制宜设置。调整和完善垂直管理体制，进一步理顺和明确权责关系。深化乡镇机构改革，加强基层政权建设。

精简和规范各类议事协调机构及其办事机构，不再保留的，任务交由职能部门承担。今后要严格控制议事协调机构设置，涉及跨部门的事项，由主办部门牵头协调。确需设立的,要严格按规定程序审批,一般不设实体性办事机构。

推进事业单位分类改革。按照政事分开、事企分开和管办分离的原则,对现有事业单位分三类进行改革。主要承担行政职能的,逐步转为行政机构或将行政职能划归行政机构;主要从事生产经营活动的,逐步转为企业;主要从事公益服务的,强化公益属性,整合资源,完善法人治理结构,加强政府监管。推进事业单位养老保险制度和人事制度改革,完善相关财政政策。

认真执行政府组织法律法规和机构编制管理规定,严格控制编制,严禁超编进人,对违反规定的限期予以纠正。建立健全机构编制管理与财政预算、组织人事管理的配合制约机制,加强对机构编制执行情况的监督检查,加快推进机构编制管理的法制化进程。

二、推进食品药品安全监控预警体制的改革

食品药品直接关系人民群众的身体健康和生命安全。国务院经过机构改革,重点围绕转变职能和理顺职责关系,稳步推进大部门制改革,整合加强卫生和计划生育、食品药品等管理机构。

(一)组建国家卫生和计划生育委员会

为更好地坚持计划生育的基本国策,加强医疗卫生工作,深化医药卫生体制改革,优化配置医疗卫生和计划生育服务资源,提高出生人口素质和人民健康水平,将卫生部的职责、国家人口和计划生育委员会的计划生育管理和服务职责整合,组建国家卫生和计划生育委员会。主要职责是,统筹规划医疗卫生和计划生育服务资源配置,组织制定国家基本药物制度,拟订计划生育政策,监督管理公共卫生和医疗服务,负责计划生育管理和服务工作等。

将国家人口和计划生育委员会的研究拟订人口发展战略、规划及人口政策职责划入国家发展和改革委员会。

国家中医药管理局由国家卫生和计划生育委员会管理。

不再保留卫生部、国家人口和计划生育委员会。

(二)组建国家食品药品监督管理总局

为加强食品药品监督管理,提高食品药品安全质量水平,将国务院食品安全委员会办公室的职责、国家食品药品监督管理局的职责、国家质量监督检验检疫总局的生产环节食品安全监督管理职责、国家工商行政管理总局的流通环节食品安全监督管理职责整合,组建国家食品药品监督管理总局。主要职责是,对生产、流通、消费环节的食品安全和药品的安全性、有效性实施统一监督管理等。将工商行政管理、质量技术监督部门相应的食品安全监督管理队伍和检验检测机构划转食品药品监督管理部门。

保留国务院食品安全委员会,具体工作由国家食品药品监督管理总局承担。国家食

品药品监督管理总局加挂国务院食品安全委员会办公室牌子。

新组建的国家卫生和计划生育委员会负责食品安全风险评估和食品安全标准制定。农业部负责农产品质量安全监督管理。将商务部的生猪定点屠宰监督管理职责划入农业部。

不再保留国家食品药品监督管理局和单设的国务院食品安全委员会办公室。

第七章　欧美国家与中国食品药品安全监控预警模式

国家食品药品监督管理机构的组建,标志着我国食品药品监管从行业管理职能向行政监督执法职能的转变达到了新阶段,食品药品监管体制的创新达到了新境界。但是,在开放型市场经济条件下,我国食品药品产业不断发生的新变化,给食品药品监管工作提出了一系列新课题。这些新课题要求我们研究发达国家的食品药品监管模式,吸收其成功经验,结合我国实际构筑和完善符合党的十八大关于改革和完善食品药品安全监管体制要求的中国特色社会主义食品药品监管模式,使食品药品监管工作既与国际通行的规则接轨,又能促进中国食品药品产业的健康发展。

第一节　欧洲发达国家食品安全监控预警概况

发达国家经过近几年的改革,基本形成了一套比较高效的食品安全监控预警体系。联合国粮农组织(FAO)和世界卫生组织综合分析世界各国食品安全监控预警体制,认为主要有3种食品安全监管类型:①多元体系,建立在多个部门负责基础上的食品控制体系;②综合体系,以两个部门负责制定政策、标准、法规,开展风险评估、协调指导和监督,其他部门组织实施为基础;③单一体系,将保护大众健康和食品安全的所有责任合并到单一食品安全机构。联合国粮农组织和世界卫生组织倡导的优先体制是单一体系,认为综合体系是从多元体系向单一体系过渡的中间形态。

从国际经验看,加强食品安全管理部门之间的协调是食品安全体制改革的核心。主要表现形式为:①成立独立的机构,实现食品生产、流通、贸易和消费的全过程监管,彻底解决部门分割与部门协调问题,如爱尔兰、加拿大、丹麦、澳大利亚;②以较为明确的管理主体分工来避免机构之间的扯皮问题,其重要特征是根据食品类别(美国)或按照环节(日本)进行分工,以保证对"农田到餐桌"全过程的监管。实践证明,成立统一、权威、高效的食品安全管理机构既是保证本国食品安全的重要组织保障,也已成为当今食品安全的发展趋势。

一、美国

美国政府对食品安全高度重视。1997年美国增拨1亿美元启动一项食品安全计划，1998年成立多部门参与的总统食品安全委员会。美国至少有12个联邦部门来管理食品安全，法律条例达35种之多。在美国的食品安全监管中以下4个部门起主要作用：卫生与人类服务部的FDA；农业部的FSIS；环境保护署EPA；商业部的国家渔业局NMFS。

二、欧盟

欧盟各国根据欧盟范围内统一食品法的基本原则和要求，成立欧盟食品安全管理局（EFSA），同时各成员国建立自己的食品安全监管机构。欧盟食品安全管理局没有制定规章制度的权限，但可以对整个食品链进行监控，再根据科学的证据做出风险评估，为政治家制定政策和法规提供信息依据。

欧盟健康与消费者保护总局是欧盟委员会下具体负责有关公共健康、食品安全和消费者保护的工作机构。而直接介入食品与饲料安全管理的则是欧盟食品与兽医办公室。这里主要介绍欧盟食品安全管理机构——欧盟食品安全管理局（EFSA）。

欧盟食品安全管理局（EFSA）成立于2002年1月28日，是一个独立的法定机构，不隶属于欧盟的任何其他机构，由管理委员会、行政主任、咨询论坛、科学委员会和8个专门科学小组组成，即①食品添加剂小组；②原料添加剂特别小组；③植物卫生小组；④转基因生物小组；⑤营养品、营养学及过敏症生物危险小组；⑥生物危险（包括BSE）小组；⑦食物链污染小组；⑧动物健康和动物福利小组。主要负责风险评估、风险管理和风险交流，处理欧盟所有有关食品安全的问题。其主要职责包括以下几个方面。

（1）根据欧盟理事会、欧盟议会和成员国的要求，提供有关食品安全及相关事宜，如植物卫生、动物卫生与福利、转基因生物、营养等方面的独立的科学建议，作为欧盟委员会风险管理决策的基础。

（2）就食品技术性问题提供建议，作为制定有关食品链方面的政策与法规的依据。

（3）收集和分析有关任何潜在风险的信息，以监视整个欧盟食品链的安全状况。

（4）识别和预报紧急风险。

（5）在危机时期向欧盟委员会提供支援。

（6）在授权范围内向公众提供有关信息。

三、加拿大

1997年，加拿大整合了其食品监督检查职能，成立了“加拿大食品检查局”。食品标准的建立、研究和风险评估的职能则被整合到加拿大卫生部。

在食品安全体系整合前，食品检查、食品政策和风险评估职责由3个分开的部门，即加拿大卫生部、加拿大农业和农业食品部以及加拿大渔业和海洋部共同承担。

加拿大加强食品安全体系的考虑:①使检查和执法更加一致,责任更加明晰,通过加强向加拿大议会报告等手段提高监管的有效性;②通过减少重复和交叉的食品安全工作提高效率;③减少联邦政府开支。

利益相关方反应积极并给予支持。通过整合,特别是有关食品召回的交流得到了改善;通过就执法和监管事宜进行单一联系,使得与监管者的互动更加容易;现场检查加工厂的检查员更加减少;职能分化更明晰;加强食品安全法的一致性得到提高。

四、丹麦

1997 年,丹麦通过成立丹麦兽医和食品管理局整合了其食品安全监管机构。其目的是提高多领域的有效性,包括与消费者之间的交流和检查的一致性;提高多方面的效率,将有关资源投入到高风险的领域并减少职能上的交叉。

在整合之前,其检查职能由多部门共同参与,包括农业部、渔业部和大量的市政当局。制定标准的职能由卫生部、农业部和渔业部共同承担。

利益相关方认为,整合能够提高食品安全系统的有效性:食品安全法规的执行更加协调,减少了重复多余的检查,沟通更加流畅,职责更加清晰,单一的联系使得服务更加便捷。

五、德国

德国早在 1879 年就制定了《食品法》,依法对食品全部产业链进行管理,对危及生命的食品安全问题的肇事者处罚相当厉害。

德国议会 2002 年批准建立了消费者保护与食品安全联邦办公室和联邦风险评估所。整合是为了适应公众对食品安全问题的关注,而这种关注源于 2000 年疯牛病的发现以及其他一些食品安全问题,另外一个目标是改善对欧盟食品安全法的贯彻执行。

在整合前,研究、风险评估以及沟通交流等方面的职责由联邦卫生部和联邦食品农业林业部共同负责。联邦立法实施与检查的职责由 16 个联邦州共同负责,检查的任务由城市和其他地方政府负责执行。

德国的食品工作与消费者组织都支持整合。德国的食品工业支持联邦消费者保护与食品安全办公室的成立,因为该办公室对联邦各州的食品安全活动加强了协调并改善了德国应对潜在食品安全危机的能力。另外,还进一步改进了德国防范潜在食品安全危机的能力。食品工业提倡增加联邦消费者保护与食品安全办公室的权限来协调联邦各州的食品安全活动,从而能够加强各州之间在食品安全标准和管理程序方面的协调统一。此外,风险评估与风险管理的分离从公众和食品工业力量的角度给食品安全体系带来更大的可信度。整合使得食品安全体系更加有效,增加了德国消费者的信心。

六、爱尔兰

1998年,爱尔兰政府颁布法令建立了爱尔兰食品安全局。该局自1999年7月开始承担食品安全的所有职能。将所有食品安全和食品法律实施的职能集中到单一的国家机构,以便于解决公众对食品安全的担忧,起因于当时产生的食品恐慌和疯牛病在爱尔兰的出现。另外,维持一个强有力的食品安全体系对爱尔兰经济来说至关重要。

在爱尔兰食品安全体系整合之前,食品安全的职能分散在超过50个政府机构中,包括6个政府部门,33个地方当局和8个地区卫生机构,而没有一个中央政府部门来协调这些机构。农业和食品部负责检查农场、屠宰场、肉品加工厂是否符合食品安全规定,同时它还负责农业的发展,地方政府和地区卫生机构(例如卫生理事会)承担各种其他的食品安全职能,例如检查面向国内市场的肉品加工厂,非动物来源食品的生产和加工零售业和餐饮业等。此外,多个机构承担着实施食品安全法规的任务,而没有一个集中负责的体系来保证食品安全法规及贯穿食品产业链的食品安全职能的充分实施。

与整合前相比,爱尔兰食品安全局成功地将消费者和零售商对食品安全问题的担心和愿望提到更优先的位置,并通过公开讨论将食品安全变成食品工业的更优先问题。工业界代表说这些变化对行业来说是积极的,增加了对爱尔兰食品安全以前所没有的责任度,消费者对食品安全也更有信心。

七、荷兰

荷兰于2002年将卫生部的监督检查部门和农业部的监督检查部门移至新的食品安全机构,即食品和消费者产品安全局。

由于存在着减少荷兰多个食品安全管理机构之间的工作重叠交叉和改进协调的必要性,以及公众对食品安全的关注,促使荷兰决定调整其食品安全体系。政府官员们也指出最近通过的欧盟法规也促成了荷兰的整合。

整合前,国家有两个食品安全监督检查机构,分别隶属不同的部委。卫生保护和动物公共卫生监督检查署隶属公共卫生福利体育部,国家家畜和肉类监督检查署隶属农业自然和食品质量部。据介绍,将食品安全责任分到两个不同的部委造成了荷兰食品安全体系的重叠交叉,例如两个部委都有监督检查屠宰厂的职能。这两个监督检查部门的沟通需要通畅并且需要减少监督检查工作的重复。

水果蔬菜、奶制品和家畜及肉类工业都表示荷兰食品安全体系的整合没有影响他们的运作。整合有利于消费者,据调查,2002年和2003年消费者对荷兰的食品安全有较高的信任度。

八、新西兰

新西兰食品安全管理局(NZFSA)成立于2002年7月,旨在通过调整和协调食品安全工作促进新西兰食品安全管理体系的有效性,尤其是新西兰希望解决农林部有关出口食品安全项目与卫生部有关国内食品安全项目之中采用方法的不一致问题。

体制整合以前,农林部负责农产品、肉类和奶制品加工、食品出口以及农业化合物和兽药的注册等食品安全问题。卫生部负责处理卫生问题,同时保证国内市场上的销售食品,包括进口食品的安全。为解决两部门食品项目之间的不一致性,新西兰政府将两个部门的食品安全管理职能合并为挂靠在农林部下的一个半自治机构。

据消费者权益组织称,在食品安全局成立以前,消费者对两个部门把食品安全管理置于较低的关注地位表示不满,认为以前的体制过于分散和低效。随着新机构的建立,食品工业对国家处理食品安全问题更有信心。体制完善的结果使得食品安全有限资源的利用更加有效,政府对食品安全危机的反应程度改进,新机构拥有一个反应网络,可迅速把有关食品安全问题的信息传递给公众。

九、英国

1999 年,根据议会的决定,英国女王颁布立法,于 2000 年 4 月 1 日成立了独立的食品标准局。整合是出于公众因为政府对疯牛病问题的不当处理而丧失了对食品安全的信心。在 1999 年的早些时候,发生在人身上的疯牛病,即新变异性库兹非德-雅各氏症,造成了 35 人的死亡。公众普遍认为,分段式的、非集中的食品安全体系是造成危机爆发的原因。

在食品安全系统重组之前,食品安全职责分别由几个中央政府机构承担,例如农业、渔业和食品部,卫生部以及当地政府。肉类卫生服务部门是农业、渔业和食品部下属的一个机构,负责肉类产品,包括对屠宰场卫生的检查,而其他由当地政府管理的食品检查部门,并没有行之有效的监督。1999 年,食品标准局成立之初的主要雇员分别来自英国农业、渔业和食品部以及英国卫生部。肉类卫生部门从英国农业、渔业和食品部中移出,转入食品标准局之下。除此之外,食品标准局还被赋予了监督当地政府执法行为的权力。

消费者利益相关方表示,建立食品标准局是食品安全系统的一个进步,因为食品标准局使得整个系统比整合前要更开放更透明。由消费者协会进行的调查结果表明,肉类依然为消费者所关心。另外,食品局还增加了对食品安全的公共教育。工业界认为,建立一个单一的、独立的食品安全机构增加了消费者的信心。整合工作的一个重要结果就是把对食品安全问题的关注点由工业界转移到了消费者身上,整合提高了整个食品安全系统的有效性。

十、韩国

韩国的食品安全监管体制安排基本模仿美国的体制。负责食品安全监管的部门主要有:农业部、海洋水产部、环境部和食品药品厅。各部门的职能分工以品种为主划分,农业部负责未加工农产品、肉和奶的监管,海洋水产部负责未加工鱼的监管,环境部门负责水的安全监管,其他所有食品的监管责任由食品药品厅负责。9 个进口食品检验所负责对食品进行检验。

(一)立法保障

各个食品安全监管部门均依据法律行使职能。韩国食品药品厅(KFDA)执行的主要食品法律是《食品卫生法》《健康功能食品法》。《食品安全基本法》已列入立法计划,正在制定过程中。

(二)KFDA 的食品安全监管职能

韩国食品药品厅与卫生福利部是两个相互独立、不相隶属的部门。KFDA 厅长由韩国总统任命,尽管 KFDA 与卫生福利部在许多工作上相互协作,但人事和预算均独立。KFDA 共有近千名人员,其中地方分支机构人员 400 余人。

KFDA 中与食品安全监管有关的部门主要有以下几个。

(1)食品安全局。该局下设 4 个处——食品安全处、健康功能食品处、食品管理处和进口食品处。负责制定食品安全综合管理计划,处理与国际食品法典委员会(CAC)有关事务,引进危害分析和关键控制点(HACCT)管理体系,审批健康功能食品,确保食品企业执行有关法律规定,预防食源性疾病,对食品企业的违法行为进行处理。

(2)安全评价办公室下属两个与食品安全有关的司,即食品标准评价司和食品安全评价司。其中,食品标准评价司下设 4 个处,负责制定食品标准并进行成分测定,食品营养价值的研究,制定食品添加剂的标准并研究分析方法,以及对食品添加剂的风险因子进行监测。食品安全评价司下设 4 个处,负责对微生物、农药残留、兽药残留、食品容器、包装等制定标准,监测食品风险因子并研究提出分析方法和科学控制措施,以及调查和控制食源性疾病。

(3)六大地方分支机构。地方分支机构是 KFDA 在地方的派出机构,在食品安全方面承担的职责是:对食品生产企业和流通企业进行巡视检查,对市场流通的食品进行监测,对食品的卫生情况和商标进行监测,审批进口食品。

总之,从国际经验看,各国食品安全体制改革的核心是通过监管机构合并重组和流程再造,实现食品安全监管职能的统一和协调。实践证明,统一、权威、高效的食品安全监管体制既是保证食品安全的重要组织保障,也是当今食品安全监管体系发展的必然趋势。

第二节　发达国家食品安全监控预警模式——以美国为例

食品安全问题是一个复杂的社会问题,在社会经济发展中占据着十分重要的位置。发达国家经过多年的发展和经验积累相对来说形成了一个较为成熟的食品安全监管体制。这里以美国为例。美国食品安全管理实行的是政府多部门联合监管、共同负责的监管模式,不同部门间、联邦与各州和地方之间的食品安全职责相互补充和相互依赖。

美国在食品物流各环节中涉及的食品安全管理职能机构达20多个,但起主要作用的有美国农业部下属的食品安全检验局(FSIS)、卫生与人类部下属的食品药品管理局(FDA)和环境保护署(EPA)。同时,美国的食品质量安全具有强大的法律支撑和健全的监管制度。专门机构监管、法律法规监管、机构间协同监管、HACCP管理技术监管和缺陷产品召回制度,共同构成美国食品安全监控预警的"坚固长城"。

一、专门机构监管

被国际上公认为全球第一流的食物与药物监管机构——食品药物管理局(FDA),是一个负责美国国产和进口的食物、化妆品、药物、生物制剂、医疗器械以及放射性产品安全的科学监管专门机构。FDA的使命是通过实施《联邦食物、药品和化妆品》(FFDCA)和其他公众健康法律来保护消费者健康。FDA负责保护消费者免受掺杂、不安全和虚假标签的食品危害,管辖的食品范围是除食品安全检验署(FSIS)管辖范围之外的所有食品。FDA在食物领域的职责覆盖州际贸易中销售的所有国产和进口食物,包括带壳的蛋,但不包括肉类和家禽、瓶装水、酒精含量小于7%的葡果酒饮料。FDA中分管食品的食物安全和应用营养中心(CFSAN)通过保证美国的食物供应是安全、卫生、有益健康和被诚实标识,以及化妆品是安全和被适当标识,以负责促进和保护公众的健康。该中心有800多名雇员,其中包括一大批的高度专业化的专业人员——如化学家、微生物学家、毒物学家、食物工艺学家、病理学家、分子生物学家、药物学家、营养学家、流行病学家、数学家和公共卫生学家。CFSAN对80%的美国食物供应的安全负责。CFSAN的首要职责包括:加入食物的物质的安全,例如食物添加剂(包括电离辐射和着色添加剂)的安全,通过生物技术开发的食物和成份的安全,海产食物危害分析与关键控制点监管,说明与食物产生的化学和生物污染物相联系的健康风险的监管与研究项目,对食物的适当标识(例如:成份,营养健康宣传)和化妆品的监管和活动管理,饮食补充剂、婴儿配方和医疗食物的规章和政策,安全和适当的标示的化妆品成份和产品食物产品的上市后监督和执法，消费者教育和产业服务范围的扩展与州和地方政府的合作项目，国际食物标准和安全的协调努力……

二、法律法规监管

通过立法来防止食品污染、保障消费者健康权益已成为美国食品安全监管的主要特点。目前，美国关于食品安全的法律法规非常繁多，既有综合性的，也有非常具体的。美国有关食品安全的主要大法包括：联邦食品、药物和化妆品法（FFDCA）、联邦肉类检验法（FMIA）、禽肉制品检验法（PPIA）、蛋制品检验法（EPIA）、食品质量保护法（FOPA）和公共健康服务法（PHSA）。《联邦食品、药品和化妆品法》是美国关于食品和药品的基本法。经过无数次修改后，该法已成为世界同类法中最全面的一部法律。该法禁止销售需经FDA批准而未获得批准的物品，以及未获得相应报告的物品和拒绝对规定设施进行检查的厂家生产的产品。除大部分肉和家禽外的食品，所有仪器、药品、生物制品、化妆品、医药器械、有放射性的电子产品以及《联郑食品、药品和化妆品法》及相关法律中规定的产品均需在进口时或供出口美国时接受FDA的检查。而肉类和家禽基本上是由美国农业部（USDA）实施的另一个法令管理。美国联邦法典（CFR）是美国联邦政府的行政部门和机构在联邦登记上发布的永久性和完整的法规汇编，分50卷，与食品有关的主要是第7卷（农业）、第9卷（动物与动物产品）和第21卷（食品和药品）。这些法律法规涵盖了所有食品，为食品安全制定了非常具体的标准以及监管程序。

三、机构间协同监管

美国一直是全球最安全的食物供应者，主要因为美国实行机构联合监管制度，在地方、州、联邦政府各个层面建立监视食物生产和流通的一种互相制约的监控体系。这些食物安全机构明确的责任由地方、州和联邦法律、指南和其他指令规定，有些人员只能监管一种食品，例如牛奶或海鲜；有些人员的权限只限于某个特定的区域；还有的人只负责一类食物机构，如餐厅或肉类加工厂；他们共同组成了美国的食物安全团队。美国负责食品安全的主要联邦管理机构是卫生与人类服务部（DHHS）所属的食品药物管理局（FDA）、美国农业部（USDA）所属的食品安全检验署（FSIS）和动植物卫生检验署（A-PHIS）以及美国环境保护署（EPA）。财政部的海关署根据所提供的指南对进口货物进行检验或偶尔进行扣押，以协助食品安全管理部门的工作。很多部门在其研究、教育、监督、标准制订机构以及在处理突发事件的反应行动中都有其派出机构，包括DHHS疾病控制中心（CDC）和国家卫生研究所（NIH）、USDA的农业研究署（ARS）、州际研究、教育和推广合作署（CSREES）、农业市场署（AMS）、经济研究署（ERS）、谷物检验、包装和堆料场管理局（GIPSA）、美国法典办公室，以及商业部的国家海洋渔业署（NMFS）。

FSIS则负责确保肉、禽和蛋制品安全、卫生和正确标识。含酒精饮料（高于7%的酒精)和烟草的标识,由美国财政部的酒精、烟草与枪支局(ATF)监管。EPA 的任务包括保护消费者免受农药带来的危害,改善有害生物管理的安全方式。任何食品或饲料中含有 FDA 不允许的食品添加剂或兽药残留,或含有 EPA 没有规定限量的农药残留或农药残留限量超过规定的限量,法规都不允许其流向市场。而 APHIS 在美国食品安全网中的主要角色是防止植物和动物的有害生物和疾病。FDA 还与其他联邦机构保持着紧密的联系,如联邦贸易委员会(FTC),美国交通部(DOT),消费品安全委员会(CPSC),以及美国司法部(DOJ)。由此可见,这些机构有协议以明确各自的职责,共同维护美国的食品安全。

四、HACCP 管理技术监管

HACCP 的全称是 Hazard Analysis Critical Control Point,即危害分析关键控制点。它是一个以预防食品安全为基础的食品安全生产、质量控制的保证体系,由食品的危害分析(Hazard Analysis,HA)和关键控制点(Critical Control Points,CCPS)两部分组成,被国际权威机构认可为控制由食品引起的疾病最有效的方法,被世界上越来越多的国家认为是确保食品安全的有效措施。它是一套对整个食品链(包括原辅材料的生产、食品加工、流通、乃至消费)的每一环节中的物理性、化学性和生物性危害进行分析、控制以及控制效果验证的完整系统。食品法典委员会(CAC)认为 HACCP 是迄今为止控制食源性危害的最经济、最有效的手段。美国是最早使用 HACCP 系统的国家。20 世纪 90 年代,美国发生了一系列的食源性疾病,促使美国克林顿政府加强美国的食品安全体系的建设。1995 年 12 月,美国颁布了强制性水产品 HACCP 法规——《水产品加工与进口的安全卫生规定》,此法规的主要目的是要求水产品企业实施 HACCP 体系,确保水产品的安全加工和进口。1996 年,美国农业部(USDA)颁布 9CFR - 417 法规,要求在禽肉食品企业实施 HACCP 体系;同年 7 月,由美国农业部(USDA)下属食品安全及检查服务局(FSIS)公布了“致病性微生物的控制与 HACCP 体系规范”,要求国内和进口肉类食品加工企业必须实施 HACCP 体系管理,以便控制致病性微生物。1998 年 FDA 提出了“在果蔬汁饮料中应用 HACCP 进行监督管理”的法规草案,在 2001 年,美国 FDA 正式发布了 21CFR120 法规,要求在果汁行业实施 HACCP 体系。鉴于 HACCP 在应用中的显著成效,HACCP 原理和体系实施显著地提高了实施行业的食品安全水平。美国 FDA 现正考虑建立覆盖整个食品工业的 HACCP 食品安全标准,即用于指导从“农场到餐桌”的所有环节的本地食品的加工和食品的进口。

五、缺陷食品召回制度

食品召回制度,是指食品的生产商、进口商或者经销商在获悉其生产、进口或经销的食品存在可能危害消费者健康、安全的缺陷时,依法向政府部门报告,及时通知消费者,并从市场和消费者手中收回问题产品,予以更换、赔偿的积极有效的补救措施,以消除缺陷产品危害风险的制度。实施食品召回制度的目的就是及时收回缺陷食品,避免流入市场的缺陷食品对大众人身安全损害的发生或扩大,维护消费者的利益。美国产品召回制度是在政府行政部门的主导下进行的。负责监管食品召回的是农业部食品安全检疫局(FSIS)、食品和药品管理局(FDA)。FSIS 主要负责监督肉、禽和蛋类产品质量和缺陷产品的召回,FDA 主要负责 FSIS 管辖以外的产品,即肉、禽和蛋类制品以外食品的召回。美国食品召回的法律依据主要是:《联邦肉产品检验法》(FMIA)、《禽产品检验法》(PPIA)、《联邦食品、药品及化妆法》(FFDCA)以及《消费者产品安全法》(CPSA)。FSIS 和 FDA 是在法律的授权下监管食品市场,召回缺陷食品。美国 FSIS 和 FDA 对缺陷食品可能引起的损害进行分级并以此作为依据确定食品召回的级别。美国的食品召回有三级:第一级是最严重的,消费者食用了这类产品将肯定危害身体健康甚至导致死亡;第二级是危害较轻的,消费者食用后可能不利于身体健康;第三级是一般不会有危害的,消费者食用后不会引起任何不利于健康的后果,比如贴错产品标签,产品标识有错误或未能充分反映产品内容等。随着这项制度的深入,食品召回有增加的趋势,但并不是说食品质量下降了,而是人们对食品质量有了更高的要求。食品召回级别不同,召回的规模、范围也不一样。召回可以在批发层、用户层(学校、医院、宾馆和饭店)、零售层,也可能在消费者层次。

美国食品召回在两种情况下发生:一种是企业得知产品存在缺陷,主动从市场上撤下食品;另一种是 FSIS 或 FDA 要求企业召回食品。无论哪种情况,召回都是在 FSIS 或 FDA 的监督下进行的,它们在食品召回中发挥着关键作用。

美国食品安全体系是根据强有力的、灵活的、以科学为依据的法律以及行业的法律责任来生产食品的。联邦当局有可以互补和互相依赖的食品安全机构,他们与各州和地方政府的相关机构协调互动,形成了一个综合性的、有效的体系。多年来法令的贯彻以及食品安全系统的运作已赢得了公众对美国的食品安全非常高的信心,也正因此,其管理体系不仅已为世界其他国家所效仿,而且也将对我国正在构建的食品安全体系产生重要的影响。

第三节　中国食品安全监控预警模式

食品安全监管涉及监管理念、监管体制、监管法制、监管机制、监管方式、监管战略和监管文化等诸多方面。全面提升我国食品安全水平,应当统筹推进食品安全监管各项工作。

一、各种手段齐抓共管,共筑食品安全监控预警长城

近年来,重大食品安全事故多发频发,表明我国食品安全治理从理念到体制、法制、

机制和方式等还需要进行深入思考和科学把握。未来十年乃至二十年,我国食品安全监管将逐步实现从传统监管向现代监管的转变,迈入食品安全科学监管的时代。从国际经验来看,科学食品安全监管理念,或者说现代食品安全监管理念,主要包括人本治理、全程治理、风险治理、社会治理、依法治理、责任治理、效能治理、综合治理、和谐治理和专业治理等基本要素。这些要素的包容与独立在一定程度上反映出不同国家、不同时代和不同阶段食品安全监管的普遍规律和特殊需求。

(一)人本治理

人本治理,顾名思义,就是以人为本的治理。在食品安全监管理念中,人本治理要素位居榜首,这是因为人本治理解决的是食品安全"为谁监管"这一根本问题,即回答食品安全监管的出发点、落脚点和生命线的问题。

在食品安全领域,坚持人本治理,就是要把保障公众身体健康和生命安全作为食品安全监管的根本。人本治理是"以人为本"理念在食品安全监管领域的具体体现。食品安全管制的核心是以人为本,即始终把实现好、维护好和发展好最广大人民群众的根本利益作为监管工作的出发点、落脚点和生命线,做到发展为了人民、发展依靠人民和发展成果由人民共享。

在人类发展的历史长河中,出现了许许多多有关"人"的发展的哲学思潮,如人本主义和人文主义等。坚持人本治理,需要科学把握"人"和"本"的科学含义。在哲学发展史上,"人"是与"神"和"物"相对的概念。早期的人本思想,主要是与神本思想相对,强调把人的价值放到首位,主张用人性反对神性,用人权反对神权。而现代的人本思想,主要是与物本思想相对。"本"在哲学上有两种含义:一是世界的"本原",二是事物的"根本"。以人为本,论及的不是哲学本体论,而是哲学价值论。也就是说,以人为本,并不回答什么是世界的本原问题,即哪个是第一性和哪个是第二性的问题,而是回答在这个世界上,什么是最重要的和什么是最根本的。按照价值论的逻辑,其结论只能是:人是最根本的,最重要的,绝不能舍本逐末,更不能本末倒置。

目前,还没有哪个国家或集团公然否认食品安全应当坚持人本治理。但问题的关键是,如何才能通过有效的制度和机制,将人本治理的要求落到实处并取得实效。

(二)全程治理

全程治理,是指将食品生产经营的全过程纳入范畴的治理。食品生产经营包括种植、养殖、生产、加工、贮存、运输、销售和消费等诸多环节。在食品安全监管理念中,全程治理解决的是治理的空间问题,其与监管体制问题密切相关。传统食品卫生保障体系基本上将保障重点锁定在生产加工环节。其信奉的是:只要抓好生产加工这一关键环节,食品消费最终就能得到有效的保障。然而,近年来,各种食源性疾病的相继爆发,彻底粉碎了人们这种天真而善良的愿望。

在迎接食源性疾病挑战的过程中,人们逐步认识到:食品生产经营的任何环节存在缺陷,都可能导致整个食品安全保障体系的最终崩溃。仅在最后阶段对食品采用检验和拒绝的手段,是无法对消费者提供充分有效的保障的,而且这也违背了市场经济奉行的经济原则或者效益原则。为此,国际社会逐步提出了食品安全的概念并探索出了保障食品安全的新方法,即食物链控制法,要求食品安全治理竭尽所能地向"两端"延伸,并强化食品在消费前各个环节的密切联系,从而实现对食源性疾病的全面预防和风险的全程控制。为了最大限度地保护消费者,必须将全程治理的理念深深地嵌入食品保障工作中。

将全程治理仅仅理解为从农田到餐桌的简单概念是不充足的。全程治理至少应当包括以下 6 个要点。①全程覆盖,即食品安全治理应当涵盖从种植、养殖、生产、加工到贮存、运输、销售和消费等各环节,避免因食品生产经营中的某一环节存在缺陷而导致整个食品安全保障体系的崩溃。②全面预防,即在食品生产经营的全过程要采取积极有效的控制措施来防止食品安全问题的发生,最大限度地保障公众的切身利益。③注重源头,尽管食品生产经营可以分为若干环节,但每一个环节都有其源头,只有从源头开始把关,才能确保食品安全。④注重联系,即食品生产经营各环节间要保持密切的联系,防止因出现断档而产生监管盲点和盲区。⑤强化统一,凡是跨环节的监管和服务要素,如风险评估、检验检测和法规标准等都应当实行统一管理。⑥强化尽责,食品生产经营的每一环节都必须尽职尽责,必须将风险解决在本环节内,而不能将风险放逐到其他环节。

(三)风险治理

风险治理,是指以风险评估结论为基础开展的科学治理。在食品安全监管理念中,风险治理解决的是治理的方法问题。30 多年来,在食品安全领域,大的变革就是风险治理理念的提出,其对食品安全工作全局性和方向性产生重大影响。自 20 世纪 90 年代以来,一些危害人类生命健康的重大食品安全事件不断发生,如 1996 年英国的疯牛病事件,1997 年香港的禽流感事件,2001 年法国的李斯特杆菌污染事件……在应对这些重大食品安全问题上,国际社会逐步探索出了以科学为依据的食品安全管理方式,包括风险评估在内的食品安全风险分析模式应运而生。风险治理是全面治理基础上的以科学为基础的重点治理。

风险治理理论已经走过了启蒙酝酿阶段,进入了成熟应用阶段。在启蒙酝酿阶段,风险分析的术语之间尚不统一,彼此之间的逻辑关系也相对混乱。目前,风险治理理论已比较成熟,具体包括以下 3 个方面。①风险评估,食品安全风险评估是对食品、食品添加剂和食品相关产品中生物性、化学性和物理性危害对人体健康可能造成的不良影响所进行的科学评估,包括危害识别、危害特征描述、暴露评估以及风险特征描述等。②风险管理,食品企业和监管部门根据风险分布状况研究的具体治理措施,并实行动态治理,落实治理责任。③风险交流,将已知安全风险在食品生产经营企业、政府监管部门、食品技术支撑单位、行业协会和消费者等之间进行交流,共同分析原因并共同研究对策。

国际社会高度重视食品安全风险评估。早在1991年,联合国粮食及农业组织、世界卫生组织和关税及贸易总协定(GATT)联合召开了“食品标准、食品中的化学物质与食品贸易会议”。会议建议国际食品法典委员会(CAC)及所属技术咨询委员会在制定食品政策时应基于适当的科学原则并遵循风险评估的决定。

(四)社会治理

在食品安全监管理念中,社会治理解决的是治理的视野问题。保障食品安全是全社会的共同责任。必须以宽广的胸怀,动员全社会力量参与食品安全治理。

与其他产品相比,食品作为人类生存的必需品,拥有最广泛的利益相关者。食品关系到全世界的每一个人,关系到每个人的每一天。正因为食品与人类的生存和生活息息相关,保障食品安全才需要全社会的共同参与。联合国粮食及农业组织和世界卫生组织在《保障食品的安全和质量:强化国家食品控制体系指南》中强调指出,当一国主管部门准备建立、更新、强化或在某些方面改革食品控制体系时,该部门必须充分考虑加强食品控制活动基础的若干原则及其意义。其中之一就是“充分认识食品控制人人有责,需要所有的利益相关者积极合作”。如在风险分析的整个过程中,可就危害和风险等问题在风险评估人员、风险管理者、消费者、产业界、学术界以及其他的利益相关者之间进行交互式交流,其中包括对风险评估结果的解释和风险管理决定的依据。因此,在食品安全保障中,必须坚持大社会安全观,正确处理好政府、部门、企业、行业、消费者和媒体之间的关系,充分调动社会各方面的积极性、主动性和创造性,共同保障食品安全。

坚持食品安全社会治理,要善于从企业、政府和社会三大领域及其关系中把握食品安全。应当说,在不同的社会以及不同的领域,企业、政府和社会之间的关系有不同的模型。但是,在食品安全领域,企业和政府与社会的关系最为紧密。坚持食品安全社会治理,有利于形成纵横交错的食品安全治理网络,及时发现食品安全隐患和漏洞,促进食品企业依法生产经营,促进监管部门依法履行监管职责。

(五)效能治理

效能治理是指在食品安全治理中应当注重投入与产出的关系,努力以最少的投入获得最大的效益。在食品安全监管理念中,效能治理解决的是治理的持续发展问题。食品安全治理的首要目标和根本目标是安全。但除了安全的重要目标外,还必须考虑效能的目标,因为这是食品安全治理持续发展的重要前提。

研究食品安全问题,不仅需要从政治的角度来驾驭,也需要从经济的角度来把握。经济学主要是研究稀缺性和选择性,而有效选择的目的就是追求效能的最大化。经济学的两大核心思想是:物品和资源是稀缺的;社会必须有效地加以运用。在市场经济条件下,食品安全治理必须走科学的发展道路,减少治理成本,提高治理效率,促进良性发展,实现食品安全和经济效益的共同提升。

影响食品安全治理效能的因素很多，这里既有宏观层面的问题，如食品安全监管体制；也有中观层面的问题，如食品安全监管方式；还有微观层面的问题，如食品安全监管行为。不同的路径选择，往往会产生不同的效能。科学的监管理念、监管体制、监管制度、监管方式和监管行为等，往往会产生积极的监管效能，从而促进食品安全治理水平的提高。

（六）责任治理

保障食品安全是政府、企业和消费者的共同责任。权利和义务与权力和责任相辅相成，密不可分。近年来，围绕着如何提高食品安全保障水平，建立安全食品安全责任体系，有关方面积极探索。经过几年的探索实践，从最初的“全国统一领导、地方政府负责、部门指导协调和各方联合行动”的食品安全工作格局和工作机制，到“地方政府负总责、监管部门各负其责、企业是第一责任人”的食品安全责任体系，我国食品安全责任治理的基本框架初步建立。

食品安全责任体系包括食品安全责任主体、责任原则、责任形式、责任构成、责任落实和责任追究等。新《食品安全法》第 9 章“法律责任”，对违反本法规定的行为，分别规定了行政责任、民事责任和刑事责任。

（七）依法治理

食品安全依法治理，就是将食品安全工作纳入法律调整的轨道，充分发挥法律在食品安全工作中的特殊作用，实现食品安全工作的规范化、制度化和法治化，保障食品安全工作长治久安。

法律是创造新生活的工具。党的十五大作出了依法治国、建设社会主义法治国家的重大决策。全面贯彻依法治国的基本方略，必须加快建立健全食品安全法治秩序。

当今中国的食品安全治理，是在市场经济、法治社会和科技时代的大舞台上展开的。市场经济是指在整个社会资源的配置中市场发挥基础作用的经济。市场经济的平等性、自主性、开放性、统一性和诚信性表明，市场经济不仅是契约经济，同时也是法治经济。在市场经济社会里，交易主体、交易客体、交易内容、交易空间和交易方式的多样、复杂与变动，使法律成为市场运行的基本规则。没有法律的规范、引导、保障和制约，就不可能有市场经济的正常运行和健康发展。在市场经济体制下，法律对于经济社会生活的调控和影响，无论是在广度上还是在深度上都有了拓展与飞跃，达到了空前的程度。

今天，法律以其特有的规范性、普遍性、平等性和稳定性，与其他治理手段相分离，成为社会治理的主要手段。社会主义社会是成长型的社会。依法治国方略的实施，将有利于发展社会主义社会的生产力，有利于增强国家的综合国力，有利于提高人民的生活水平，保障和促进社会主义物质文明、精神文明、政治文明和社会文明的发展，实现社会的全面进步。

二、构筑食品安全监控预警的法制城墙

法律是公共幸福的制度安排。《食品安全法》是我国社会主义法制体系的重要组成部分。2009年2月28日,《食品安全法》经十一届全国人民代表大会常务委员会第七次会议通过,于2009年6月1日起施行。从2004年国务院法制办着手起草到全国人民代表大会审议通过,这部法律历经5年时间。《食品安全法》的公布施行,对规范食品生产经营活动,防范食品安全事故发生,增强食品安全监管工作的规范性、科学性和有效性,提高我国食品安全整体水平,具有重要意义。这也标志着我国食品安全治理进入了新的发展阶段。此部《食品安全法》又由中华人民共和国第十二届全国人民代表大会常务委员会第十四次会议于2015年4月24日修订通过,并于2015年10月1日起施行。

(一)主要成就

《食品安全法》公布后,立即引起国际社会的广泛关注。总体看,这部法律理念更为先进,制度更为完备,体制更为顺畅,机制更为健全,将有力推动我国食品安全水平的不断提升。

1. 理念更加先进

《食品安全法》借鉴了国际社会食品安全监管的成功经验,体现了现代食品安全治理理念。坚持人本治理,把保障公众身体健康和生命安全作为食品安全法的立法宗旨;坚持全程治理,与《农产品质量安全法》共同将农田到餐桌的全过程纳入治理视野;坚持风险治理,将风险评估作为制定食品安全标准和实施食品安全治理的科学基础;坚持社会治理,积极鼓励企业、消费者、食品行业协会、基层群众性自治组织、新闻媒体和消费者等参与食品安全保障;坚持责任治理,全面落实"地方政府负总责、监管部门各负其责,企业是食品安全的第一责任"的责任体系;坚持和谐治理,食品安全监管部门应加强沟通,密切配合,共同确保食品安全。上述治理理念的确立,充分体现了我国对食品安全工作规律认识的升华,有利于推动我国食品安全管理在新的起点上实现新进步。

2. 制度更加完备

《食品安全法》按照"理念现代、价值和谐、体系完备、制度完善"的总要求,贯彻了安全性原则、科学性原则、预防性原则、教育性原则、全面性原则和效能性原则,完善了食品安全监管体制、食品安全标准制度、食品安全风险监测制度、食品安全风险评估制度、食品生产经营基本准则、食品生产经营许可制度、食品添加剂生产许可制度、问题食品召回制度、食品检验制度、食品进出口制度、食品安全信息制度、食品安全事故处置制度和食品安全责任追究制度等,这些制度坚持了综合协调制度与具体监管制度的有机结合、环节监管制度与要素监管制度的有机结合和过程保障制度与结果保障制度的有机结合,必将有力提升我国食品安全工作的科学化和法治化水平。

3. 体制更加顺畅

《食品安全法》在推动我国食品安全监管体制改革向着理想目标迈出了重要一步。它从法律层次上结束了我国长期以来在一个环节上实行卫生和质量双要素监管的落后体制，实现了一个监管环节由一个部门监管的目标要求。同时，该法认真总结了食品安全综合监督工作的探索经验，使食品安全综合协调工作从相对分散走向基本统一。同时，《食品安全法》为未来我国食品安全监管体制改革实现“多段”变“少段”留下了广阔的空间。应当说，与过去的同一环节多要素监管，综合事项多部门承担的体制相比较，新的食品安全监管体制已经有了很大的进步。

4. 机制更加健全

《食品安全法》确立了全程监管机制、沟通协调机制、考核评价机制、信用奖惩机制和社会治理机制等。如《食品安全法》按照“地方政府负总责、监管部门各负其责、企业是食品安全的第一责任”的责任体系，进一步明确了地方各级政府、国务院各相关监管部门、食品生产经营企业和食品技术支撑机构等部门和机构的责任，使食品安全的责任体系更加健全，有利于各方责任的有效落实。

此外，《食品安全法》还针对当前我国食品安全实际问题作出了若干创新性规定，如国务院设立食品安全委员会，强化对食品安全工作的协调与领导；明确在虚假广告中向消费者推荐食品使消费者受到损害的，需要承担连带法律责任；明确民事赔偿责任优先原则，优先保护消费者权益。

（二）基本原则

食品安全基本原则是指贯彻于食品生产经营和食品安全监管全过程和各方面的基本原理和准则。

1. 科学性原则

科学性原则，是指按照食品安全科学规律确定食品安全监管理念、监管体制、监管机制、监管方式、监管战略和监管模式等，以不断提升食品安全监管能力和水平。随着食品产业化、工业化和现代化的快速推进，食品安全监管经历从简单监管到复杂监管、从粗放监管到精细监管、从经验监管到科学监管和从传统监管到现代监管的发展过程。在这一转变的过程中，坚持科学发展和科学监管至关重要。《食品安全法》坚持科学性原则，主要体现在以下 3 个方面。①确立了科学的监管目标。在起草《食品安全法》的过程中，如何确定其立法宗旨或者立法目的，曾存在不同的认识。《食品安全法》最终确定为“保证食品安全，保障公众身体健康和生命安全”，使食品安全工作的目标更加集中、更加具体和更加现实。②确立了科学治理原则。《食品安全法》体现了全程治理、风险治理和社会治理三大基本原则。在“总则”中强调地方政府要“建立健全食品安全全程监督管理的工作机制”；在“食品安全风险监测和评估”中规定了风险评估、风险管理、风险交流和风险预警等内容，并明确规定“食品安全风险评估结果是制定和修订食品安全标准及对食品安全实施监督管理的科学依据”。③确立了科学治理制度。《食品安全法》确立了食品安全全程治理和全面治理的各项制度,这些制度既包括综合协调制度和具体监管制度,也包括过程监管制度和要素监管制度。

2. 全面性原则

全面性原则,是指食品安全监管应当覆盖食品生产经营的全过程、多领域和各方面,从而实现食品安全的有效保障。食品安全监管包括监管主体、监管对象、监管内容和监管手段等。从监管的过程来看,《食品安全法》覆盖生产、加工、包装、储藏、流通、销售、消费和进出口等各个环节;从监管的内容来看,《食品安全法》涵盖场所环境、条件、过程和方式方法等各方面;从监管的手段来看,《食品安全法》包括风险监测、风险评估、监督抽验、食品召回、信息发布、应急处理和事故处置等监管制度。

3. 预防性原则

预防性原则,是指在食品安全监管中采取积极有效的措施来防止食品安全问题的发生,最大限度地保障公众的切身利益。食品安全风险贯穿食品生产经营的全过程和各方面,食品安全监管的首要原则是通过在整个食品链中尽可能地应用预防性原则,最大限度地减少风险。坚持预防性原则,有利于在日常监管中做到有备无患,从而最大限度地减少食品安全事故的发生。食品安全监管,从注重事后惩罚到事前预防,这是我国食品安全监管的重要变革。《食品安全法》规定了食品安全风险监测、风险评估和风险警示制度,这是食品安全科学监管的重要基础。此外,《食品安全法》强化了食品生产经营全程控制,明确各环节各部门的食品安全责任,有利于从源头控制食品安全风险,提高食品安全保障水平。

4. 教育性原则

教育性原则,是指在食品生产经营和食品安全监管中普及食品安全知识,努力使食品的生产者、经营者和消费者成为食品安全的支持者、维护者和保障者。新《食品安全法》第10条规定,各级人民政府应当加强食品安全的宣传教育,普及食品安全知识,鼓励社会组织、基层群众性自治组织、食品生产经营者开展食品安全法律、法规以及食品安全标准和知识的普及工作,倡导健康的饮食方式,增强消费者食品安全意识和自我保护能力。新闻媒体应当开展食品安全法律、法规以及食品安全标准和知识的公益宣传,并对食品安全违法行为进行舆论监督。有关食品安全的宣传报道应当真实、公正。全面开展食品安全教育,有利于促进依法生产、规范经营和科学消费。

5. 效能性原则

效能性原则,是指在食品安全监管中以最少的代价获取最大的效益。食品安全监管效益,主要取决于食品安全监管体制、监管机制和监管方式等的优化程度。为明确监管责任和提高监管效能,《食品安全法》确立了一个监管环节由一个部门监管的体制,减少了多头监管和重复监管所造成的资源浪费;为规范企业行为和统一监管尺度,《食品安全法》将过去的食品卫生标准、食品质量标准和食品行业标准中涉及强制性要求的，整合为食品安全标准；为规范信息发布，《食品安全法》明确重大食品安全信息由食品安全有关监管机构统一公布。

（三）主要创新

与《食品卫生法》相比较，《食品安全法》在许多监管制度上有创新，进一步明确了各方责任，加大了监管力度，提高了监管效能。

1. 实行单一要素监管

在食品领域实行单一要素监管，是2012年6月23日《国务院关于进一步加强食品安全工作的决定》（国发［2012］20号）所确立的。新《食品安全法》第35条规定，国家对食品生产经营实行许可制度。从事食品生产、食品流通和餐饮服务，应当依法取得许可；但是，销售食用农产品不需要取得许可。

2. 加强监管高端协调

《食品安全法》实施前，各地大多建立了食品安全综合协调机制，但总体上看，由于层次偏低，权威有待加强。为切实加强对食品安全工作的领导，提升食品安全监管的协调力度，新《食品安全法》第5条规定，国务院设立食品安全委员会，其职责由国务院规定。

3. 统一综合协调职能

《食品安全法》公布前，食品安全综合监督手段较为分散，《食品安全法》总结了多年的探索经验，将跨环节和跨部门的监管要素的管理统一纳入食品安全综合协调部门的职责。

4. 明确地方政府责任

关于地方政府食品安全责任，国务院有关文件已多次作出规定。新《食品安全法》第7条规定，县级以上地方人民政府实行食品安全监督管理责任制。上级人民政府负责对下一级人民政府的食品安全监督管理工作进行评议、考核。县级以上地方人民政府负责对本级食品药品监督管理部门和其他有关部门的食品安全监督管理工作进行评议、考核。

5. 企业承担社会责任

在食品方面，食品企业除了承担保证食品安全的法律责任外，是否需要承担社会责任，有关方面存在不同的意见。新《食品安全法》第4条规定，食品生产经营者应当依照法律、法规和食品安全标准从事生产经营活动，保证食品安全，诚信自律，对社会和公众负责，接受社会监督，承担社会责任。

6. 建立风险评估制度

为切实加强食品安全科学监管，在借鉴国际社会的成功经验的基础上，新《食品安全法》第17条规定，国家建立食品安全风险评估制度，运用科学方法，根据食品安全风险监测信息、科学数据以及有关信息，对食品、食品添加剂、食品相关产品中生物性、化学性和物理性危害因素进行风险评估。第21条规定，食品安全风险评估结果是制定、修订食品安全标准和实施食品安全监督管理的科学依据。

7. 统一食品安全标准

为结束食品标准政出多门和相互矛盾，新《食品安全法》第 3 章规定，食品安全标准是强制执行的标准。除食品安全标准外，不得制定其他食品强制性标准。制定食品安全标准，应当以保障公众身体健康为宗旨，做到科学合理、安全可靠。对地方特色食品，没有食品安全国家标准的，省、自治区、直辖市人民政府卫生行政部门可以制定并公布食品安全地方标准，报国务院卫生行政部门备案。食品安全国家标准制定后，该地方标准即行废止。省级以上人民政府卫生行政部门应当在其网站上公布制定和备案的食品安全国家标准、地方标准和企业标准，供公众免费查阅、下载。

8. 强化食品添加剂管理

三鹿奶粉事件发生后，社会各界对食品添加剂问题高度关注。有关人士指出，食品添加剂使用不规范甚至滥用，成为危害食品安全的重要源头。为此，新《食品安全法》对食品添加剂的生产、采购、使用和标签等作出明确规定。尤其强调食品添加剂应当在技术上确有必要且经过风险评估证明安全可靠，方可列入允许使用的范围；有关食品安全国家标准应当根据技术必要性和食品安全风险评估结果及时修订；食品生产经营者应当按照食品安全国家标准使用食品添加剂；食品生产者采购食品原料、食品添加剂、食品相关产品，应当查验供货者的许可证和产品合格证明；对无法提供合格证明的食品原料，应当按照食品安全标准进行检验；不得采购或者使用不符合食品安全标准的食品原料、食品添加剂、食品相关产品；食品生产企业应当建立食品原料、食品添加剂、食品相关产品进货查验记录制度；食品添加剂生产者应当建立食品添加剂出厂检验记录制度，查验出厂产品的检验合格证和安全状况，如实记录食品添加剂的名称、规格、数量、生产日期或者生产批号、保质期、检验合格证号、销售日期以及购货者名称、地址、联系方式等相关内容，并保存相关凭证；食品添加剂应当有标签、说明书和包装。标签、说明书应当载明本法第六十七条第一款第一项至第六项、第八项、第九项规定的事项，以及食品添加剂的使用范围、用量、使用方法，并在标签上载明“食品添加剂”字样。

9. 强化食品安全事故调查

新《食品安全法》第 107 条规定，调查食品安全事故，应当坚持实事求是、尊重科学的原则，及时、准确查清事故性质和原因，认定事故责任，提出整改措施。调查食品安全事故，除了查明事故单位的责任，还应当查明有关监督管理部门、食品检验机构、认证机构及其工作人员的责任。

10. 实施年度监督管理计划

新《食品安全法》第 109 条规定，县级以上地方人民政府组织本级食品药品监督管理、质量监督、农业行政等部门制定本行政区域的食品安全年度监督管理计划，向社会公布并组织实施。

11. 建立食品安全信用档案

新《食品安全法》第 113 条规定，县级以上人民政府食品药品监督管理部门应当建立食品生产经营者食品安全信用档案，记录许可颁发、日常监督检查结果、违法行为查处等情况，依法向社会公布并实时更新；对有不良信用记录的食品生产经营者增加监督检查频次，对违法行为情节严重的食品生产经营者，可以通报投资主管部门、证券监督管理机构和有关的金融机构。

12. 重大食品安全信息统一公布

新《食品安全法》第 118 条规定，国家建立统一的食品安全信息平台，实行食品安全信息统一公布制度。国家食品安全总体情况、食品安全风险警示信息、重大食品安全事故及其调查处理信息和国务院确定需要统一公布的其他信息由国务院食品药品监督管理部门统一公布。食品安全风险警示信息和重大食品安全事故及其调查处理信息的影响限于特定区域的，也可以由有关省、自治区、直辖市人民政府食品药品监督管理部门公布。未经授权不得发布上述信息。

13. 违规机构及人员从业禁止

新《食品安全法》第 135 条规定，被吊销许可证的食品生产经营者及其法定代表人、直接负责的主管人员和其他直接责任人员自处罚决定作出之日起五年内不得申请食品生产经营许可，或者从事食品生产经营管理工作、担任食品生产经营企业食品安全管理人员。第 137、138 条规定，违反本法规定，承担食品安全风险监测、风险评估工作的技术机构、技术人员提供虚假监测、评估信息的，依法对技术机构直接负责的主管人员和技术人员给予撤职、开除处分；有执业资格的，由授予其资格的主管部门吊销执业证书。违反本法规定，食品检验机构、食品检验人员出具虚假检验报告的，由授予其资质的主管部门或者机构撤销该食品检验机构的检验资质，没收所收取的检验费用，并处检验费用五倍以上十倍以下罚款，检验费用不足一万元的，并处五万元以上十万元以下罚款；依法对食品检验机构直接负责的主管人员和食品检验人员给予撤职或者开除处分；导致发生重大食品安全事故的，对直接负责的主管人员和食品检验人员给予开除处分。

14. 加大惩罚性赔偿

新《食品安全法》第 148 条规定，消费者因不符合食品安全标准的食品受到损害的，可以向经营者要求赔偿损失，也可以向生产者要求赔偿损失。接到消费者赔偿要求的生产经营者，应当实行首负责任制，先行赔付，不得推诿；属于生产者责任的，经营者赔偿后有权向生产者追偿；属于经营者责任的，生产者赔偿后有权向经营者追偿。生产不符合食品安全标准的食品或者经营明知是不符合食品安全标准的食品，消费者除要求赔偿损失外，还可以向生产者或者经营者要求支付价款十倍或者损失三倍的赔偿金；增加赔偿的金额不足 1000 元的，为 1000 元。但是，食品的标签、说明书存在不影响食品安全且不会对消费者造成误导的瑕疵的除外。

15. 确立民事赔偿优先原则

在违法的食品企业既要给予罚款的行政处罚或罚金的刑事处罚,又要其承担民事赔偿责任时,为使权益受到损害的消费者优先得到赔偿,新《食品安全法》第147条规定,违反本法规定,造成人身、财产或者其他损害的,依法承担赔偿责任。生产经营者财产不足以同时承担民事赔偿责任和缴纳罚款、罚金时,先承担民事赔偿责任。

三、中国食品安全监控预警体制

进入21世纪以来,全球食品安全问题凸显,国际社会困则思变,许多国家全力推进监管体制改革,努力维护政府权威与形象。面对严峻挑战,我国积极探索食品安全监管体制改革,努力提高食品安全监管水平。

(一)历史沿革

1. 2004年改革

思维方式决定思维结果。阜阳劣质奶粉事件后,国务院有关部门专题研究食品安全问题,认为我国食品安全监管体制的最大缺陷之一就是双轨制,即对食品生产经营领域实行卫生和质量双要素管理,导致监管职能交叉或责任不清,为此,国务院决定实施变"双轨"为"单轨"的体制改革战略。

2004年9月1日,国务院出台《关于进一步加强食品安全工作的决定》(国发[2004]23号),明确提出按照一个监管环节由一个部门监管的原则,采取分段监管为主与品种监管为辅的方式,进一步理顺食品安全监管职能,明确责任。农业部门负责初级农产品生产环节的监管,质检部门负责食品生产加工环节的监管;工商部门负责食品流通环节的监管,卫生部门负责餐饮业和食堂等消费环节的监管,食品药品监督管理局负责对食品安全的综合监督、组织协调和依法组织查处重大事故。该《决定》所确定"一个监管环节由一个部门监管"的原则,在推进食品安全监管体制改革上具有历史性意义,表明我们对食品安全监管规律的认识进入了一个新阶段。

2004年12月14日,中央机构编制委员会办公室下发了《关于进一步明确食品安全监管部门职责分工有关问题的通知》(中央编办发[2004]35号),进一步明确:质检部门负责食品生产加工环节质量卫生的日常监管;工商部门负责食品流通环节的质量监管;卫生部门负责食品流通环节和餐饮业及食堂等消费环节的卫生许可和卫生监管,负责食品生产加工环节的卫生许可。

2004年12月10日,上海市人民政府作出《关于调整本市食品安全有关监管部门职能的决定》(沪府发[2004]51号),决定从上海市食品安全监管的需要出发,调整原有的食品安全监管部门的职能,探索建立食品安全监管新机制,在"采取分段监管为主"的工作基础上,逐步实现由一个部门为主的综合性、专业化和成体系的监管模式。按照确定预期目标、制定阶段方案和分步推进实施的原则,对上海市食品安全监管相关部门的职能作适当调整。上海市食品安全监管新体制运行以来,有关部门多次调研后认为,上海市食品安全总体上是可控的和有序的,减少了监管环节,形成了监管合力,提高了监管效率和保障水平。

2.2008 年改革

2008 年,国务院进行新一轮行政管理体制改革。2008 年 2 月 27 日,党的十七届二中全会通过的《关于深化行政管理体制改革的意见》指出,当前,全国正处于全面建设小康社会新的历史起点,改革开放进入关键时期。面对新形式势新任务,现行行政管理体制仍然存在一些不相适应的方面,深化行政管理体制改革势在必行。为此,要按照建设服务政府、责任政府、法治政府和廉洁政府的要求,着力转变职能、理顺关系、优化结构和提高效能,做到权责一致、分工合理、决策科学、执行顺畅和监督有力,为全面建设小康社会提供体制保障。按照精简、统一和效能的原则,决策权、执行权和监督权既相互制约又相互协调的要求,紧紧围绕职能转变和理顺职责关系,进一步优化政府组织结构,规范机构设置,探索实行职能有机统一的大部门体制,完善行政运行机制。

2008 年 3 月 11 日第十一届全国人民代表大会第一次会议《关于国务院机构改革方案的说明》指出:食品药品直接关系人民群众的身体健康和生命安全,为进一步落实食品安全综合监督责任,理顺医疗管理和药品管理的关系,强化食品药品安全监管,这次改革,明确由卫生部承担食品安全综合协调和组织查处食品安全重大事故的责任,同时将国家食品药品监督管理局改由卫生部管理并相应对食品安全监管队伍进行整合。调整食品药品管理职能,卫生部负责组织制定食品安全标准和药品法典,建立国家基本药物制度;国家食品药品监督管理局负责食品卫生许可,监管餐饮业和食堂等消费环节食品安全,监管药品的科研、生产、流通、使用和产品安全等。调整后,卫生部要切实履行食品安全综合监督职责;农业部、国家质量监督检验检疫总局和国家工商行政管理总局,要按照职责分工,切实加强对农产品生产环节、食品生产加工环节和食品流通环节的监管。同时,各部门要密切协同,形成合力,共同做好食品安全监管工作。

3.2010 年改革

《食品安全法》(2009 年版)第 4 条规定,国务院设立食品安全委员会,其工作职责由国务院规定。2010 年 2 月 6 日国务院下发《关于设立国务院食品安全委员会的通知》(国发[2010]6 号)规定,为贯彻落实食品安全法,切实加强对食品安全工作的领导,设立国务院食品安全委员会,作为国务院食品安全工作的高层次议事协调机构。

国务院食品安全委员会的主要职责是:分析食品安全形势,研究部署和统筹指导食品安全工作;提出食品安全监管的重大政策措施;督促落实食品安全监管责任。国务院食品安全委员会设立办公室,作为国务院食品安全委员会的办事机构,具体承担委员会的日常工作。

2010 年 12 月 6 日,中央编办印发《关于国务院食品安全委员会办公室机构设置的通知》(中央编办发[2010]202号)规定,国务院食品安全委员会办公室主要职责是:组织贯彻落实国务院关于食品安全工作方针政策,组织开展重大食品安全问题的调查研究,并提出政策建议;组织拟订国家食品安全规划,并协调推进实施;承办国务院食品安全委员会交办的综合协调任务,推动健全协调联动机制和完善综合监管制度,指导地方食品安全综合协调机构开展相关工作;督促检查食品安全法律法规和国务院食品安全委员会决策部署的贯彻执行情况;督促检查国务院有关部门和省级人民政府履行食品安全监管职责,并负责考核评价;指导完善食品安全隐患排查治理机制,组织开展食品安全重大整顿治理和联合检查行动;推动食品安全应急体系和能力建设,组织拟订国家食品安全事故应急预案,监督、指导和协调重大食品安全事故处置及责任调查处理工作;规范指导食品安全信息工作,组织协调食品安全宣传和培训工作,开展有关食品安全国际交流与合作;承办国务院食品安全委员会的会议和文电等日常工作;承办国务院食品安全委员会交办的其他事项。国务院食品安全委员会办公室设综合司、协调指导司、监督检查司和应急管理司4个内设机构。

4.2011年改革

2011年11月19日,《中央编办关于国务院食品安全委员会办公室机构编制和职责调整有关问题的批复》(中央编办复字[2011]216号),决定将卫生部的食品安全综合协调、牵头组织食品安全重大事故调查和统一发布重大食品安全信息等三项职责,划入国务院食品安全办。国务院食品安全办增设政策法规司和宣传与科技司,分别承担食品安全政策法规拟订、宣传教育和科技推动等工作。

5.2013年改革

2013年,根据第十二届全国人民代表大会第一次会议批准的《国务院机构改革和职能转变方案》和《国务院关于机构设置的通知》(国发[2013]14号),设立国家食品药品监督管理总局(正部级),为国务院直属机构。

此次改革的目的是加强食品药品监督管理,提高食品药品安全质量水平,将国务院食品安全委员会办公室的职责、国家食品药品监督管理局的职责、国家质量监督检验检疫总局的生产环节食品安全监督管理职责、国家工商行政管理总局的流通环节食品安全监督管理职责整合,组建国家食品药品监督管理总局。

主要职责是,对生产、流通、消费环节的食品安全和药品的安全性、有效性实施统一监督管理等。将工商行政管理、质量技术监督部门相应的食品安全监督管理队伍和检验检测机构划转食品药品监督管理部门。

(二)确定原则

近年来,国际社会普遍进行了食品安全监管改革,其中,体制改革由于具有牵一发而动全身的功效,成为许多国家食品安全改革的首选目标。学者认为,食品安全监管体制的遴选应当遵循以下4项原则。

1. 安全监管与产业促进相分离原则

安全监管与产业促进相分离是近年来欧洲在食品安全监管体制改革中率先倡导的原则。在深刻总结历史经验与教训的基础上,有些国家确立了食品安全监管与产业促进相分离的体制,食品安全监管部门不再承担产业促进的职责。这一探索结果值得我们思考。

2. 安全保障与效率提升相统一原则

确保安全是食品安全监管工作的出发点和落脚点,是食品安全监管的基石、旗帜和生命。但食品监管除了确保安全这一根本目标外,还存在着一个经济目标,即效率。在市场经济国家,食品安全监管必须注重监管效能的提升,而利学的监管体制则是提升监管效率的最佳手段。联合国粮食及农业组织/世界卫生组织认为,多部门监管体系具有严重的缺陷,如在管辖权上经常混淆不清,从而导致实施效率低下;单一部门监管体系具有多方面的益处,能够有效地利用资源和专业知识,提高成本效益;综合监管体系能够保证国家食品控制体系的一致性,实现长期的成本效益。

3. 风险评估与风险管理相分离原则

食品安全治理的目标和任务就是预防和减少食品风险,因此,食品安全科学治理的核心内容就是风险治理。近年来,国际社会开展了以风险评估、风险管理和风险交流为主要内容的食品风险分析的有益探索。政府与企业逐步以风险为基础来配置监管和保障资源,确定监管和保障重点。由于风险评估的主要任务是发现问题,而风险管理的主要任务是解决问题,所以,凡是存在综合协调部门的,风险评估的职能必然由综合协调部门承担,而没有综合协调部门的,风险评估的职责则由食品生产经营的最后环节,即消费环节的监管部门来承担。综合协调部门承担风险评估后,具体监管部门承担风险管理,综合协调部门可以对各具体监管部门的风险管理工作进行绩效评价。

4. 检测使用与检测管理相分离原则

检测意见作为法定证据之一,必须合法、科学、客观与公正。而达到这一要求的重要前提就是检测机构和检测人员的独立与中立。社会化和公益化是检测事业渐进发展的方向。在改革初期,检测应当由综合协调部门进行统一管理,待条件成熟时,逐步实现行业管理。从长远发展来看,检测资源管理与检测意见使用的分离应是检测事业健康发展的重要保障。具体监管部门是检测意见的具体使用部门,按照行业回避的原则,不得从事检测的管理工作。

四、构建食品安全监控预警机制

食品安全是全社会共同关注的重大社会问题,也是加强社会管理需要解决的重大社会课题。全面提升我国的食品安全水平,需要从治理理念、法制、体制、机制和方式等多方面进行探索和创新。从完善社会管理体系的角度来看,治理机制的创新乃是当前和今后一段时期食品安全治理创新的重点之一,需要社会有关方面予以高度重视。

（一）基本含义

关于何为机制，理论界和实践界有不同的认识。一般说来，对机制可以从两个角度上把握：一是工作载体或者工作平台，如综合协调机制、全程监管机制、信息共享机制、应急处理机制和案件移送机制等，这种机制可以称为表层意义上的机制，其主要功能是整合治理资源和增强治理合力；二是成长机制和发展动力，如责任追究机制、绩效考核机制、信用奖惩机制和社会参与机制等，这种机制可以称为深层意义上的机制，其主要功能为落实治理责任和激发治理活力。两类机制都具有提升治理效能的重要功能。

1. 机制的类型

对机制可以从多角度进行分类。如从作用方式来看，机制可以分为双向机制和单项机制。双向机制可以称为全机制，即对行为人能奖能惩的机制，如信用奖惩机制，绩效考评机制；单项机制也可以称为半机制，对行为人或奖或惩的机制，如责任追究机制和典型示范机制等。从适用范围来看，机制可以分为基本机制和特殊机制，对各类行为人普遍适用的机制，可以称为基本机制，如责任追究机制、绩效奖励机制。而对特定人群适用的机制，可以称为特殊机制，如对食品企业适用的信用奖惩机制。从作用形态来看，机制可以分为资源整合机制、责任落实机制和效能提升机制等。

2. 机制的特点

与体制和法制相比，机制具有以下几个特点。①适应性强。机制一般为制度安排，许多制度中都包含着机制的内容，但机制也可以为非制度安排。在社会转型期，在相关制度成型前，机制往往具有较大的运行空间。比如说，《食品安全法》规定了鼓励社会参与食品安全监督的内容，但这仅仅为法律原则而非法律制度。为使该法律精神得以有效落实，有些地方推出了有奖举报机制，极大地激发了社会参与食品安全监督的热情。②灵活性强。食品安全保障涉及众多利益相关者，这些相关者各自的条件和期待不同，所依靠的激励和约束也有所不同，各级政府及其监管部门完全可以根据不同的对象，采取灵活多样的手段进行牵引和驱动。③导向性强。任何机制的设定都有特定的目标指引，如整合治理资源、增强治理合力、落实治理责任、激发治理活力和提升治理效能等，具体机制设计往往体现一定的政策性和方向性，能够导引有关方面向着预期的目标迈进。④操作性强。任何的具体机制设计都是针对特殊问题设计的，不同问题的破解，往往需要不同的治理机制。机制具有较强的操作性。⑤补充性强。体制和法制往往具有统一和稳定的优点，但也有凝固和僵化的不足。由于灵活性和适应性强，机制可以在一定程度上弥补体制和法制的缺陷。此外，机制运行的效果也可以在一定程度上检验体制和法制的设计是否科学与合理。从这个意义上讲，机制也可以对体制和法制进行适度纠偏。

机制之所以会具有这种特殊的功效，是因为机制能够与行为人的形象、地位、利益、名誉、前途甚至命运，紧紧地联系在一起，它通过激励与约束、褒奖和惩戒、自律和他律以及动力和压力等手段，激活了行为人趋利避害的本性，强化了行为人的责任感和使命感，调动了行为人的积极性和主动性,提升了行为人的执行力和创造力。有了良好的机制,治理才会逐步达到“无为而治”的境界。

(二)机制实践

理论是灰色的,实践是长青的。近年来,围绕着如何落实治理责任、增强治理合力和提升治理效能,各地区和各有关部门进行了大胆的探索和实践,取得了可喜的成果。

1.沟通协作机制

目前,我国食品安全监管实行的是分段监管为主与品种监管为辅的综合型体制。为减少或避免分段监管出现的监管空隙,新《食品安全法》第6条规定,县级以上地方人民政府对本行政区域的食品安全监督管理工作负责,统一领导、组织、协调本行政区域的食品安全监督管理工作以及食品安全突发事件应对工作,建立健全食品安全全程监督管理工作机制和信息共享机制。近年来,各地区和各部门从实际出发,建立了多层次、多部门和多领域的食品安全沟通协作机制,如成立食品安全委员会或食品安全领导小组,努力实现监管视野无盲区和监管环节无断档。目前,属于平台或载体意义的机制很多,如综合协调机制、应急处理机制和区域合作机制等,各部门和各地区通过这一协作平台,共同研判安全形势、共同商定治理对策和共同采取集中行动,取得了积极效果。特别是国务院食品安全委员会及其办公室的成立,将我国的食品安全治理工作极大地向前推进了一步,迎来了我国食品安全治理工作崭新的一页。目前,在这类机制建设中,应注意把握好分工与协作、牵头与配合和会同与协同等关系,切实做到依法行政、职能清晰、优势互补和形成合力,最大限度地发挥此类机制凝聚智慧和共谋发展的优势。

2.责任追究机制

责任是法律关系的基本属性。《食品安全法》确立了“地方政府负总责、监管部门各负其责、企业是第一责任”的食品安全责任体系,并明确规定县级以上地方人民政府应当完善和落实食品安全监督管理责任制。食品安全责任包括政治责任、社会责任和法律责任。目前,由于多种因素的制约,食品安全责任并没有得到全面落实。而将食品安全法律责任落实到位,还需要进一步细化责任要求,明确尽责保障,严格责任追究,切实做到责任划分清晰和具体,履责条件匹配和适应,责任追究公正和恰当。当前,应特别关注地方各级政府和食品生产经营企业食品安全责任的落实。比如说,《食品安全法》及其实施条例还明确规定了食品生产经营者的多项法定义务,如何将这些餐饮服务提供者的各项责任落到实处,食品药品监管部门出台了餐饮服务单位食品安全责任人约谈制度,餐饮服务单位发生食品安全事故,存在严重违法违规行为和存在严重食品安全隐患时,食品药品监管部门在依法进行处罚的同时,将及时对食品安全责任人进行责任约谈。被约谈的餐饮服务提供者,将被列入重点监管对象,其两年内不得承担重大活动餐饮服务接待任务。

3.绩效考核机制

《食品安全法》确立了县级以上地方人民政府对食品安全监管部门的绩效进行评议

和考核的责任。多年来,食品药品监管部门以综合评价为载体,以地方政府为对象,建立了能够综合反映各方责任落实和工作绩效的食品安全综合评价机制,通过管理指标、品种检测指标和公众满意度指标等,综合反映地方政府以及监管部门的工作绩效,达到催人奋进、励人争先、全面促进和共同提高的目的。

4. 能力评价机制

能力建设是食品安全治理工作的永恒主题。早在 2001 年,世界卫生组织就将"加强发展中国家食品安全能力建设"作为其"全球食品安全战略"的重要措施之一,并指出"在发展中国家,自身能力的缺乏是实现世界卫生组织规定的食品安全目标的最大的障碍"。新《食品安全法》第 8 条规定,县级以上人民政府应当将食品安全工作纳入本级国民经济和社会发展规划,将食品安全工作经费列入本级政府财政预算,加强食品安全监督管理能力建设,为食品安全工作提供保障。

5. 典型示范机制

目前,我国食品生产经营主体的产业化、集约化和标准化程度不高,多、小、散、低现象较为严重,食品企业的风险意识、责任意识、诚信意识和法治意识还比较薄弱,全面提升食品安全治理水平,必须树立长久作战和常抓不懈的观念。当前,应当坚持全面推进与重点突破相结合的原则,在一些领域建立示范基地,充分发挥示范单位的引领和辐射作用,逐步达到共同发展。如,食品药品监管部门履行食品安全综合监督职责期间所创建的食品安全示范县(区),以及履行新职责后所推行的餐饮服务食品安全百千万示范工程和小餐饮食品安全整规试点,就是推动地方政府和餐饮企业争先创优的重要载体。

6. 分类监管机制

我国食品产业发展迅猛,但总体不平衡,不同区域和不同类型的食品企业差别较大,必须从现实国情出发,实行分级分类监管策略。过去,卫生行政部门推行的食品卫生量化分级管理和食品药品监管部门推行的食品安全信用等级管理,都是实施分级分类管理的有益探索。当前,要在科学继承的基础上,积极探索诚信制度建设与分类监管制度的有机结合方式,推进食品生产经营主体强化自我约束、自我激励和自我提高。

7. 信用奖惩机制

现代社会是以信用为基础的社会。在市场经济条件下,信用不仅是重要的交易条件和交易环境,而且是重要的交易要素和交易方式,信用可以倍增或倍减企业的形象和产品的价值。目前,部分食品企业冲破道德底线,绞尽脑汁地逃避监管,制售假冒伪劣、有毒和有害食品,严重损害了广大消费者的切身利益。近几年,有关部门密切合作,积极推动信用体系建设,取得了一定的效果。但由于缺乏社会系统支持,目前,食品安全信用的价值还远远没有充分发挥出来。应当加快建立健全科学的食品企业信用评价机制,将各行各类食品企业全员纳入信用征集、评价和披露网络,其信用状况能够全面、客观并及时予以披露,从而便于广大消费者进行消费选择,便于监管部门进行分类监管,便于食品企业强化自律管理。

8. 社会参与机制

确保食品安全需要全社会的共同参与。经验表明,仅仅依靠监管部门的有限力量进行监管,无论是监管的广度,还是监管的深度,都将受到一定的制约和影响。社会参与可以有效弥补目前监管资源的严重不足。新《食品安全法》第10条规定:新闻媒体应当开展食品安全法律、法规以及食品安全标准和知识的公益宣传,并对食品安全违法行为进行舆论监督。有关食品安全的宣传报道应当真实、公正;任何组织或者个人有权举报食品安全违法行为,依法向有关部门了解食品安全信息,对食品安全监督管理工作提出意见和建议。这些规定均体现了保障食品安全的社会治理理念。许多地方建立食品安全有奖举报机制,如举报查实,可根据不同的情况给予举报人以适当的奖励,激发广大人民群众同违法违规行为进行斗争。此外,公益诉讼机制和集团诉讼机制也是调动社会参与食品安全监督,有效震慑违法行为的有效手段。

9. 督查督办机制

近年来,为保障中央有关食品安全治理的各项方针政策和重大举措能够在基层得到有效落实,各级政府普遍开展了食品安全督查督办工作。食品安全治理包括治理目标、治理任务和治理措施等。为保障各项治理任务能够按时保质完成,上级监管部门有必要坚持过程控制,对下级监管部门工作情况及时进行检查,以便及时发现问题,及时督促进行整改。为强化督查督办的权威和效果,有必要督查督办与绩效考核有机结合。

10. 案件移送机制

近年来,食品违法犯罪行为猖獗,其中重要的原因之一就是以罚代刑和以罚代管。这种情况的发生既有立法方面的问题,如无法可依或者有法难依,但更多的是执法方面的问题。因此,必须建立犯罪案件及时移送机制,加大刑事处罚力度,提升法律的威慑力和震撼力。近年来,国家出台了有关食品违法犯罪案件及时移送的有关制度和机制,需要不折不扣地加以贯彻执行。

机制创新是推动社会安全治理进步的不竭动力。坚持人民性、体现时代性、把握规律性和富于创造性,是食品安全治理机制创新的重要原则。实践启迪,只要解放思想,开动脑筋,大胆实践,就能逐步建立起更加符合我国国情的食品安全治理机制,推动食品安全工作不断实现新跨越,早日实现建设健康大国的新目标。

第四节　欧美发达国家药品安全监控预警模式——以美国为例

为了论述的方便，同时也为了对问题的阐释更加具体而深入，本节将从美国药品管制法律规范的历程进程、管制机构、管制体制和存在的问题四个层面切入，探讨相关问题。

一、美国药品管制法律规范的历史进程

以历史分析的视角观之，美国药品管制法律规范的历史进程经历了五阶段，即管制建立时期（1906—1937），管制加强时期（1938—1961），管制强化时期（1962—1987），管制放松时期（1988—1996），管制的现代化信息化时期（1997—现在）。

（一）管制建立时期（1906—1937）

从宏观历史演变的视野来看，美国关于药品领域的现代意义的政府管制始于美国国会1906年通过的《纯净食品和药品法案》（the Pure Food and Drug Act）。该法案为此后一百多年的美国药品管制史，乃至世界现代药品管制史开启了先声。下文将着重从该法案制定的管制背景、法律内容入手，分析其在美国药品管制历史上的地位和意义。

受美国以利益集团的竞争、博弈为特征的政治体制的约束，每一项重大法案的出台，其背后无不充斥着利益集团之间的斗争。1906年的《纯净食品和药品法案》也不例外。它是包括政府部门（行政机构、立法机构）、药品厂药品科学家、消费者团体等组织在内的利益集团斗争的结果。事实上，“（药品立法的）斗争的焦点不是数据，而是政策。政府应该从产品安全和消费者的角度出发，采取谨慎态度，还是应该站在商业自由一边，直到有事实证明这些产品是危险的？这个问题是食品药品法规历史上最重要的问题，实际上也是所有政府法规里最重要的问题。”换言之，政府应当在药品管制中采取何种政策立场，自药品管制伊始，就已经成为药品管制的核心问题。

早在19世纪后期，美国社会就已经大量出现要求制定和颁布规范食品药品生产与销售的法律规范的呼声。围绕食品药品管制法律规范的立法斗争，持续了几十年。直到1906年《纯净食品和药品法案》的出台，才第一次正式以法案形式对药品实施政府管制。为什么关于食品药品的管制法案，恰恰在1906年，也就是20世纪初，得以出台呢？本书认为，此项具有奠基意义的法案，其整个制定过程，极为鲜明地体现出美国药品管制的动态适应性，以及注意力机制＋机会之窗的政策制定途径的巨大作用。

推动1906年法案的制定的动力之一是美国药品厂商的利益要求。美国药品厂商的利益要求来自于两个方面。其一，是为了保障这些厂商在国际市场上的利益。经过长期

的发展,到19世纪中后期,美国的药品厂商实力逐渐强大,开始走出国门,抢占世界市场。在他们开拓国外市场的过程中,遇到了一个严重的问题,即在国外市场上,没有受到政府管制的美国药品,换言之,即其药品质量难以保证,很难得到病人的认同。此外,欧洲国家的政府当时已经开始普遍将政府药品管制当做一种非关税壁垒。两方面因素的结合,导致美国药品厂商开拓国际市场的行动严重受阻,损失惨重。其二,是为了保护药品厂商在美国国内市场的利益。在19世纪中期的美国,因为冷藏设备的发明和冷藏技术的创新,特别是铁路运输的普及,美国药品厂商的市场范围得到了极大的扩展,州际药品贸易开始繁荣起来。然而,由于美国是一个联邦制的国家,各州关于药品的具体标准差异极大,使得药品厂商进一步开拓各州药品市场的行动变得成本高昂、难度徒增。其后,19世纪末期,来自欧洲的经过了政府药品管制标准检验的药品开始抢占美国市场。跟这些经受过药品管制标准检验、检测的欧洲药品相比,美国本土药品厂商所生产的尚未被统一规范的药品管制标准检验和认证的药品立即败下阵来,在市场上逐渐退却。这两种历史教训使美国本土的药品厂商从另一个侧面,深刻认识到政府的药品管制对于药品销售的极端重要性,为此,他们终于改变了原来强烈反对药品管制立法的态度,转而成为推动美国第一部药品管制法律制定的重要力量之一,以便恢复美国药品在国际国内两个市场的竞争力。有学者揭露说:“(19世纪后半期)与经济周期同样重要的是商业和政治日益紧密不可分割,普通人不久前还在心中构想的社会已经永远地销声匿迹,政治的控制权从过去的国王和世袭贵族手中很快转移到富人手里,政治腐败远远超出了今天的想象力。”

“(历史学家高登·伍德)伍德写道,‘整个社会都热衷于赚钱和谋求个人利益——很多人对此感到恐惧和困惑。’”

除了药品厂商的利益诉求之外,当时奉行进步主义(Progressivism)政策的美国政府也是推动法案制定的重要动力源。西奥多·罗斯福(Theodore Roosevelt)1901年上台后,采取了多种举措来贯彻其进步主义的施政理念,试图通过政府的主动施为,更替此前为物质主义所笼罩的政治风气。在这种施政理念发生重大转变的大背景下,他积极运作,推动当时的美国国会先后通过了1902年的《生物制剂法案》和1906年的《纯净食品和药品法案》。从后来美国药品管制历史的发展来看,这两部法律奠定了美国药品管制的最初基础。尤其是1906年的《纯净食品和药品法案》更是美国历史上第一部较为系统地对药品实施管制的法律。后来的学者对这一历史性的事件做出了这样的评价:“罗斯福和国会在通过一项食品药品法规的时候,也建立了一个新的原则,即政府在鼓励商业的同时,也要在商业失去控制的时候进行干预。”

推动1906年法案出台的因素还来自美国消费者运动的兴起。经过19世纪的飞速发展,到19世纪末期,美国大众已经开始逐渐重视自身的消费者权利。与此同时,一些科学家用规范的科学报告、严谨的实验数据揭露药品企业的产品存在的大量质量问题。这些科学报告经过大众媒体的传播,使药品的质量问题迅速成为美国社会注意力关注的焦点。如此一来,通过各方面的努力,在全社会的范围内兴起了一场"揭丑"运动。这场运动的指向,是要求药品厂商提高安全标准、改良生产工艺、建立对药品质量的检查制度。运动的重要推动者是形形色色的消费者权益团体,比如各地的女子俱乐部,它们要求通过立法的方式来维护消费者的利益。为此,这些团体专门给当时的进步主义色彩浓厚的西奥多·罗斯福总统写信,成为 1906 年《纯净食品和药品法案》得以顺利通过的重要推手。

从美国药品管制史的角度来看,尽管 1906 年的《纯净食品和药品法案》("威利"法案)对药品的管制仍然比较粗浅,但却是美国实施现代意义上的药品管制的先声。这一法案首次明确了美国联邦药品管制机构的职责,并且禁止州际贸易中的药品、食品和饮料出现假冒和掺假的情况。概括而言,其基本内容包括以下几点。第一,明确哪些情况属于药品违法行为,将受到处罚。比如,规定在美国疆界内制造掺假的药品属于违法行为,有这些行为的人将被课以罚款或者处以监禁;严禁进行涉及掺假的或者错误标示的药品的州际贸易,凡是在州际贸易或者出口贸易中参与上述不良药品的运输、交付、接收的个人或团体,都将被处以罚款或处以监禁。第二,首次界定了几个最基本的药品管制概念。例如,对"药品"(Drug)、"掺假"(Adulterations)以及"错误标识"(Misbranding)等最基本的概念进行了清晰明确的权威定义。第三,对各联邦机构在部门协同、管制流程、司法介入等方面的职责做出了规定。例如,规定农业部部长、商务劳动部部长和财政部部长必须在联邦政府关于药品管制的宏观政策理念指导下,协同一致,制定相互协调的规章制度,以有效贯彻全国性的药品管制政策;明确药品管制实施过程中,对药品样品进行检验的机构是农业部下属的化学局,一旦化学局的化学检验认定该药品样品存在问题,违反了相关法律,农业部部长应即刻向有关的检察官报告,同时递交由负责化学检验的分析师或官员签字认可的检验结果;规定农业部部长有义务将任何违反药品管制规定的情况向检察官汇报,各层级的药品方面的机构和官员也有义务向检察官提供证据,检察官则负责尽快采取适当的行动予以起诉;规定美国法院有权查封被认定为存在掺假或错误标识问题的药品,有权将其销毁。第四,为药品经销商提供了一定的保护。法律规定,倘若药品经销商能够提供由药品制造商或批发商签署的保证书,证明这些药品不存在掺假或者错误标识的问题,那么该经销商将不会被司法系统起诉。

可以说,1906 年法案的制定过程和其基本内容,初步奠定了今后美国药品管制的基础,也鲜明地体现出注意力机制和政策网络在美国药品管制公共政策动力学中的作用。从公共政策的利益分析角度来看,1906 年的《纯净食品和药品法案》是厂商利益团体和包括消费者权益团体与政府在内的政策团体博弈之后产生的结果。换言之,该法案既是一种利益综合、利益协调的结果,也是药品管制政策网络各行动者相互竞合的产物。因此,我们可以发现其背后的公共政策理念呈现出这样一些特征。

(1)从多元到综合的政策价值观。从1906年法案的制定过程来看,各种利益团体(政策网络行动者)都试图将自身的价值观导入药品管制法案,以便维护自身的最大利益。然而,药品管制领域的特殊性,决定了该领域的管制法案所体现的价值观,必然是一种综合的价值观,而不是仅仅代表药品厂商、消费者权益团体或者政府。具体而言,则是通过对药品实施政府管制,既满足药品厂商追求国内外市场利益的需求,又回应美国民众对于药品安全的诉求。在这个政策过程中,政府起到一种平衡器的作用,以使得药品管制政策的价值观不至于过于偏离社会福利最大化的目标。

(2)实用主义的管制哲学。我们可以看到,在1906年法案中,美国政府显然已经认识到药品管制是一个涉及多个政府部门的公共政策领域,因而从实现政策有效性的角度,明确规定了法律的执行机构及其职责,并且清晰地规定相关的农业部、财政部、法院、检察官必须构建一套协同运作的机制,以确保药品管制法律的有效实施。从另一个层面来看,1906年法案规定后来美国食品药品管理局(FDA)的前身化学局承担起通过化学检验进行药品管制的职能,也说明从一开始,美国的药品管制就非常注重科学实验在药品管制中的基础性、决定性的地位。这实际上已经为今后美国药品管制机构的发展定下了基调。

(3)公共政策目标的多重性。从1906年法案的内容来看,它不仅要通过药品管制加强对国内贸易中的药品质量的监管,而且还要通过对进口贸易中的药品的管制,实现没有明言的政策目标——以非关税壁垒的形式避免国外优势药品抢占市场,保障本国药品厂商的利益。显然,这一隐含的公共政策目标表明美国政府吸取了本国厂商在欧洲市场受到以药品管制为手段的非关税壁垒的抵制的启示。

尽管就整个法案的基本面来说,1906年法案更多地体现了药品厂商的利益,或者说,市场力量为主导的特点。但是,这并不是故事的全部。从对整个法案制定过程的分析中可见,此时已经开始初步形成以注意力机制 + 机会之窗为特征的美国药品管制政策制定过程,以及药品管制网络行动者之间的结构和关系。

首先,从药品管制政策的制定过程而言,1906年法案的制定,初步显示出注意力机制 + 机会之窗的政策制定方式的重要作用。实际上,美国市场上的药品存在各种各样的质量问题,在19世纪中后期早已泛滥成灾。但是,为什么只有在1906年这样一个时点,才顺利出台了美国第一部比较系统的药品管制法案?其中一个重要的原因就是1906年法案出台前,药品管制政策领域的注意力机制已经初步成形,并且实实在在地发挥了强大的作用。在这个机制的运作过程中,科学家们通过科学报告揭露药品厂商产品的问题,继而由大众传媒的密集报道提升、汇聚了公众的注意力,诸如妇女俱乐部这样的消费者权益团体的介入,则进一步增强了这种注意力的强度,使政策制定者们的注意力投射的方向为之改变,最后一同落点于药品管制问题之上,从而使药品管制问题一时间成为美国社会最重要的问题之一,这些都为法案的出台准备了良好的注意力基础。但是,仅仅拥有这样的注意力基础或者说国民情绪(national mood),仍然不足以从根本上推动药品管制法案的制定。注意力的汇聚只是提供了一个契机，而最根本的，还需要其他因素的交汇。就 1906 年法案的制定来看，至少存在三种因素。第一，是美国药品厂商的对国内外市场利益的渴求使得整个 1906 年法案体现出强烈的维护市场利益的特点，其出台也成为维护美国国家利益一种必然的选择。第二，是罗斯福总统意气风发的进步主义理念。1906 年法案对于肃清物质主义的遗毒，改变美国之前颓唐的政治风气，有着极为重要的功用，这使罗斯福总统这样一个重量级、决定性的政治人物成为不遗余力推动法案的主要力量之一。第三，充满新闻正义感，同时也在发掘新颖的新闻报道领域的大众媒体，对于法案的通过也有着其自身独特的诉求。上述三种因素的交汇，使得通过注意力机制汇聚的注意力传导到公共政策制定的议程当中，成功引导了决策制定者的注意力转移，最终完成了这样一部开创性法律的制定。

其次，从政策网络分析的角度而言，1906 年法案的制定，已经初步显示出政策网络在美国药品管制中的重要地位与作用。此后百年美国药品管制史的各个网络行动者都登上了药品管制的博弈舞台。它们之间通过各种谈判、冲突、妥协等活动，形成复杂的交互关系，同时进行频繁的信息和资源的交换，在可能的情况下寻求自身利益的最大化。其结果是首次形成了药品管制政策网络的基本框架，所有的药品管制政策网络行动者今后都在这样一个基本的框架下进行博弈。而从最后出台的法案来看，这种各网络行动者积极参与，充分表达各自利益诉求的博弈机制，使法案的价值取向综合了多方的价值观和利益需求，从而在客观上接近于公共利益，有利于国家层面药品管制的实施。由此观之，对于药品管制政策的制定而言，构建一个能够让各个网络行动者参与其间的博弈框架是具有基础性意义的。因为，唯有如此，才能一方面令制定的药品管制政策接近于公共利益，另一方面才可以使药品管制政策具有高度的可行性基础。显然，这一点，对于我国的药品管制政策网络的构建有着非常高的启发意义。

（二）管制加强时期（1938—1961）

20 世纪 20 年代，美国药品市场乱象丛生：“任何人都可以在家中的厨房里生产药品，并拿到市场销售。而且只要药品里不含毒品或者少数几种被公开禁用的毒药，他在生产药品的时候也不需要通过任何检查。”这种状况，导致政府必须加强对药品的管制。其后的大萧条（the Great Depression）和新政（the New Deal），更为政府进一步加强药品管制，奠定美国药品管制的法律规范基础，提供了坚实的历史条件。因为，在这一时期，“新的政策计划扩展了中央政府对于许多问题的权力，而这些问题以往都是州、社区或者私人组织的领地。”在这种国家权力极力扩张的历史背景下，通过立法加强国家层面的药品管制就成为水到渠成之事。

以美国的百年药品管制历史观之，可以认为，1906 年的《纯净食品和药品法案》是美国联邦政府构建现代化的药品管制公共政策体系的先声，而这里要论述和分析的 1938 年的《联邦食品、药品和化妆品法案》[The Federal Food, Drug, and Cosmetic (FDC) Act],

则是美国药品管制公共政策体系得以系统建立和长久运转所倚赖的最重要的政策文本。应该说,1938年法案对于美国药品管制公共政策体系的建立和运转具有基础性的重要意义。这种影响是如此深远,以至于直到今天,仍然有人认为有必要改变由1938年法案所建立的美国药品管制范式。在这里,本书将着重分析1938年法案的制定背景及其主要内容,并对该法案的政策价值做出评价。

作为美国药品管制的先声,1906年的《纯净食品和药品法案》重在对药品的掺假和错误标识行为进行处罚。然而,随着药品工业的发展和药品市场的繁荣,这种初级的管制已经难以适应新的管制现实的需要。这集中体现在美国民众对药品安全日益提高的要求和1906年法案宽松、陈旧的规定的矛盾之上。这种管制法律规范相对于管制现实的不适应,导致美国的药品市场出现前述的混乱局面,美国民众的生命健康安全受到严重威胁。事实上,秉承凯恩斯主义经济理念的富兰克林·罗斯福总统自1933年上台伊始,就试图加强国家在美国经济社会发展过程中的作用,力求运用政府的宏观公共政策对美国经济社会进行干预。药品管制领域同样进入了他的政策视野,在其第一个任期内,他就开始运思对已经开始显得陈旧的1906年法案进行修改。然而,由于众所周知的药品厂商所组成的庞大利益集团的阻挠,他的设想一直没有得以实现。不过美国行政机构对于修改1906年法案,增强药品管制的努力却并没有停歇。1937年的时候,在时任农业部部长的雷克斯福特·塔威尔的大力支持下,FDA向国会提出了旨在修改1906年法案的建议法案。但是,由于药品厂商利益集团在国会里的势力太大,这一建议法案仍然在1937年的秋天遭遇到被否决的命运。

由此可见,在20世纪30年代美国的药品管制领域,药品厂商组成的特殊利益集团对于管制法律规范的制定、修改有着强大的阻碍能力。那么,既然如此,为什么在这种看似牢不可破的格局下,仍然在随后的1938年顺利通过奠定此后美国药品管制公共政策体系基础的《联邦食品、药品和化妆品法案》呢?这一重大药品管制法律规范的制定,不仅仅是因为参议员罗耶尔·S·科普兰德和罗斯福总统的努力推动,更重要的是,是由于1937年发生的"万灵磺胺"(Elixir Sulfanilamide)药品中毒灾难成功触发了美国药品管制公共政策体系的注意力机制。其主要机理在于,灾难的发生,使药品安全问题在一时间成为美国社会关注的焦点——最重要的问题(the most important problem),药品管制政策网络行动者的注意力全部聚焦到药品安全问题上来,形成注意力合力,这股注意力合力传导到国会的政策制定者那里,促使其注意力发生变化,从而顺利制定出动态反映当时药品管制实践存在的问题的法律规范。

据统计,在这一骇人听闻的药品安全灾难中,整个美国有353人服用了一种名为"万灵磺胺"的液体药品。这种药品本身对于人体的伤害并不大,但是其中含有一种剧毒的溶解剂——二甘醇(Diethylene Glycol)。这场灾难最终导致105名服用这种药品的病人由于肾衰竭而去世,另外幸存的248名病人的健康状况则受到了不同程度的损害。灾难首先通过美国专业的医疗杂志披露出来，其后经过大众媒体的大量报道，迅速成为整个美国社会关注的焦点问题。这次灾难从不同的方面暴露出此前的美国药品管制公共政策体系存在的问题，它已经难以有效保障美国民众的生命健康安全。具体而言，“万灵磺胺”灾难反映出这样几个严重的问题。其一，1906 年法案对于药品缺乏有效的管制，难以保证药品安全。受历史氛围的限制，1906 年的《纯净食品和药品法案》的主要指向是对食品进行管制，而不是药品。所以，显而易见的是，1906 年法案对药品的管制比较肤浅，仅仅停留于对掺假和错误标识行为进行处罚，而没有涉及在药品生产和使用中最重要的新药安全性、有效性的检验。从这个角度来看，1906 年法案对药品的有限管制是造成 1937 年药品安全灾难的重要原因。因为，根据后来披露的信息可知，引致 1937 年灾难的直接原因，是“万灵磺胺”作为一种新药，竟然在上市之前没有经过任何安全性和有效性的检验、审核。换言之，正是 1906 年法案的疏漏，致使不合格的新药能够顺利流向市场，最终导致严重的药品安全灾难。更为糟糕的是，由于 1906 年法案的不全面性和对药品管制的强度不足，1937 年灾难发生后，却无法对当事的药品生产企业实施适当的制裁。尽管制造“万灵磺胺”的马森吉尔公司的不良行为导致 105 人死亡，248 人健康受损的严重后果，但依据 1906 年法案，美国政府最后只能以错误标识罪对其进行起诉。这显然与其不良市场行为所造成的严重后果不相符合。其二，药品管制机构的法律授权和信息收集能力不足以有效完成管制任务。由于 1906 年法案的初级性和偏重于对食品进行管制，它仅仅授予药品管制机构——化学局对药品是否存在掺假问题进行化学检验的权力。1927 年，化学局被分拆为两个机构。其中，药品和杀虫剂管理局继承化学局的管制职能，而化学和土壤局则承担非管制性的研究职能。其后的 1930 年，药品和杀虫剂管理局更名为食品药品管理局（FDA）。然而，受限于 1906 年法案的基本框架和政策立场，此时的 FDA 仍然没有对新药进行检验、测试、审核的权力，而管制的对象——药品制造商也没有向 FDA 提出新药上市申请的法律义务。正因为如此，才会出现 1937 年的“万灵磺胺”事件——带有剧毒溶解剂的药品没有经过管制机构的科学检验、审核就直接流向市场的悲剧。从另一个方面来看，当时第一个由“万灵磺胺”所导致的死亡病例被披露出来后，作为联邦药品管制机构的 FDA 居然无法在已有的法律规范中寻找到有关对药品的安全性实施管制的法律依据。这些情况表明，1906 年法案的有限性致使药品管制机构缺乏足够的法律授权，以对药品实施必要的管制。此外，实际上早在 1931 年，由冯·欧丁格、吉罗克两人共同主持的二甘醇研究，以及 1937 年哈格和安波斯对二甘醇毒性展开的研究都表明，二甘醇对动物和人体都会造成严重的伤害，特别是会导致人类因肾衰竭而死。但是，FDA 却没有能够注意到这些研究成果，缺乏足够的信息收集能力，以至于无法进行事先的预防或采取行动。所有这些，都说明此时的美国药品管制机构的法律授权需要扩展、管制能力有待大幅提高。其三，完全依赖专业协会实施药品管制存在严重问题。如前所述，当时美国的联邦药品管制机构并不对即将上市的新药进行检验、审核。这一职能在20世纪30年代是由美国医药协会(AMA)来承担的。但是,由于这种专业协会的管制形式没有法律的授权,缺乏国家强制力的支持,因而其对新药的检验和评价建立在药品厂商的自愿基础上。不仅如此,美国医药协会对新药的评价标准也非常粗陋,只是简单地要求提供新药的成分。1937年药品安全灾难的肇事者马森吉尔公司,当时就利用这种疏松的专业协会管制的漏洞,提供虚假的申请材料,隐瞒药品中使用了二甘醇的情况,顺利取得美国医药协会的上市认可。这一严重问题反映出由于药品及药品行业所具有的特殊性、危害的广泛性,决定了必须以国家强制力作为管制的后盾,实施强制性的管制。唯有如此,才能有效地提供药品安全这种公共产品。

总之,1937年药品安全灾难反映了美国药品管制公共政策体系存在的种种问题。导致这些问题的根源,在于自1906年以来美国构建的自由市场管制范式下的药品管制公共政策体系,已经难以胜任20世纪30年代美国药品管制的需求。为此,必须构建一种全新的药品管制公共政策体系。这一进程的核心,在于赋予政府管制机构以主导性的地位和强大的管制权力,使其足以承担起现代药品管制的重责大任。

1937年“万灵磺胺”灾难发生后,美国国会对灾难的原因进行了详细的调查,最后的报告指出,这一悲剧的产生,从根本上而言,源自疏松的联邦药品管制。基于这种认识,1938年的《联邦食品、药品和化妆品法案》力图从增强政府管制强度和力量的角度,对1906年以来的药品管制法律规范以及整个药品管制公共政策范式进行了调整和优化。概括来说,1938年法案的主要内容包括:第一,将联邦政府的管制范围从药品扩展到化妆品和医疗设备,从广度上增强了政府药品管制的内容;第二,明确规定药品厂商在对新的药品进行州际间的运输前,必须向药品管制机构FDA提交新药申请材料;第三,在美国领土内禁止生产和销售危险药品,严禁对药品进行虚假的、或者是误导性的标识;第四,规定药品厂商有义务公开其新药的所有有效成分的分子式和作用机理;第五,规定非处方药(OTC)必须在包装上印上针对潜在错误使用行为的指引和警告;第六,从整体上加大对违反联邦药品管制法律规范的行为的处罚力度;第七,构建新型的药品安全管制系统,规定在上市之前,新药的安全性必须得到证明;第八,撤销了雪利修正案关于在查处假冒药品案件中,联邦药品管制机构对于相对方的欺诈意图的举证责任;第九,要求对于那些在药品生产中不可避免的有毒物,各药品厂商必须设定一定的法定容许量;第十,设定了一系列和食品、药品的特性、质量以及容器容量有关的标准;第十一,授予管制机构进行工厂检查的权力;第十二,规定法院的命令可以修正此前实施的查封和起诉行为。

从上述法案的主要内容可以看出,经过1937年悲剧的冲击后,美国药品管制政策产生了质的变化,开始进入药品管制的规则管制范式阶段。其核心要义在于大大增强政府管制机构对药品管制事务的权力、管制强度,构建以政府管制机构为主导的一种新型的管制范式。这实际上也是在政府与市场、国家与社会两对博弈关系中,公共权力的一种张扬,是国家对私人决策的深度侵入。

值得注意是，在管制加强时期，药品管制法律规范的制定，同样充分利用了“注意力机制”原理。这一问题，我们可以从下列简要的描述和论说中得到初步的印象。

首先是媒体继续掀起的“扒粪”运动，旨在揭露药品行业的各种丑恶行为。“促进药品立法的行动在罗斯福新政的第一条法案被提交之前就已经开始了。‘扒粪运动’的一本书揭露了药品行业的各种造假行为。其中最先出版的是1925年的《浪费的悲剧》（The Tragedy of Waste）和1927年出版的第一份消费者权益宣言《物有所值》（Yore · Money's Worth）。”

其次，是FDA主办的“恐怖之家”展览：“FDA局长坎贝尔对（扒粪运动的书籍）这些书揭露的事实做了调查。……出席听证会的时候，他把这些案例一一列举。……他展示了十几种危害消费者健康的药品包装，并讲述了相关的具体案例，说目前的法律对这些药品都无能为力。……很快，一位记者就给坎贝尔的展示起名为‘恐怖之家’（Chamber of Horrors）。‘恐怖之家’的效果和韦利当初的防腐剂实验一样，以其真实性和戏剧性给人留下深刻的印象。总统夫人埃莉诺·罗斯福听说了‘恐怖之家’后，还专门到FDA去观看了一次，这次参观起了很好的公关作用，媒体对这次参观做了大规模的报道。很快，这些展览品就被送到各个妇女俱乐部巡展讨论。FDA的官员出去做演讲的时候，也带上这些品。……‘恐怖之家’还有一个叫作‘疯狂水晶’的展品。据说对于其他产品都无能为力的疾病，这种产品可以使人起死回生。它治疗便秘、高血压、风湿、关节炎、肝病、肾病、醉酒、肤色不良、胃酸过多……这种披着神秘外衣的‘水晶’实际上98%是硫酸钠（别名芒硝，历史上长期用作轻泻剂）。芒硝在药店里的价格只有每磅5美分到50美分。‘神秘水晶’的价格是芒硝价格的6倍到30倍。低浓度的芒硝溶液是不错的轻泻剂。但如果浓度过高，会导致胃破裂和腹膜炎。”

事实上，“扒粪运动”和“恐怖之家”都只是在吸引、汇聚注意力，属于“蓄势”阶段，当药品不良反应事件发生的时候，“机会之窗”（windows of opportunity）就出现了，使法案得以顺利通过。“最终，联邦立法的结局和1906年立法的结局一样，起决定性作用的还是一次危机事件。”

事后，人们总结道，“当危机到来时，能促进立法的因素有两条。第一，国会已经在考虑一个新法案。第二，立法者和重要的公众人士在危机到来时已经掌握了相关知识，而且关注危机事件的进展。还有人说，危机事件必须与儿童有关。……磺胺酊剂（即万灵磺胺）的悲剧是一个突发事件，受影响的又大部分是儿童，而且事件发生时人们正在就政府监管的必要性进行辩论。”

从前面的描述可见，1938年法案的制定过程，同样离不开注意力机制作用的发挥。正是注意力机制，才使得先前不被重视的药品安全问题，成为全社会关注的焦点，进而推动药品管制法律规范的制定。而新的法律规范的制定，则有效地保持了药品管制公共政策对于药品管制现实的动态适应性。

和1906年法案多元的推动力量背景有所不同，奠定美国现代药品管制公共政策体系基石的1938年法案，更多的是由1937年灾难所引发的对旧有药品管制范式的反思的结果，这是其在美国药品管制历史上的突出形象。一般认为，1938年法案的制定过程及其主要内容，集中体现了20世纪30年代美国药品管制公共政策体系的构建理念的重大变化。这至少可以从三个方面进行解读。其一，从松散的分散管制到统一集中的行政管制。1937年灾难暴露出1906年以来建立的美国药品管制公共政策体系存在诸多的问题。其中最本质的，则是自由市场范式下的松散的分散管制模式难以适应现代药品管制的需要，往往被药品厂商的利益冲动撕破。为此，有必要建立一个全国统一的，以国家强制力为后盾的，以严密的管制规则主导的新型的药品管制公共政策体系。而要达到这个目的，必须对实施药品管制的联邦机构进行充分的法律授权。因此，我们可以看到，从1938年法案开始，FDA获得了对新药上市加以审核的权力。其二，从工业界利益导向到公共利益导向。如前所述，1906年的法案尽管也兼顾了公共利益，但是在基本面上仍然更多体现了药品厂商对于国内外市场的利益诉求。到1938年法案的时候，经过1937年灾难的洗礼和反思，美国药品管制当局开始认识到药品管制的公共性，也就是说药品管制公共政策的价值基点必须以公共利益为根本的基础。因而，作为公共权力的行使者，药品管制机构必须衡平工业界和消费者利益的关系，是药品管制政策的目标尽可能地接近于综合性的公共利益，而不是过于偏向某一个利益方。为此，1938年法案构筑了实现这种公共利益的基础——赋予联邦管制机构更大的权力，同时堵住1906年法案遗留的各种漏洞。其三，从政府无为到政府有为。通过1937年的灾难，美国药品管制当局认识到，在药品管制领域，政府承担着极大的责任，必须充分发挥政府的主动性和巨大的能力。再也不能像1906年之后那样，基本上由市场力量或者专业协会力量来实施管制。政府在药品管制领域的清静无为，其结果将是巨大的灾难。因而，自1938年法案开始，美国药品管制极大地加强了政府对药品厂商行为的干预，从根本上改变了长久以来美国政府与药品厂商之间的关系模式。

毫无疑问，代表着新的药品管制政策理念的1938年《联邦食品、药品和化妆品法案》颁布生效之后，必然对美国药品管制公共政策体系的格局造成深刻的影响。这种影响可以从一个标志性的因素的变化观察到，这就是美国药品管制的主要执行机构——食品药品管理局（FDA）的角色和权力变化。通过前述对1938年法案的论述和分析，可以认为，1938年法案之后的FDA，其角色已经从一个对违反药品管制的行为进行个案监管的机构，转变为一个对药品实施全天候监管的现代管制机构。应该说，这是美国药品管制史，乃至于世界药品管制史上的一个重大的里程碑，对美国和世界的药品管制有着深远的影响。当然，受历史条件的限制，1938年法案所构建的药品管制公共政策体系，也存在其特定的不足之处。例如，只要求药品厂商提供药品安全性的证明，而没有要求他们提供药品有效性的证明；针对新药的动物实验没有被标准化；缺乏用以指导新药人体实验的执行标准；只有等药品厂商完成新药申请之后，FDA 才能审批新药申请；药品厂商处于上市前临床实验中的新药，可以免于接受 FDA 的审核；倘若 FDA 在规定的 60 天时间内没有完成对新药申请的审批，该新药就算自动得到通过。尽管存在上述不足之处，但是终归瑕不掩瑜，美国真正意义上的药品管制公共政策体系终于开始运转起来，并在其后几十年的岁月里发挥了无法低估的作用。

（三）管制强化时期（1962—1987）

1938 年法案颁布实施之后，美国的药品管制公共政策体系运转多年，基本上没有再出现过特别大型的药品安全灾难。从这个角度来说，1938 年法案居功至伟。然而，在美国药品管制的百年长河中，历史总是惊人地相似。当历史的车轮行进到 20 世纪 60 年代时，已经处于相对均衡状态的美国药品管制公共政策体系又被一场药品悲剧震动，再一次引发对药品管制公共政策的思考和修正。

二次大战以后，西方发达国家的药品工业迅猛发展，各类新式药品层出不穷，为保障各国民众的生命健康安全提供了良好的条件。然而，灾难总是在不经意间到来。1962 年，欧洲的科学家们发现，一种新式的安眠药——镇静剂，是导致西欧数千名新生儿出现缺陷的重要原因。得益于 FDA 官员弗朗西斯·科尔西的敏感性和努力，以及 1938 年法案建立的有效防御体系，这种镇静剂并未能得到许可在美国销售。这使镇静剂灾难的严重后果大部分局限于欧洲。但是，令人没有想到的是，在这个过程中，美国梅瑞尔公司以开展新药研究为名，向 1270 位美国医生提供了超过 2500000 片镇静剂。这些美国医生将药片分发给 2 万名病人，其中包括 624 名怀孕的妇女。最后，在美国境内导致了 10 例胚胎病。

这是自 1937 年药品安全灾难以来，美国本土发生的又一场重大药品安全事件。灾难的发生，表明不仅要对新药的安全性进行管制，还必须对新药的研究过程实施有效的管制。灾难发生后，药品管制政策网络的行动者都开始行动起来。大众媒体，甚至专业医学杂志进行了大量报道；而参议员艾斯特斯·柯弗瓦更是成为了进一步管制制药工业的先锋。他们的共同努力，迅速凝聚了美国社会的注意力，进而转变了国会决策者们的注意力和行为，冲破药品厂商利益集团的阻碍，最终推动《柯弗瓦-哈里斯药品修正案》（The Kefauver Harris Drug Amendments）被通过。这一法案旨在确保药品的功效以及更高的安全性。具体来说，1962 年《柯弗瓦-哈里斯药品修正案》的主要内容有：第一，规定在新药上市之前，药品厂商不仅要向 FDA 证明该新药的安全性，还必须证明新药的有效性；第二，取消了德莱尼修正案附属的限制条款对 FDA 只有证明兽药和兽药饲养添加剂可能导致癌症，才可以发起起诉的规定；第三，规定供人类食用的食品的有害残留物必须低于法定的有害剂量；第四，要求药品厂商对 1938 年到 1962 年之间只证明了自身安全性就得以上市的 4000 余种药品重新进行有效性实验，否则不能继续在市场上销售；第五，规定 FDA 必须对新药开发的每一个环节实施密切的监控，以从整体上保证药品开发安全可靠;第六,要求药品厂商在进行新药的人体试验前,必须首先开展全面的动物实验;第七,取消1938年法案对于FDA处理新药申请的60天时间限制。

从药品管制的内涵扩展来看,1962年《柯弗瓦-哈里斯药品修正案》对美国药品管制的最大改变在于,第一次要求药品厂商必须在新药上市之前向FDA证明此药的有效性,而不仅仅是1938年法案规定的安全性。导致这种政策取向变化的直接原因,显然就是1962年发生的镇静剂灾难事件。可以认为,这种管制理念从仅仅要求药品具有安全性到追求药品兼具安全性和有效性,是一个巨大的进步。

1962年法案之后,FDA从一个只对单一事件做出反应的机构转变为一个主动监测新药开发的机构。更重要的是,1962年《柯弗瓦-哈里斯药品修正案》作为标志性法律规范文本,奠定了20世纪90年代末以前整个美国药品管制的法律基础。受美国20世纪60年代激进的消费者权利运动的影响,1962年法案与前后颁布的1960年《有色添加剂修正案》、1962年《消费者权利法案》、1965年《药品滥用控制修正案》、1966年《儿童保护法案》、1966年《清楚包装和标签法案》以及1968年《动物药品修正案》一道,组成此后几十年美国药品"零风险管制"(Zero Risk Regulation)的政策体系。这一政策理念不但影响此后数十年美国药品管制具体政策和规定的制定与执行,而且还在国会、FDA中形成了一种"零风险"的政策传统和组织文化。这种政策传统和文化的形成,使美国联邦政府药品管制公共政策的规则管制范式完全确立起来。学者们对于这个时期药品管制公共政策的评论,颇为深刻:"1962年的法律涵盖了药品管理的几个基本方面,为未来的药品实验建立了理性框架。过去的法律是,只要FDA在60天内不提出反对意见,新药品就可以上市销售。这样,制药公司拥有主动权,而FDA负有举证责任。换句话说,商业第一、健康第二。新法案扭转了局面,让制药公司承担证明药品安全和有效的责任。""1938年的法律规定,在药品用于大批病人身上之前,必须证明其安全性。但这条规定有个巨大漏洞,即作为药品实验的一部分,制药公司还是可以让病人使用一些药品样品。结果梅瑞公司抓住这个漏洞,以'药品实验'的名义给20000多名病人服用了反应停。1938年的法律没有要求让病人了解他们服用的是什么药,也没有要求医生或制药公司保留药品实验的记录。1962年的法律则规定,不能在人身上随意进行药品实验,也不能没有实验记录;人体实验开始前必须通知FDA;医生和制药公司必须保留实验记录;在给病人使用实验性的疗法之前,必须征求病人的知情同意。"

(四)管制放松时期(1988—1996)

如前所述,1962年的法案对美国药品管制机构的权力进行了强化,与此相一致,美国药品管制的强度也达到了巅峰状态,形成了所谓的"零风险管制"的时代。然而,任何事情走到了极端,都会产生相应的负面效应。美国的药品管制也是如此。

美国式资本主义有时被称为"管制资本主义",意在说明美国政府管制的范围之广、程度之深。管制在美国的发展,到20世纪60、70年代尤其蓬勃,特别是以药品管制为代表的社会性管制,更是达到前所未有的程度。事实上,在20世纪80年代里根总统上台前,美国庞大的管制系统已经到了阻碍美国经济进一步发展的地步。据统计,1976年联邦政府总的管制成本达到了660亿美元,其中40%消耗在公文费用上。这个数字相当于当年国民生产总值的4%,相当于在每个居民身上均摊307美元。因此,在接受了新自由主义经济学理念的里根看来,政府管制,特别是20世纪60、70年代形成的各类繁复的社会性管制,集中反映了美国联邦政府对私人决策的强烈干预。因为"政治决策是强制性的,决策过程和市场是根本不同的。"而这种干预正是造成美国经济创造力下降,增长乏力的重要原因。从理论上来说,里根及其经济智囊认为,政府管制只会使劳动和资本资源转向"非生产性"的用途,政府过多地干预企业的生产和销售,将毁灭性地打击创新积极性,缓滞经济的发展,最终导致美国国家实力的相对下降。因此,对于里根政府而言,首要的任务,就是消减各类社会管制,减少政府干预,重新赋予私人企业以活力。

在这种执政理念的指导下,里根任内开始推动相关的公共政策转变。1988年《食品与药品管理法案》(The Food and Drug Administration Act)正是在这种历史背景下应运而生的,是里根"管制放松"(Regulatory Relief)或"放松管制"(Deregulation)理念的重要成果。这事因为,尽管里根的前任——福特和卡特政府都认识到过多的社会管制会窒息经济社会发展的活力,然而受限于各方面的原因,他们所做的主要工作只是在放松经济管制放方面。甚至,从某种意义上来说,延续了20世纪60、70年代的时代惯性,福特、卡特两位总统任期内的立法趋势都是在增加社会性管制。例如,旨在加强管制的《资源保持和恢复法案》《有毒物质控制法案》,以及《医疗设备修正案》等管制法案都是在福特政府时期被通过的。

里根上台后,很快提出了"管制放松"(Regulatory Relief)的施政理念。为了贯彻这种施政理念,里根采取了两个举措。第一,由副总统布什负责,组建一个内阁级别的小组,对现有的管制法律规章进行详细的评估,在此基础上,制定明确的改革报告。第二,1981年2月17日,里根总统发布了一个意在大力放松管制的行政命令(E. O. 12291:"Federal Regulation"),在这个行政命令中,列出了里根放松管制的一些重大措施。例如,对经过验证证明失效的管制职能进行优化重组;对所有建议实施的管制规章进行成本—效益分析;要求建议实施的管制规章在法律许可范围内必须拥有比可能的社会成本更高的社会效益。其后,在里根的第二个任期,他加紧运用"管制放松"的理念展开对社会管制的改革。1988年的法案就是在这样的大背景下产生的。概略而言,1988年的《食品与药品管理法案》的主要内容有:第一,对FDA进行重组,并将其划入卫生及人类服务部(HHS),成为该部下属的一个局;第二,在FDA中设立食品药品专员(commissioner)的职位,由该专员负责领导药品管制工作;第三,规定该专员由总统在参议院提名的基础上任命;第四,对卫生及人类服务部和FDA专员在管制研究、管制执行,以及教育和情报方面各自的职责进行了规定;第五,规定对FDA所建议实施的新的药品管制规章进行成本—效益分析,削减、删除那些过多过滥的药品管制规章。

20世纪60年代末到20世纪70年代见证了美国出现一系列新的管制制度。那一时期,就像美国历史上的进步主义时代(the Progressive Era)和新政时代(the era of the New Deal)一样,充斥着要求国家在经济中扮演新的角色的呼声。在这种历史背景下,美国大大加强了对企业活动的干预,一系列社会管制被加强,还出现了各类新的社会管制。社会管制的增强,一方面固然保障了民众的利益,但另一方面过多过繁的管制也增加了大量的社会成本。1988年《食品与药品管理法案》所推动的改革,其主要意图,正是删除上述时期以来的不必要的管制规则,加快药品审批速度,节省政府开支。尽管与同一时期英国首相撒切尔夫人成功改革药品管制,组建像私人组织一样有效运作的药品控制局(Medicines Control Agency)相比,由副总统布什主持的加快药品审批程序的研究逊色不少,因为,“这一过程与英国相反,消耗了大量的资源,更长的时间,吸引了大量的政治注意力,却只带来了在既有药品评估和批准系统中的微小变化”。不过,1988年《食品与药品管理法案》以及作为其政策背景的“管制放松”改革却表明,经过以1938年法案与1962年法案为标志的规则管制范式的统治后,美国政府开始对药品管制进行理性的思考,不再盲目迷信社会管制,转而更加注重药品管制的成本效益比。从此,美国药品管制政策开始向现代化、信息化阶段迈进。

(五)管制的现代化信息化时期(1997至今)

1997年《食品和药品管理现代化法案》(the Food and Drug Administration Modernization Act)是FDA与制药业进行合作的结果。在该法案的立法过程中,为了各自不同的目标和利益,一向持相反立场的FDA与制药业走到了一起。为什么会出现这种情况呢?这还得追溯到1992年颁布的《处方药使用者费用法案》(PDUFA)。

20世纪80年代末,即便经过里根革命的洗礼,FDA对药品的管制仍然过于严密,这一方面导致大量外国药品无法进入美国,延误对病人的治疗;另一方面,FDA药品审批程序极为繁复耗时,在80年代,一种新药平均需要30个月的审批时间,每年仅20—25种新的分子药品被审批通过。这一状况引起美国各界的高度关注,特别是那些与此有切身利益相关的制药业厂商、病人利益团体、消费者机构等。

1992年,为了解决药品审批方面的问题,在FDA专员凯斯勒(Kessler)的帮助下,国会通过了《处方药使用者费用法案》(PDUFA)。该法案要求制造商为新药的申请向FDA支付一定的评估费用。从此,制药业为通过一个新药需花费25万美元。FDA使用这些钱来雇用专业人士执行药品评估,以加速药品审批。PDUFA使药品和生物制剂产品的平均通过时间缩短,还促进了对以前在美国境内从来未被批准的新药的审批。美国药品管制的状况由此大为改观。

1994年,共和党控制了国会。鉴于PDUFA的成功,国会对FDA进行改革的兴趣日增。国会意图从三方面改革FDA:(1)将FDA的大部分机构私有化;(2)改变安全和有效性标准;(3)允许制药公司和设备制造商在杂志发表披露药品未获批准用途的文章。FDA和卫生保健行业都反对这些和其他的一些计划。FDA决定首先反对一切包含削减公众健康、安全,或FDA的职能的内容的议案,决不谈判妥协。为此,FDA与爱德华·肯尼迪参议员举行了多次会议,但他也不能明确是否能支持FDA。又鉴于这种不确定性,FDA还另外咨询了许多病人和保健卫生专业人士,获得了有益的资讯。最后,作为活动的结果,FDA明确至少有10或15件与自身利益最为相关的重要问题都将被满意地解决。但是,在制药业和病人权利团体的共同压力下,以法案形式对FDA进行改革已经无法避免。

1992年的PDUFA在其颁布5年后,即1997年底前将过期。这对所有与此有关的机构、企业都有不良影响。就这些受关联单位的态度而言,制药业厂商想保留该法案,因为它极大地缩短了评价过程;FDA也想继续沿用该法案,因为借此可以保住用向新药申请者的收费雇佣的600个专业评估人员。

在不利的政治气候和继续PDUFA的成功的需要下,FDA不得不在该议案势必通过的情况下做出一些让步。经过三年密集的辩论和谈判,1997年《食品和药品管理现代化法案》终于获得通过。该法案的最主要任务在于优化管制程序和保证安全有效的产品能得到及时的使用。

1997年《食品和药品管理现代化法案》的主要目的在于优化FDA原有的管制程序,在保证药品安全有效的基础上提高管制的效率。其主要内容包括以下几点。

1. 重新批准处方药使用者费用法案(PDUFA)

1997年法案重新批准PDUFA,将其有效期限延长5年。这为FDA提供更多资源进行审核和批准申请。这些对使用者的收费促使FDA大大加快它对新药的评估和批准,使平均评审时间从30个月减到15个月。在总额达3亿2千9百万美元的使用者费用帮助下,FDA增加了696个雇员加入到生物制剂和药品项目。

2. 加快药品审核的速度

1997年法案要求FDA加快审核速度、增加审核过程的透明度。法案认为,只要待审批的药品最终能显示出较大的效能,那么,该药品可直接进入药品审批的快速通道(Fast—Track)。此前,制造商必须表明该药品或设备能降低发病率和死亡率(治疗疾病或延长生命)。然而,现在他们只需要表现出对疾病状态有显著影响即可。法案不但继续支持已经被FDA下属机构执行的管制程序,还将连贯性赋予药品审核程序,要求保证药品管制中任何一方都知道什么是通过标准所需要的相关数据和实验。

3. 建立全国临床试验数据库

法案规定建立一个全国性的临床试验数据库。该数据库主要收集、存储那些对治疗严重或威胁生命疾病的药品进行临床试验的信息。所搜集的数据应该包括研究目的、资格标准、试验地点和联系人的信息。在征得同意的情况下,这些临床试验的结果将被保存在数据库里。该数据库的建立将有助于那些患有严重或威胁生命的疾病的病人获得关于临床试验结果的更多资讯。医生和病人也需要这些信息以帮助作出是否尝试实验性药品的决定。

4. 允许披露药品未经批准的用途的信息

1997 年法案废除了长期以来对生产者散布药品和设备未经批准用途的信息的禁止规定。这一改变准许制药公司将药品用在尚未证明安全和功效的用途上。

5. 鼓励进行儿科研究

法案鼓励制药公司进行儿科药品的研究。要求 FDA 通过给予那些进行儿童药品临床试验的公司 6 个月额外期限的市场排他权，以鼓励发展儿科研究。这一做法促使制药公司采取与立法意图一致的行动。从而使病童受益于儿科研究的相关信息。

6. 要求提供药品的经济信息（药品经济学）

1997 年法案规定制药公司应该向规定的委员会、保健管理机构，以及相似的大批量卫生保健食品买家提供关于他们产品的经济性信息。该规定意在向这些机构提供关于他们购买决定的经济后果的可靠信息。

7. 加强国际间的管制合作

法案要求 FDA 参与其他国家减少审批、减少行业间规定的管制改革运动，并签订更多双方互相承认的协议。通过参与各国在国际和谐化会议（ICH）中的合作活动，实现美国管制标准与其他国家标准的接合。这是一个立法上的目标，主要是制药企业推动这一进程，因为涉及它们的国际市场利益。

8. 降低审批医疗产品的标准

1997 年法案规定，在特定情况下，FDA 可以准许以一个临床调查作为批准药品的事实基础。但在一般原则下，仍然必须有两个充足以及受到良好控制的研究以证明该产品安全和有效。

9. 建立药品终止的通告机制

法案规定，如果一个制造商计划停止生产一种病人们用以维持生命的药品，他必须在停止药品生产前 6 个月通知病人和医生。这一规定能在药品停产前给病人们以事先的警告，使他们有充足的时间和心理准备寻找替代的治疗药品。

1997 年的《食品和药品管理现代化法案》标志着美国药品管制政策系统已经发展到以合作与开放为特征的现代化管制阶段，并已经在向重视开发信息、开放信息、信息共享以及全方位提供公共信息的信息化管制阶段演变。这种变化表明美国药品管制政策理念在以下几个方面发生了转变。

（1）从单一主导型管制到和谐化管制（对话式管制）

从美国药品管制政策的制定过程来看，以往管制法案的推动者往往不是工业界就是消费者团体。因此，在这些阶段里通过的药品管制法案都带有明显的利益集团色彩。而在 1997 年法案的立法过程中，FDA 作为管制机构参与了法案的立法过程，其利益在法案的规定中得到一定程度的表达和保护。该法案是制药业、消费者团体和 FDA 三方经过长达三年的辩论和谈判达成的结果,集中反映了受管制政策影响的各方的利益;另一方面,从美国药品管制的实践来看,以往主要由 FDA 按照法案要求执行管制政策。但 1997 年法案明确要求 FDA 在管制过程中加强与制药业、消费者团体以及卫生保健专业人士的沟通,在执行政策、发布管制条例前必须全面征求各方意见。这种和谐化管制的倾向使美国药品政策有更为充分的政策基础,因而执行起来也更为顺畅。

(2)从程序管制到结果管制

为了最大程度保障美国民众的生命健康安全,美国药品管制政策系统制定了繁多的申请程序、标准以保证美国市场上各种药品的安全性和有效性。特别是 20 世纪 60 年代以来“零风险管制”理念的出现,更使得药品管制的程序性管制过于严厉。但是这种以程序本身为取向的管制方式严重阻碍了美国企业的经营发展,也使 FDA 的管制效率低下。1997 年法案改变了这种管制方式,要求 FDA 以结果为取向进行管制。设立药品审批的快速通道就是一例。

(3)从国内管制到管制国际化

1997 年法案要求 FDA 参与国际间的管制合作运动,这促使 FDA 从以前仅仅关注国内市场管制扩大到参与国际市场管制。法案的这种要求固然是为了满足美国制药企业占领国际市场的需要,但同时也是全球化进一步发展的要求。这种管制国际化包括两个方面:一是 FDA 通过了解、分析其他国家的管制规定,进而调整本国的管制规定,以协调国际间的管制差距,促进国际贸易;另一方面,指 FDA 通过对国外进口的药品进行快速有效的审批,为本国消费者提供更多的治疗选择。

(4)从规则管制到信息管制

FDA 一直以来都是以颁布管制规则、发布行业指导作为管制的主要手段。1997 年法案则从管制机构本质上是一个服务机构的定位出发,要求 FDA 的药品管制从规则管制向信息管制转变。比如,要求 FDA 建立一个关于药品临床试验的数据库,为厂商及广大患者提供信息服务。此后,FDA 还采取了其他一些措施来满足广大公众的信息需要。如由 FDA 顾问委员会提供免费信息热线,让公众在《信息法案》的范围内,及时了解 FDA 开展的各项活动;通过 FDA 官方网站发布及时更新的,关于药品审批情况、最新出版物,以及《联邦公报》的权威信息;启动医药观察(MEDWATCH)项目,方便公众报告各类与药品相关的不良事件等。FDA 在这种政策取向下,逐渐转变为一个搜集、发布信息的信息协调者,为业界、消费者及社会大众提供充分的信息服务。

2000 年小布什总统上台后,美国经历了历史上最为惨痛的灾难——9·11 恐怖袭击。这表明美国面临着国际恐怖主义的威胁。为了与 9·11 后美国政府加大国土安全保护力度、打击恐怖主义的做法相一致,2002 年美国国会通过了《生物恐怖主义法案》(the Bioterrorism Act),要求 FDA 在药品管制方面承担起防范恐怖主义分子进行生物袭击的职责。这表明,美国药品管制政策具有非常强的适应性,它随着国家阶段性中心目标的变化而改变自身所担负的任务。2002 年还通过了《医疗设备使用者费用和现代化法案》(the Medical Device User Fee and Modernization Act),这是对 1997 年《食品和药品管理现代化法案》的延续和增强,进一步优化了 FDA 的管制程序,使美国药品管制政策的现代化、信息化管制范式得到确立。

2005 年,美国出台了《食品药品管理局改进法案》,得到位于华盛顿的维护公众利益科学中心的支持。该中心是一个非营利的宣教和倡导组织。该法案中有几项条款是有关解决经济利益冲突的。制药公司仍然需要支付费用,但是这些费用将交给美国财政部的总基金。该法案禁止 FDA 与制药公司就如何使用这项基金和如何终止先前 FDA 与制药公司达成的一切协议进行谈判。法案还将禁止在经济上有利益冲突的科学家进入 FDA 顾问委员会。再有,法案规定将成立一个负责药品售后安全和疗效项目的独立中心,以便在药品一旦进入市场后,让“另外一些医生和科学家而不是那些批准药品的人来监测药品的安全性”。

2007 年 9 月 27 日,乔治·W·布什总统签署了《2007 年药品管理局修正法案》(the Food and Drug Administration Amendments Act of 2007)。这一新的法律代表着对 FDA 权力的大大增加。在这部法律的许多组成部分当中,《处方药使用者费用法案》(PDUFA)和《医疗器械使用者费用和现代化法案》(MDUFMA)被再次授权和扩展了。这些项目将保证 FDA 的员工拥有更多的资源,以支持对于批准新药和新的器械所必须的复杂而且综合性的审评。另外两个重要的法律也被再次授权了:《最佳儿童药品法案》(BPCA)和《儿科研究公平法案》(PREA)。这两部法律被设计来鼓励对儿童的治疗的更多的研究和更多的发展。总之,这一新的法律将使那些开发医药产品和那些使用它们的人获益匪浅。

二、美国药品管制机构

对美国药品监管研究颇有声誉的专家菲利普·希尔茨指出:美国 1906 年药品法案通过后,“很快,人们就意识到,制定法律只是第一步,关键还是在于执法”。“法律的通过是长期斗争的结果。美国在利用法律手段控制商业欺诈方面晚于其他国家多年,但美国的法律也有着自己的特色——它不仅定义了哪些商业行为属于非法,而且成立了一个专门机构来执行法律。”这里指的“执法”的“专门机构”便是管制的正式制度的表现之一。执法需要主体,执法主体的存在及其职能的实现,必须有组织来保证,因此,药品管制的基本制度及其机构便应运而生,相应的体制也随之建立起来。在美国,对药品实施监管的机构,是世人熟知的美国食品药品管理局(FDA)。

(一)美国的药品管制机构——食品药品管理局(FDA)

1. 美国食品药品管理局(FDA)的使命

美国食品药品监督管理局的职责,是确保人用药品、兽用药品、生物制品、医疗器械、国家食品供给、化妆品和放射性制品的安全,有效保障公共健康事业顺利发展。它的另外一项职责,是通过帮助和促进创新,发展公共健康事业,从而使药品、食品更有效、更安全,人民也承受得起。此外,它还帮助社会大众获得他们所需要的准确和科学的信息,以便更好地使用药品和食品来促进他们的健康。

2.美国食品药品管理局的组织结构

FDA整个机构从职能上或者说从业务内容上,大致可分为3大部分:FDA局长办公室、6个产品中心和监管事务办公室。

其中,FDA局长办公室(Office of the Commissioner,OC)主要负责管理整个FDA的事务,包括制定政策、法规、计划、行政管理、外联、风险管理等职能。包括:

行政法官办公室(Office of the Administrative Law Judge)

首席法律顾问办公室(Office of the Chief Counsel)

风险管理办公室(Office of Crisis Management)

外联办公室(Office of External Relations)

立法办公室(Office of Legislation)

科学和健康协调办公室(Office of Science and Health Coordination)

国际活动和策划办公室(Office of International Activities and Strategic

管理办公室(Office Of Management)

6个产品中心依据产品分类不同,负责对美国所有食品、药品具体的审评、监管与研究工作。包括:

生物制品评价与研究中心(Center for Biologics Evaluation and Research)

器械与放射学健康中心(Center for Devices and Radiol ogical Health)

药品审评与研究中心(Center for Drug Evaluation and Research)

食品安全与应用营养学中心(Center for Food Safety and Applied Nutrition)

兽药中心(Center for Veterinary Medicine)

国家毒理学研究中心(National Center for Toxicological Research)

监管事务办公室(office Regulatory Affairs,ORA)是所有地区活动的领导办公室,它从宏观上对按地域划分的5大部分进行管理,评估、协调监管政策与执法目标的一致性,并向FDA局长提供建议。包括:

资源管理办公室(Office of Resourse Management)

区域执行办公室(Office of Regional Operations)

强制执行办公室(Office of Enforcement)

犯罪调查办公室(Office of Criminal Investigations)

地区办公室(Regional Field Office,Central Region,Philadelphia,PA)

地区办公室(Regional Field Office,Northeast Region,Jamaica,NY)

地区办公室（Regional Field Office，Pacific Region，Oakland，CA）

地区办公室（Regional Field Office，SOutheast Region，Atlata，GA）

地区办公室（Regional Field Office，Southwest Region，Dallas，TX）

这里的药品审评与研究中心（Center for Drug Evaluation and Researh，以下简称CDER）与药品不良反应监测工作最为密切，药品安全办公室就隶属于此中心。

2004 财政年度，ORA 在美国各地共有 190 个地方办公室，包括：

5 个区域办公室（Regional Offices）

20 个地区办公室（District Offices）

140 个检查站（Resident Inspection Posts）

25 个不同级别的犯罪调查办公室（Office of Criminal：Investigation）

ORA 在美国各地有 13 个实验室，包括 5 个综合实验室和 8 个专门实验室，负责各地的产品检验。

3.美国食品药品管理局的职能与管制范围

FDA 作为美国食品药物管制政策的主要执行机构，其宗旨和任务在于保护和提高美国民众的卫生健康状况。

目前，FDA 拥有八个直属机构，分别是：生物制剂鉴定与研究中心（CBER）、设备与放射线卫生中心（CDRH）、药物鉴定与研究中心（CDER）、食品安全与营养应用中心（CF-SAN）、兽医药物中心（CVM）、国家毒物研究中心（NCTR）、专员办公室（OC）、管制事务办公室（ORA）。此外，FDA 还有食品安全与营养应用联合研究所（JIFSAN）和国家食品安全与工艺中心（NCFST）两个附属机构。在历年食品药物法案的规范下，FDA 对以下领域实行管制：（1）食品，包括食品引发的疾病、营养食品、饮食补充物等；（2）药物，包括处方药、柜台药、普通药物等；（3）医疗设备，包括心脏起搏器、隐形眼镜、助听器等；（4）生物制剂，包括疫苗、血液制品等；（5）动物饲料和药物，包括家畜、宠物等；（6）化妆品，包括安全性、标签等；（7）放射性产品，包括蜂窝电话、激光器、微波炉等。

现在 FDA 的监管范围非常广泛。智研咨询发布的《2017—2022 年中国医药制造行业市场运营态势及发展前景预测报告》显示，据统计，美国医药市场份额 2015 年是 4155 亿美元，预估 5 年后，也就是 2020 年，这个数字将会攀升到 5480 亿美元，美国医药市场将以年均 5.6% 的速度增长。每一年，FDA 要回复 7 万个由消费者提出的问题，4 万个根据《信息自由法案》提出的要求，还有 180 个由公民提出的请愿书。每一年，FDA 要拒绝批准几百种危险的药品、医疗器械和食品进入美国市场。

在美国，除 FDA 之外，还有其他监管机构。其中，有的是参照 FDA 模式建立起来的，包括：环境保护署（Environmental Protecting Agency）、消费品安全委员会（Consumer Product Safety Commission）、联邦贸易委员会（Federal Trade Commission）、证券交易委员会（Securities and Exchange commission）。在过去一个世纪里，这些监管机构和它们的角色不断演变。演变的核心是,决策应该以经过实验证明的科学证据为基础。监管机构对于科学性的讲究,以及对商业进行干预的权力,与保护决策者不受政治影响的公务员制度或者提供免费公共教育事业,其重要性可以相提并论。

FDA 的 9000 名雇员在 5 个地区分局和位于华盛顿特区附近的总部工作。如果算上小的分支机构,FDA 在美国共有约 170 个办公地点。与其他政府机构相比,FDA 显得很小。它的员工人数不到联邦政府 200 万雇员总数的 0.5%,它的预算约为 13 亿美元,不到国防部预算的 0.4%。即使是监管范围小得多的农业部,在人数上也是 FDA 的 10 倍,在预算上是 FDA 的 50 倍。美国陆军工程兵部队(Army Corps of Engineers)的预算是 FDA 的 3 倍;NASA 的预算大约是 FDA 的十几倍。在很多年里,国会不断增加 FDA 的工作任务,但是并不增加相应的预算。因此 FDA 在上个世纪的一个核心问题就是如何把有限的资金分配到不断增加的各个工作领域。据统计,FDA 在美国提供的服务每年大约花费每个纳税人 4 美元,每个消费者消费一美元的商品,其中就有 25 美分的商品是由 FDA 管制的。到目前为止,它的主要失误都是由于没有足够的人力和资源来执行它被赋予的多项任务。根据这些数据,可以认为,今天的 FDA 是一个精干高效的组织。其管制效果在世界上的广泛声誉,便是证明。

经过多年的实践,FDA 用自己的行动和业绩证明了自己是现代化的美国社会不可或缺的一部分。FDA 的历史也说明,监管机构不仅能够提供有效的保护,而且可以使高水平的科学标准成为商业的起点和现代社会政府决策的基础。但是,药品利润不属于 FDA 的监管范围。FDA 没有任何权力监管药品价格或者制药行业经济学的其他方面,也没有任何权利监管医生的行为。它的权力仅限于药品本身:即药品是否安全、有效,药品广告是否诚实。

从上述情况可以明显看出,美国药品食品管理局是一个精干、高效、专业的机构,它所提供的服务,为人民的健康,为社会的发展,作出了非常专业的贡献。

三、美国药品管制体制

关于药品管制体制,这里主要关注联邦政府与各州关系在药品管制体制中的体现及其作用模式。

美国的药品管制体制是 FDA 下的大区制。而中国则是国家局与地方局的中央地方分野形式。这种体制的弊端在于,地方保护主义因素极为容易进入本来就因为涉及商业利益和政治利益而错综复杂的药品管制过程,从而使得本来应该以民众健康安全为宗旨、以科学研究作为决策基础的药品管制过程,演变成为国家局与地方局之间对于管制权力的争夺,一幕幕地上演“权力集中—权力下放—权力再集中”的怪圈故事。尽管目前的体制显而易见不符合世界药品管制的基本规律,但 1998 年国家局成立后,其对地方局权力的夺取,所造成的药品管制权力高度集中,不仅没能有效地实施各项政策举措,还给贪污腐败留下了极大的空间。腐败大案的直接结果是整个药品管制机构公信力的极度低落和士气的低沉。而这,对于一个志在成为高度有效的药品监管机构的大国药监部门而言,不言而喻是一种极为沉重的打击。而且,由于权力集中后不仅没有明显、迅速地改善公众用药的处境,还利用权力的集中进行了腐败以及各种被地方局视为“浪费巨大”的项目,以至于不仅是厂商、公众、从业人员、媒体、地方局,更严重的是,连联邦政府都开始怀疑建立统一权威的药品监管机构的效用,甚至于发出分拆、走回头路的意见。可以认为,这实际上再一次凸显了本质上需要高度统一、集中的药品管制权力与机构在现行行政监督(或行政管理)体制下,如何能够保证权力运用的方向的问题。

从注意力机制理论的角度来看,这首先还是一个信息公开的问题,即统一集中后的药品管制权力的运作过程没有得到很好的公开,其过程具有极强的封闭性、随意性,以至于专业管理部门最高层的领导和中层领导都能够公器私用,而长期无人监督,更没有受到应有的惩罚。

但是,出现腐败问题,是否说明以前的改革错误了呢?是否说明在现阶段的中国,选择构建统一、集中的药品监管体制是错误的呢?答案显然是否定的。这一点可以从美国的历史就可以看出来。对于中美这样疆域广阔、厂商众多的国家而言,唯一可以与强大的商业利益和政治利益,以及它们的联盟进行抗衡的,就只有一个统一、集中而且强大有效的药品管制体制。现在的问题,除了要解决上述腐败谜题之外,最关键的,应该是重新构建新的药品管制体制,进一步消除地方保护主义对政策过程的干扰。为此,有必要尝试在国内设立若干大区局,而将省局建置撤销,或者缩小规模、精简和转变职能。在构建新体制时,关键是要增强大区局的科学研究的力量和基础,而下属的派出机构,主要由大量的调查员构成,从而真正有效地建立管制体制。

药品管制体制最重要的是要符合科学有效的标准和防止地方保护主义对政策执行的干扰。

要建立科学有效的药品监管机制,可以通过中美药品管制体制的比较,寻找可资借鉴的资源。

(一)美国药品管制体制的构成

FDA是高度集权的联邦政府执法机构,从经费来源看,FDA所需经费由国家全额保证,经费充足;从内部机构设置来看,FDA设有总部、6个区域(Region)办公室、21个地区(District)办公室和130个派出检查站。FDA的工作不受地方州的管辖,保持相对独立。FDA的监管人员从上到下互相协调,确保FDA的监管部门能及时发现问题、解决问题,从而在全国范围内构成一个独立、强大、权威的药品监管网络。

(二)美国药品管制体制的特征

FDA将自己定位为“消费者权益的保护组织”,通过富有成效的工作,保证与消费者健康密切相关产品的安全性,避免发生药品灾难性事故。FDA 衡量自己药品监管工作好坏的标准是:药品违法行为越少,消费者权益的保护越好,自己的工作也就越有成效。目前,FDA 已建立起事前、事中、事后监管一体化的全程监管体系,并将药品监管的重心放在事前预防上,通过建立科学的管理机制,减少药品违法行为的发生。FDA 将药品技术审评和监督调查分别交由两个部门实施。技术审评部门主要是从源头保证上市药品的安全、有效和质量可控;监督调查部门负责药品的日常检查和违法行为的查处。监督调查部门对检查中发现的情节轻微的违法行为,一方面会马上用"警告信"(warning letters)的方式对行政相对人进行教育和提醒,努力达到对行政相对人进行正面引导和对违法行为进行制止的目的;另一方面,通过实施事件后续分析制度进行研究,找出导致事件发生的根本原因,并反馈给技术审评部门,共同完善事前预防制度,预防类似药品违法行为的再次发生。

作为"消费者权益的保护组织",FDA 主导的美国药品监督体系的主要特点主要体现在以下几个方面。

1. 药品监管体系是行政机构、执法机构,其雇员都是专家

FDA 是美国人类健康服务部(HHS)公共卫生总署下设的一个组织严密、分工精细的行政机构,是美国《联邦食品、药品和化妆品法案》等重要法律的主要执法机构。FDA 有 9100 多名雇员,其中大多数是医药科学家、法律专家和其他相关领域专家及检查人员。

2. 技术监督与行政执法紧密结合

如前所述,FDA 是由 9 个办公室、6 个中心构成。在这些机构中,执法官员也都是相应领域的专家,也都完成大量复杂的技术监督与决策。专业性的技术中心跟整个行政机构结成一体,统一指挥调度,形成一个技术监督与行政执法紧密结合的机构体系。

3. 在统一的行政机构内合理设置技术监督部门

FDA 认识到要有效地监管新品不断涌现的医药领域,技术支持至关重要,并把科学技术的飞速发展看做 FDA 面临的最大挑战,进而高度重视技术支持问题。FDA 根据药品监督管理的需要打破行政区划设置区域机构,在总部及各区域办公室,设有药品检验实验室。FDA 还根据技术评审需要设立六个总部研究中心,主要负责相关问题的研究及评审工作。这些技术部门与 FDA 其他部门一起构成统一的监督执法机关,保证了整个机构对紧急药品事件反应的迅速性及有效性。

4. 专家执法与执法人员专家化

适应技术监督与行政执法紧密结合的机构体系,FDA 自始至终走的是专家执法和执法人员专家化。FDA 拥有大量的一流技术专家,如生物专家、化学专家、消费者安全专家、工程师、医学专家、微生物学家、药理学家、统计学家等等,其中很多人是相应领域内领先科学家。

5. 合理利用外部专家咨询委员会作为自身技术能力的补充

FDA 采用专家执法与执法人员专家化,并按照简约的原则合理调协内部技术部门,以保证 FDA 能够独立完成大部分技术监督工作。除此以外,FDA 还广泛设有各种专门的外部专家咨询委员会,以增强监督管理的科学性和有效性。FDA 咨询委员会主要有:生物制剂咨询委员会(血液、疫苗等方面)、医疗器械和放射性产品咨询委员会、药品咨询委员会、食品和化妆品咨询委员会、动物饲料和兽药咨询委员会、毒理学研究咨询委员会以及科学委员会。

四、美国药品管制法律规范实践存在的问题

作为西方发达国家的重要代表、世界现代化进程的重要推动者之一的美国,其药品管制随着其社会经济的发展,经历了近百年的发展。从公共政策系统的层面看,现时的美国药品管制,已经形成了一个比较完整而又系统的体制,对于保障该国民众的卫生健康安全,起着十分重要的作用。但是,随着全球化态势的发展,特别是随着美国经济社会的进一步发展,民众对于卫生健康及其安全问题的关注度的提高,美国药品管制法律规范所存在的问题日渐显露出来,从而在实际生活中成为妨碍美国民众卫生健康状况进一步改善的因素。因此,必须从理论和实践相结合的层面进行考察,分析其问题,进而提出解决之道。

(一)当代美国药品管制法律规范在实践中面临的危机

任何政策的制定和政策系统的构建,都受特定的历史条件的制约。作为公共政策系统的美国药品管制法律规范的形成,也是如此。美国在建立药品管制体制之初(1906年),其直接的动因是缺乏一个全国性的统一的药品管制和执行机构,以及相应的公共政策系统,因而导致民众卫生健康缺乏保障。要解决民众卫生健康保障的需求,就必须建立统一高效的国家药品管制体制和执行机构,并构建合理的公共政策体系。其间,十分重要的一环甚至说是决定性的环节,是法律规范的制定和实施。将近百年的药品管制实践证明,美国当初建立并日渐完善巩固的药品管制法律规范,对于保障民众卫生健康安全,满足人民安全用药需求,是卓有成效的。但是,随着科技进步、社会运行机制的转变,以及药品行业专业化水准的提高,乃至民众在药品管制方面的民主意识的提升,现有的法律规范在实践中遇到了挑战,显露出危机。

美国药品管制法律规范的公共政策遭遇的危机,主要源于两个方面。一方面,是药品管制领域的科学技术的迅猛发展,以及相关的行业规范的日益发展完善,使得人们对这些行业的现有管制的必要性提出质疑。自 20 世纪 90 年代末以来,自然科学的诸多重大发展,特别是分子生物学、组合化学、基因研究的进展,以及药品经济学的发展,使得美国药品行业发生了前所未有的深刻变化。围绕药品制造而出现的相关科学技术的日新月异的发展,新型药品的不断出现,药品科技含量的不断提高,给药品管制机构和体制提

出了新的严峻挑战。事实上,实践已经证明,FDA 对药品的管制水准和相应的科技力量,远远不能适应药品业在专业化方面的科技发展速度,它不能适应不断创新的药品科技的新需求,不能及时地动态性地反映药品行业万马奔腾、不断创新的状态,进而导致信息的不够对称。而信息不对称的公共政策,在管理上就难以奏效。同时,一个令 FDA 始料未及的问题是美国药品行业逐渐完善的行业规范。在美国,非政府组织的力量十分强大。在关涉亿万民众健康的药品行业,由于民众、政府、传媒力量的整合,使得对于药品行业的规范广受关注。而随着药品行业管理方面的专业化水平的提升,特别是通过竞争机制而形成的市场经济条件下的优胜劣汰作用,促使美国药品企业逐渐建立并完善了行业规范体系,其对行业行为的约束功能,并不比政府管制的功效低下,甚至在某些方面还超过了政府管制的效用。另一方面,导致美国药品管制法律规范出现实践性危机的原因,是药品管制的"社会管制悖论"导致的负面效应。不言而喻,药品管制属于社会管制的范畴。社会管制的目的,原本是促进社会发展,满足社会的特定需求。美国施行药品管制的初衷,原本是为了满足政府进行社会管制的便利,特别是为了满足民众在卫生健康安全方面的需要。但是,由于 FDA 这样的管制机构和管制机制在法律规范层面存在的问题,导致既有的药品管制不能恰当地实现预期的目标,令人沮丧的是,它有时反而成了妨碍预期目标实现的阻力。

上述两方面原因的存在,特别是由于这两方面原因而导致的药品管制法律规范实践出现的危机,使得美国从官方到民间、从药品生产者和消费者,都不得不反思一个沉重而又痛苦的问题:对药品实行统一的政府管制,是否合理? 这个思考背后所隐含的问题,逻辑地引申出改革的需求。因此,才有了克林顿总统 1997 年颁布的《食品和药品管理现代化法案》,从多方面改革了原有的药品管制政策系统。但是,这并没有消解对药品管制法律规范及其整个药品管制公共政策体系的质疑,社会上对药品管制进行根本性改革的呼声日益强烈,昭显了危机的严重。

(二)当代美国药品管制法律规范实践存在的问题

上述情况表明,美国药品管制法律规范在实践中遭遇了严峻的挑战,面临重大的危机,这是从理论分析的层面得出的结论。然而,仅有理论的解析是不足够的,我们还应通过对具体现象的描述,揭示问题之所在,证明危机实存在,并进一步透视危机的实质。

平心而论,美国药品管制政策系统在美国将近百年的药品管制实践中,一度发挥了十分重大的作用,为美国民众的健康提供了坚强的保障,并为世界很多国家所重视、所仿效。但是,这并不是说没有任何问题。恰恰相反,要完善药品管制的法律规范,要使药品管制真正发挥长效,就必须正视当代美国药品管制法律规范的若干问题,以便恰当矫正和完善,使之更加有效地发挥应有的效用。同时,也为我国的药品管制公共政策提供借鉴。

大致说来,当代美国药品管制法律规范在实践中存在的主要问题是这些方面。

1. 法律规范的执行者有时被商业利益或政治势力左右

在美国这个市场经济高度发达的国家,金钱至上的价值观往往成为引导各种行为的基本准则,甚至成为影响政治、经济决策的重要因素。药品管制机构在政府、市场、民众、利益集团彼此之间的博弈中,有时会被商业利益或者政治势力所左右,为其服务。之所以如此,是因为药品管制的决策者和执行者,往往直接或间接与市场经济的利益挂钩,可能被某些商业利益所诱惑,也可能被某种政治势力所制约甚至左右。这样,就会导致法律规范的执行被打折扣。

2. 管制机构在法律规范的制定过程中被消费者团体"政治俘获"

法律规范的制定过程,在实质上也是一个不同利益集团相互博弈的过程。在美国药品管制法律规范的制定过程中,所有与药品管制相关的利益团体,都会出来为自己的利益呐喊。药品管制机构、被管制的药品制造和销售行业、消费者团体、药品行业的专业人士团体等,都力图在药品管制的法律规范及其相应政策的制定过程中发挥影响,以便自己从中获得最大的利益。而在具有反政府的政治传统、实行三权分立政治格局的美国,很多法律规范和政策的通过与否,并非是真正的全体民意的表现,而是被在国会占主导地位的利益集团所左右。这些利益集团往往并非药品生产商,有时往往是某些消费者团体。这些团体从自身利益出发,提出政策诉求,影响管制政策的制定。这些诉求通常都具有片面性,对整个美国国家利益和社会大众并不一定有利。但由于国会某些人士出于政治利益的需要,往往就会被这些消费者团体在政治上"俘获"。因此,迄今为止,如何既能够回应民众的正当需求,又能够维护自身管制权力的超然性和权威性,已经成为美国药品管制公共政策系统必须加以解决的重大现实问题。

3. 管制法律规范形成的审批程序制造"管制悖论"

长期以来,FDA 在药品管制方面最为人质疑和严厉批评的,是其严密过于乃至被人视作繁琐的审批程序。尽管克林顿总统 1997 年颁布的《食品和药品管理现代化法案》,使得 FDA 的审批程序被迫进行了改革,审批周期大大缩短,但仍然难以满足受管制行业和消费者的要求。繁复、耗时而又不必要的审批程序,使得新药的研制和上市进程大大延迟,难度大大增加。这样,就导致了美国民众不能及时享受新药、特效药的治疗效用,影响人们的健康,甚至导致不必要的各种健康乃至生命的代价,从而形成了"管制悖论":原本为了保护民众健康而实行的政府药品管制,现在反而因为过于繁琐复杂的审批程序而导致人民卫生健康受到影响。例如,前述的 1962 年修正案对审批程序的强化,就被认为严重阻碍了药品厂商的技术创新。由于类似的原因而不能及时被消费者利用、解除消费者痛苦的新药,数量非常众多。因此,FDA 过于严格的管制,在一定意义上已经成为扼杀科技进步、厂商赢利以及减少病人痛苦的机会的重要因素。这种"管制悖论"的出现,促使人们重新思考:政府管制在药品领域应当有合理的边界。

4. 管制机构寻求更多的法律授权，以扩张管制范围和强度

在实施药品管制的过程中，美国药品管制机构自觉不自觉地、不断地寻求更多更大的法律授权，不断地扩张其管制范围和强度。譬如，既不属于药品也不属于食品的烟草，FDA 却要咄咄逼人地试图对其进行管制，以致一度与美国的各大烟草商发生激烈的冲突。又如，对于医疗领域，FDA 在拥有对医疗设备的管制权力后，还要期望对医疗技术进行管制。这自然遭到业界和专业人士的强烈反对。不仅在管制领域方面大肆扩张，FDA 在机构和人员方面也不断膨胀。1990 年，FDA 的雇员超过 7800 人，而在 1962 年，则是 1671 人。值得注意的是，1990 年正是所谓里根革命时期，当年刚刚颁布了以削减编制、调整机构为主要目的的《食品与药品管理法案》，难怪人们批评 FDA 是“FDA 帝国”(FDA Empire)。

令人不满的是，FDA 寻求的权力扩张和机构膨胀，并没有取得更好的管制效果，却耗费了本来就比较稀少的管制资源。

5. 单一的法律规范执行者难以适应管制的需要

以 FDA 为核心进行管制，这是美国药品管制体制的特征。这样一种集权形式的管制的有效性和及时性，近年来受到比较广泛的质疑。

我们知道，药品行业的针对性和时效性是很强的。针对不同病症，有不同的药品推出。随着社会生活的变化、自然环境的变迁，不断有新的病症出现，从而也导致新的药品推出。特别是现代生物技术、化学技术的发展日新月异，使得各种新药不断涌现。组合化学的发展，使药品开发的模式发生了根本性的变革。以往“一个药剂师、一个分子、一个星期”的陈旧模式，被“一个药剂师、一台计算机、一个机器人、10000 个分子、一个星期”的崭新模式所取代。行业的创新，药品研制机制的变革，大量新药的出现，使得 FDA 的能力和机制受到质疑。以颁布《食品和药品管理现代化法案》的 1997 年为例，FDA 当年的新药审批能力仅为 150 种，而当年需要审批或者要求审批的新药，数十倍于此。这就在新药的开发和上市方面出现了“管制梗阻”现象，不但增加药品公司巨额成本、消磨从业人员的创新意识，而且妨碍了美国的病患者使用新药维护自己健康的权利。此外，FDA 缺乏吸引专业人才的硬件和软件环境，使作为管制者的 FDA 缺乏足够的专业人员，缺乏及时的专业知识，与业界之间产生管制信息的非对称状态，难以实施有效的管制。正是由于由 FDA 实施药品领域的单一管制已经造成不良影响，所以，无论是药品生产商、经济学家，还是广大的病人，都希望能够改变目前通过单一机构实行管制的模式。

6. 缺乏对管制法律规范实施效果的科学评估方法

药品管制的法律规范的实施效果如何，应当有一个科学的评价方法。但是，由于美国的药品管制体制已经演变成一个庞大的亚社会制度系统，它的药品管制过程极其复杂，管制规范极其繁复，导致人们难以对其效果进行客观的评估。

管制法律规范的实施效果难以进行评估的问题，早在 20 世纪 40 年代就已经被学者

关注到。但一直没有得到很好的解决。目前在技术方法方面实行的几种对药品管制效果进行评估的成本效益分析方法,如会计途径(Accounting Approach)、经济工程学途径(Economic - engineering Approach)、计量经济学途径(Econometric Approach)等,都因为各种原因还存在不足之处。而对管制效果的科学客观评估,恰恰是不断完善和提高药品管制正面效应的基础。因而,发展出适应当代美国药品管制实际需要的管制影响评估方法(RIA 评估方法,Regulatory Impact Assessment)就显得极为迫切。

(三)美国药品管制法律规范实践危机的实质

综上而言,曾经卓有成效地保护了美国民众生命健康安全的 FDA 管制范式,在 20 世纪末、21 世纪初确实遭遇了严峻的挑战和尖锐的质疑,呈现出严重的危机。那么,这场危机的实质是什么呢? 在笔者看来,是 FDA 这样的管制机构实行的管制已经滞后于时代的发展,其实质是一次公共行政典范危机。

这一危机反映在理论层面,表现为威尔逊——韦伯行政理论范式主导下的药品管制公共政策体系,不能圆满地对以知识经济、信息社会、经济全球化三大趋势为表征、以创新为灵魂的新经济时代的要求,给予理论上的回应。体现到现实层面,则表现为以规则和约束为特征的 FDA 管制范式,难以适应信息社会的发展,特别是难以适应药品领域的巨大变革和迅猛发展,从而出现管制政策弱效、无效甚至反效的现象。

在全球化时代,在市场经济潮流澎湃于世界之时,“对市场价值的重新发现和利用”无疑是各国政府制定各项公共政策的基本价值取向。不按市场价值来配置资源和制定公共政策,是无法跟上当今世界文明发展潮流的。但是,市场价值的重新回归,并不代表完全摧毁政府管制机构和管制行为的正当性的基础。因为,即便是在新的行政理论百花齐放、新的社会思潮多元并存的时代,仍然没有一种范式和制度是一成不变的、永恒适用的。事实证明,由政府实施的药品管制,虽然有这样那样的不足和缺陷,但它已经在社会生活中发挥着重大的作用,而且必将进一步发挥作用。因此,问题的关键,并不在于哪种单一理论范式的运用,而在于通过真正意义的理论创新、制度创新,能够更好地保证药品管制的有效性和稳定性。在这个意义上,从宏观公共政策范式选择的意义上说,危机的破解之道,在于通过美国药品管制公共政策系统的理念创新、制度创新,进行管制范式的重塑(Reinvention),在重构药品管制领域的政府与市场、国家与社会、管制者与被管制者、管制政策与政策环境之间的关系的基础上建立新型的、动态的(Dynamic)、协调的药品管制公共政策范式。为此,美国联邦政府必须对药品管制政策系统进行多方面的调整,以适应新环境的要求。

第五节　中国药品安全监控预警模式

一、中国药品监制机构

(一)中国的药品管制机构——国家食品药品监督管理局(SFDA)

中国的药品监管机构,是国家食品药品监督管理局(SFDA)。这个机构的产生和运行,既有参照美国药品食品管理局的方面,更有中国本土因素的方面。在其运行中,可谓充满了“中国特色”。

1. 中国国家食品药品监督管理局的组织结构

(1)国家食品药品监督管理局的成立

国家食品药品监督管理局(State Food and Drug Administration,简称 SFDA),是根据第十届全国人民代表大会第一次会议批准的国务院机构改革方案和《国务院关于机构设置的通知》,于 2003 年 3 月在国家药品监督管理局的基础上组建的。

2003 年 4 月,经国务院批准的《国家食品药品监督管理局主要职责、内设机构和人员编制规定》(简称:“三定方案”,国办发[2003]31 号)正式下达。该“三定方案”明确了国家食品药品监督管理局的主要职责、内设机构和人员编制等。国家食品药品监督管理局是国务院综合监督食品、保健品、化妆品安全管理和主管药品监管的直属机构,设有 10 个职能司(室),分别为办公室(规划财务司)、政策法规司、食品安全协调司、食品安全监察司、药品注册司、医疗器械司、药品安全监管司、药品市场监督司、人事教育司和国际合作司。该局机关行政编制为 180 名(含国家食品药品安全监察专员编制)。国家食品药品监督管理局正式挂牌的日期是 2003 年 4 月 16 日。

(2)国家食品药品监督管理局内设机构及各自职能

根据中国国情而设立的国家食品药品监督管理局,其内设机构及其职能如下:

①办公室(规划财务司)

负责局机关文秘、档案、值班、信访、保密、政务信息和行政后勤等工作;组织建立业务信息系统,承担统计、综合信息管理工作;负责本系统中长期发展规划和建设规划;制定财务、会计、国有资产和基本建设的管理制度并组织实施组织编制年度预决算并监督执行,综合管理各类资金、资产、基本建设和政府采购工作;负责本系统行政事业性收费的监督管理;负责局机关财务和对直属单位的审计监督工作;负责综合协调机关和直属单位的有关事宜;承办局交办的其他事项。下设:秘书处、文档信息处、发展规划处、预算管理处、财务处、综合管理处。

②政策法规司

参与起草、组织拟订药品监督管理法律、行政法规和政策;组织有关部门起草食品、保健品、化妆品安全管理方面的法律、行政法规并拟订综合监督政策;提出立法规划建议组织和承担行政规章的审核、协调和发布工作;负责行政执法监督和听证工作,承担行政复议、应诉和赔偿等工作;指导本系统法制建设;组织并承担有关新闻发布、宣传报道和报刊出版等工作;负责我国食品药品监督管理改革与发展战略研究;负责 WTO 涉及食品药品监督管理政策研究;承办局交办的其他事项。下设:政策研究处、法规处、执法监督处、新闻处。

③食品安全协调司

组织有关部门拟订食品、保健品、化妆品安全管理的工作规划并监督实施;依法行使食品、保健品、化妆品安全管理的综合监督职责,组织协调有关部门承担的食品、保健品、化妆品安全监督工作;综合协调食品、保健品、化妆品安全的检测和评价工作,指导、协调食品安全检测与评价体系建设;收集并汇总食品、保健品、化妆品安全信息,分析、预测安全形势,评估和预防可能发生的食品安全风险;会同有关部门制定食品、保健品、化妆品安全监管信息发布办法并监督实施,综合有关部门的食品、保健品、化妆品安全信息并定期向社会发布;承担研究、协调食品安全统一标准的有关工作;承办局交办的其他事项。下设:综合协调处、监测标准处、信息分析处。

④食品安全监察司(食品安全监察专员办公室)

组织协调有关部门健全食品、保健品、化妆品安全事故报告系统;依法组织开展对重大事故的查处;根据国务院授权,组织协调开展食品、保健品、化妆品安全的专项执法监督检查活动;研究拟订食品、保健品、化妆品中事故的各种应急救援预案,组织协调和配合有关部门开展应急救援作用;组织拟订国家食品安全重大技术监督方法、手段的科研规划并监督实施;承办局交办的其他事项。下设:专项督查处、技术监督处、综合管理处。

⑤药品注册司

拟订和修订国家药品标准、药用辅料标准、直接接触药品的包装材料和容器产品目录、药用要求和标准;负责新药已有国家标准的药品、进口药品以及直接接触药品的包装材料和容器的注册和再注册;实施中药品种保护制度;指导全国药品检验机构的业务工作;拟订保健品市场准入标准,负责保健品的审批工作;负责医疗机构配制制剂跨省区调剂审批与管理;研究提出药品进口口岸并制定药品通关目录;负责药品审评专家库的管理;负责对药品注册品种相关问题的核实并提出处理意见;承办局交办的其他事项。下设:中药处、化学药品处、生物制品处、保健品处、综合管理处。

⑥医疗器械司

起草有关国家标准,拟订和修订医疗器械、卫生材料产品的行业标准、生产质量管理规范并监督实施;商国务院卫生行政部门制定医疗器械产品分类管理目录;负责医疗器械产品的注册和监督管理；负责医疗器械生产企业许可的管理；负责医疗器械不良事件监测和再评价；认可医疗器械临床试验基地、检测机构、质量管理规范评审机构的资格；负责医疗器械审评专家库的管理；负责对医疗器械注册和质量相关问题的核实并提出处理意见；承办局交办的其他事项。下设：标准处、产品注册处、安全监管处。

⑦药品安全监管司

组织实施药品分类管理制度，审定并公布非处方药物目录；制定国家基本药物目录；负责药品再评价和淘汰药品的审核工作；建立和完善药品不良反应监测制度；拟订和修订中药材生产、药品生产、医疗机构制剂等质量管理规范并监督实施；协商有关部门制定药物非临床研究、药物临床试验的质量管理规范并监督实施；审核药物临床试验机构；依法组织和监督药品生产质量管理规范认证工作；依法监管放射性药品、麻醉药品、毒性药品、精神药品等；负责药品生产许可、医疗机构制剂配制许可的监督工作；拟订保健品生产企业许可标准；负责全国药物滥用监测工作；负责对药品安全监管相关问题的核实并提出处理意见；承办局交办的其他事项。下设：药品研究监督处、生产监督处、药品评价处、特殊药品监管处。

⑧药品市场监督司

拟订和修订药品、医疗器械经营质量管理规范并监督实施；依法监督生产、经营、使用单位的药品、医疗器械质量，组织实施国家药品、医疗器械质量监督抽验，定期发布国家药品、医疗器械质量公告；负责药品、医疗器械经营许可的监督工作，监管中药材专业市场；负责药品广告、互联网药品信息服务和交易行为的监督工作，指导保健品广告内容的审查工作；负责医疗器械广告审批监督管理工作；负责并协调相关司室依法查处制售假劣药品、医疗器械等违法行为；承办局交办的其他事项。下设：经营许可监督处、药品督察处、医疗器械督察处、信息广告监督处、综合管理处。

⑨人事教育司

承担局机关和直属单位的人事、机构编制及劳动工资工作；按照干部管理权限，做好有关干部的管理工作；指导本系统干部队伍建设，拟订本系统教育培训规划和规章制度并组织实施；拟订并完善执业药师资格准入制度，监督和指导执业药师资格考试、执业药师注册工作；承办局交办的其他事项。下设：考核任免处、工资调配处、培训与技术干部管理处。

⑩国际合作司

组织开展与外国政府、国际组织间的药品监督管理和食品、保健品、化妆品安全管理有关的国际交流与合作；负责我国食品药品监督管理对外政策的战略研究，拟订对外工作方针政策；行使外事管理职能，拟订外事工作规章；管理有关台澳事务；负责药品行政保护工作；组织开展智力引进和出国培训工作；承办局交办的其他事项。下设：合作处、联络处、综合管理处。

2. 中国国家食品药品监督管理局的职能与管制范围

国家食品药品监督管理局是国务院综合监督食品、保健品、化妆品安全管理和主管药品监管的直属机构，负责对药品（包括中药材、中药饮片、中成药、化学原料药及其制剂、抗生素、生化药品、生物制品、诊断药品、放射性药品、麻醉药品、毒性药品、精神药品、医疗器械、卫生材料、医药包装材料等）的研究、生产、流通、使用进行行政监督和技术监督；负责食品、保健品、化妆品安全管理的综合监督、组织协调和依法组织开展对重大事故查处；负责保健品的审批。其主要职责是：

（1）组织有关部门起草食品、保健品、化妆品安全管理方面的法律、行政法规；组织有关部门制定食品、保健品、化妆品安全管理的综合监督政策、工作规划并监督实施；

（2）依法行使食品、保健品、化妆品安全管理的综合监督职责，组织协调有关部门承担的食品、保健品、化妆品安全监督工作；

（3）依法组织开展对食品、保健品、化妆品重大安全事故的查处；根据国务院授权，组织协调开展全国食品、保健品、化妆品安全的专项执法监督活动；组织协调和配合有关部门开展食品、保健品、化妆品安全重大事故应急救援工作；

（4）综合协调食品、保健品、化妆品安全的检测和评价工作；会同有关部门制定食品、保健品、化妆品安全监管信息发布办法并监督实施，综合有关部门的食品、保健品、化妆品安全信息并定期向社会发布；

（5）起草药品管理的法律、行政法规并监督实施；依法实施中药品种保护制度和药品行政保护制度；

（6）起草医疗器械管理的法律、行政法规并监督实施；负责医疗器械产品注册和监督管理；起草有关国家标准，拟订和修订医疗器械产品行业标准、生产质量管理规范并监督实施；

（7）注册药品，拟订、修订和颁布国家药品标准；拟订保健品市场准入标准，负责保健品的审批工作；制定处方药和非处方药分类管理制度，建立和完善药品不良反应监测制度，负责药品再评价、淘汰药品的审核和制定国家基本药物目录的工作；

（8）拟订和修订药品研究、生产、流通、使用方面的质量管理规范并监督实施；

（9）监督生产、经营企业和医疗机构的药品、医疗器械质量，定期发布国家药品、医疗器械质量公报；依法查处制售假劣药品、医疗器械等违法行为；

（10）依法监管放射性药品、麻醉药品、毒性药品、精神药品及特种药械；

（11）拟订和完善执业药师资格准入制度，监督和指导执业药师注册工作；

（12）指导全国药品监督管理和食品、保健品、化妆品安全管理的综合监督工作；

（13）开展药品监督管理和食品、保健品、化妆品安全管理有关的政府间、国际组织间的交流与合作；

（14）承办国务院交办的其他事项。

二、中国药品管制体制

相比美国同行，中国的药品管制体制自有其特色。

（一）关于中国药品管制体制的规定

药品管理的范围较为广泛。按照《药品管理法》第二条的规定，这部法律的适用范围，是“在中华人民共和国境内从事药品的研制、生产、经营、使用和监督管理的单位或者个人”，也就是这些单位和个人都在其列，即都要遵守这部法律。而且在《药品管理法》的各项有关规定中，对哪些是药品研制、生产、经营、使用行为，都作了具体的界定。同时，又在法律上确定了相关的监督管理的部门。即使有些事项在这部法律中没有具体的规定，但在一些相关的法律中也涉及了药品的监督管理，这就要考虑到法律之间的衔接，相互之间的关系。

正是考虑到上述情况，在药品管理法中所确定的药品监督管理体制有以下几点。

（1）国务院药品监督管理部门主管全国药品监督管理工作。对于哪些事项属于主管范围，怎样进行主管，都应依照法律规定而确定。

（2）国务院有关部门在各自的职责范围内负责与药品有关的监督管理工作。这是因为药品的监督管理涉及研制、生产、经营、使用等多个环节，在各个环节、各个层次又涉及诸多方面，因而需要明确各有关部门的职责，并要求其负起有关责任。

（3）上述是就全国的情况即中央政府这一层次而作的规定，对于省、自治区、直辖市这个层次则规定，省、自治区、直辖市人民政府药品监督管理部门负责本行政区域内的药品监督管理工作；省、自治区、直辖市人民政府有关部门在各自的职责范围内负责与药品有关的监督管理工作。这就是对一定行政区域内的药品监督管理体制确立了法律上的框架，具体管理事项则根据法律上的具体规定执行。

（4）国务院药品监督管理部门应当配合国务院经济综合主管部门，执行国家制定的药品行业发展规划和产品政策。这是由于药品行业是一个重要行业，在国民经济中占有重要地位，对人民生活中有重要影响，需要由国家制定发展规划，纳入产业政策的调控范围，从而在法律上明确在这方面的职责分工，使有关部门之间的关系定型化。

（5）药品检验机构的地位。在药品管理中需要实施药品检验，并且这种检验有明确的任务和相当的权威性，因此在药品管理法中对药品检验机构的设置及其作用作出规定，并由于它是药品监督管理的一个组成部分，所以将其列入药品管理体制的内容。药品管理法对其所作规定的内容为，药品监督管理部门设置或者确定的药品检验机构，承担依法实施药品审批和药品质量监督检查所需的药品检验工作。在这项规定中，只对依法实施的药品监督管理中所需的药品检验工作由谁承担问题作出限定，而对其他的，即商业性的、专业服务的药品检验未作这种限定。

（二）中国药品管制体制的特征

我国的药品管制体制，建立的是“国家药品监督管理局及省以下垂直管理的药品监督管理体系”。按照这一体制设计，省、自治区、直辖市成立省级药品监督管理局，接受SFDA和省级政府的双重领导。从经费来源看，SFDA的经费由中央财政全额拨款保证，而省级药品监督管理局及其省以下的市县，主要依靠当地省及省以下地方财政。由于地方经济发展不平衡，财政丰腴不一，造成各省药品监督管理局及下属机构经费差异较大，工作人员的积极性受到影响。从内部机构设置来看，有的地方采取了和SFDA对应的机构设置方式，有的地方则根据本地需要设置。到2002年，各地药品监督管理机构基本建立，人员到位，初步形成一个全国性药品监管网。

根据上述情况，透视监管体制以及监管实践，我们可以概括出中国药品管制体制的主要特征。

1. 实行“一体、两级”并带有多部门性质的体制

从法律法规而言，这集中体现在新修订的《药品管理法》第五条、国务院《医疗器械监督管理条例》(276号令)第四条和国务院批转的国家药监局《药品监督管理体制改革方案》的通知中。所谓“一体”，是指药品监管行政执法主体为国家、省、市、县各级药品监管机关和法律、法规授权的监督检验机构(包括药品、医疗器械监督检验机构)，“统一履行药政、药检和药品生产流通(包括医疗器械)监督管理职能”。除此之外，任何部门和个人没有药品监管的执法权。所谓“两级”，是指国务院药品监管部门代表中央政府、省级药品监管部门代表地方政府实施药品监管的体制。它们分别承担全国和各省地方药品监管工作，履行法定的监督管理职能。总体上，实行统一归口管理，即国家级和省级二级体系和制度。所谓“多部门性质”，是指宏观经济部门、工商、卫生、物价等其他涉法部门负责各自职责范围内的与药品有关的监管工作，是辅助性的监管主体，因此“带有多部门性质”。根据这种情况，我们可以说“一体、两级”是我国现行药品监督管理体制的本质特征。笔者认为，这种概括符合我国药品管制体制的实际，反映了药品管制体制方面的“中国特色”。在这样的体制中，省级地方药品监督管理局作为地方药品监督管理机关，不仅受SFDA领导，同时作为省级地方政府的工作部门，还要接受省级地方政府的领导。省级药品监督管理局受国家SFDA与省级地方政府双重领导，是中国药品监管体系的重要特征。这个特征，实际上反映了在药品管制方面中央和地方对于相关权力的争夺，同时也在客观上开启了地方保护主义对于药品管制的干扰门径。此外，双重领导，财政分担的结果，客观上也容易导致经济欠发达地区的监管部门人员工作积极性不高，羡慕攀比经济发达地区的同行，甚至利用手中权力违法行政、谋取私利的现象出现。

2. 行政执法机构缺少管制所需的技术力量，是纯粹的行政机关

由于我国特殊的国情，行政主导的国家管理方式，官本位的思想意识及其相应的组织架构，必然也影响到药品监管机构的设置及其执法理念。我国的药品管制系统，把行

政执法机构与技术监督机构分别设立。分别设立的结果,首先就是导致行政执法机关轻视技术监督,从而在其组织架构中缺少应有的技术机构的设置,而成为一个纯粹的行政执法机关,亦即人们常说的“官府”。这和美国形成鲜明对照。由于这种机构设置的先天弊端,故导致药品监督行政机关在监督执法中本身没有技术理念也没有技术能力,只好依赖另设的技术监督部门的技术支持。这种情况,往往导致监督机构的官僚主义、衙门作风,同时也容易导致不懂行、瞎指挥的弊端。

3. 药品技术监督机构冗员甚多、职责不明、效率低下

根据现有的体制,我国药品技术监督机构的身份比较特殊,它既隶属于同级药品监督行政机关,受其领导,但同时又是独立的事业单位法人。换言之,药品技术监督机构属于事业单位,从属于行政单位。而由于我国行政体制改革和没有到位,大量的行政机关把行政权力之外的很多职能转移给隶属于自己的事业单位,同时在里面安置人员。这样,事业单位及其人员就要从事一些实际上具有行政职能的工作,执行行政机关的行政指令。而这些事业单位,为了发挥自己的能量,显示自己的存在,就要有所作为,于是,正好利用行政部门赋予或者转移的某些权力,来发号施令。在药品监管的技术部门,其结果就是增加了药品监督管理的层次和环节,而且在无形中出现了技术监督和行政监督混杂的情况。同时,由于员额过多,财政负担加重,某些不守规矩的技术监督部门和人员,就会利用权力去寻租,乱罚款、乱处罚,影响药监部门的声誉。总地看来,目前药品监督技术部门职责不明,效率低下,冗员甚多。这构成我国药品监督体系的另一大特点,这个特点,就其实质而言,是我国行政体制改革没有到位,药品监管体制没有理顺而造成的。解决之道,是国家要加快行政体制改革,药品监管体制也要改革。

第八章　完善我国食品药品监控预警机制的政策与建议

通过与发达国家在食品药品监控预警方面的对比可知，我国在建立健康大国的道路上，还有很长的一段路要走。食品药品监控预警是全球性和世界性的难题，也是具有一定共性的问题。食品药品管理机制的基本规律、基本原则，不同国家之间是不可逾越的，必须遵守。因此，中国必须结合自己的实际情况，从中国的实际出发，不断完善我国食品药品监控预警的相关机制。

第一节　完善食品药品监控预警的战略决策

要实现食品药品监控预警事业的战略成功，进而完善我国食品药品监控预警机制，必须把发展战略与发展举措相结合，形成有机统一的整体，共同推进食品药品监控预警的建设与发展。其有战略管理、发展服务、市场规范、安全预警、安全监控、法律监督6个方面的工作组成。

一、食品药品战略管理

战略管理的目的是提高战略管理能力，建立统一、协调、权威、高效的食品药品监管体制和工作机制。这种监管体制和工作机制，能够维护和确保食品药品安全，协调和消除各种利益冲突，使食品药品市场体系中的各种市场主体无法从损害其他市场主体的利益中获得额外收益；使食品药品监管工作既能与国际通行的规则接轨，又有利于中国食品药品产业的健康发展；使食品药品监控预警呈现出清晰的发展轮廓，并始终在科学发展的道路上阔步前进。

（一）运用战略思维

在推进科学发展、建设和谐社会过程中，食品药品监管面临一系列重大理论和实践问题。机遇与挑战并存，希望与困难同在。在这样的背景下，抓住机遇，迎接挑战，把食品药品监控预警全面推向前进，靠就事论事的事务主义不行，靠拍脑袋、想当然的经验主义也不行，食品药品监管工作比以往任何时候都需要立足全局的战略思维。战略思维是理性思维的高级形式。要加强理论武装,在中国特色社会主义理论体系的指导下,描述战略景观,进行战略宣言,在不确定性中把握确定性,在混乱中抓住规律,在无序中发现秩序,努力实现战略成功。

1. 战略景观

组织总是向未来迈进的,领导者不可能从开始就完全预见到结局,但不能因此而缺乏清晰明朗的愿景和方向。要与时俱进,根据新形势、新任务、新变化和知识经验不断对既有的发展战略适当调整,迅速而及时地抓住机遇、迎接挑战。这就要求领导者以十八大改革和完善食品药品安全监管体制为指导,运用战略思维,描述出清晰明朗的战略景观,展示出发展的愿景和方向。随着"十二五"规划的贯彻落实,描述食品药品监管事业的战略景观显得比以往更为必要。

描述战略景观面临一系列不确定性。面对无法消除的不确定性带来的挑战,有的决策者要么过分地乐观,倾向于将决策过程中面临的不确定性看成是前景清晰条件下的不确定性;要么过分悲观,倾向于将其看成是属于前景模糊条件下的不确定性。这种简单化的做法可能是因为人们的逻辑过程是线性的,趋于夸大短期能做的事,而无望地低估最终的可能性。然而,现实世界服从非线性过程,常常带有指数规律。尽管如此,人们的理智还是能影响愿望的将来,我们今天察觉等待我们挑战的方式和由此而描述的战略景观和采取的战略行动,将决定事物明天的状态。因此,描述战略景观必须有清醒的政治头脑、敏锐的世界眼光,从理论前沿、形势判断、国际比较、历史考验的战略高度分析所面临的不确定性,并针对不确定性的类别采取相应的行动组合。可以说,以理论武装为前提,不断增强全局观念,立足世界视野,进一步强化机遇意识,坚持唯物辩证法和实事求是,是描述战略景观的核心和关键。

2. 战略宣言

尽管愿景和使命为确立目标和战略宣言提供了有价值的开端,从过去的监管实践中吸取教训至关重要。现行的战略随着时间的推移需要通过学习和调整来不断地发展和改进,掌握这一点可以为将来制定新战略提供极有价值的基础。但这种经验是一笔宝贵的知识财富,其中大部分属于管理者个人所有。因此,鼓励人们分享他们的知识和实践成果很有价值。

3. 战略成功

未来绝不可能是过去的简单重复。在战略思维和战略宣言中,描述现在的位置和取得的成绩的同时,还应该对内部的优势和劣势、外部的机遇和挑战进行分析和概括,充分意识到竞争环境的各种变化,确定奋斗目标、稳定性战略和开拓性战略,制订行动计划。当运用时间范围时,这些明确的目标和行动就构成了里程碑。不论现在的战略和行动计划有多么成功,它们的有效生命也可能会结束。因此,需要不断地以里程碑为起点,评估、分析所处的位置和所取得的成绩。

在战略上成功的组织对它们的各种战略都有清晰的愿景和方向，并能将这些想法付诸行动。这就意味着它们能够有效地实施自己拟定的战略，并能够在混乱多变的环境中对这些战略进行调整。这自然要求组织的高层具备有效的战略管理能力；对于组织结构复杂、权力部门分散的机构来说，其各级管理者同样也要具备这种管理能力。

在现实生活中，决策层次越高，面临的不确定性越大，领导必须关注战略灵活性的价值。普里高津说："我们努力要走的是一条窄道，它介于导致异化的两个概念之间：一个是确定性定律所支配的世界，它没有给新奇性留有位置；另一个则是由掷骰子的上帝所支配的世界，在这个世界里，一切都是荒诞的、非因果的、无法理喻的。""在沿着这条回避盲目定律与无常事件之间激动人心抉择的窄道时，我们发现了……我们周围的大部分具体世界。"当现实不符合规则时，决策者不从规则上找原因，仅用例外、特殊性进行解释、搪塞。在构建和谐社会进程中，食品药品监管工作要在确定性和不确定性之间开拓出一条道路，只有这样，我们才能更好地与时俱进、开拓创新、引导变化、塑造未来，真正实现食品药品监管事业的战略突破。

（二）维护和确保食品药品安全

战略管理工作的最终目标是保障食品药品安全，提高和增强人民群众的健康素质。所谓食品药品安全，是指能够有效地向全体人民提供数量充足、结构合理、质量达标的食品药品。这个概念包括 3 个方面内容：一是必须有可靠的原料来源生产基础性食品药品；二是有生活保障的人既能买得到又买得起与其生活保障水平相适应的最基础的食品药品；三是所提供的食品药品必须质量达标，安全有效，没有污染。对中国这样一个发展中大国，食品药品安全必须建立在确保产品质量、立足本国供给、参与国际竞争、保护生态环境和资源可持续性利用的基础上。在战略管理工作中，各食品药品监管部门应与有关的职能部门密切配合，对食品药品的质量安全、数量安全和生态安全进行统筹考虑和综合监管，夯实食品药品安全基础，满足不同消费者对食品药品日益增长的需求，在全社会形成关注安全、关爱生命、珍视健康的良好氛围，为全面实现小康目标和中华民族的和平崛起贡献力量。

（三）加强规划能力、决策能力、执法能力、管理能力建设

提高战略管理能力，保障食品药品安全，需要运用战略思维和世界眼光，不断加强规划能力、决策能力、执法能力和管理能力建设，形成动态、高效的监管体制和工作机制。这涉及组织、队伍、规划、机构改革、综合协调、依法行政等多个层面。

1. 组织层面

保障公众饮食用药安全，必须把条条块块各方面的活动协调起来，从整体上提高资源配置与利用的效率和专业化市场监管水平。要进一步深化食品药品监管体制改革，促进职能转变，理顺工作关系，提高队伍素质，创造人尽其才的环境，建立起统一、协调、权威、高效的食品药品监管体制和工作机制。要充分认识完善社会主义市场经济体制所面临的各种不确定性因素和食品药品监管工作机构改革的连续性、艰巨性。要顺应社会主义市场经济发展需要，调整完善各项工作职能，使食品药品监管机构的主体功能与社会进步、经济发展保持步调一致。

2. 规划层面

食品药品监督管理工作要更好地推进全面建设小康社会目标的实现，就要不断进行监管理论创新、监管体制创新和监管手段创新，突破条块分割的限制，体现出监管工作的整体性、统一性、权威性、科学性。要做到这一点，必须求真务实，进行深入的调查研究，做出具有前瞻性的发展战略规划。战略规划是一座桥梁，连接起食品药品监管的现状和将来要达到的目标。战略规划不仅要从经济理论上确立食品药品监管职能在政府经济职能中的位置，理顺与其他监管部门的关系，有效地解决阶段性专项整治难以形成持续性监管能力的弊端，还要对未来工作中可能出现的新情况、新问题做好前瞻性研究，为食品药品监督工作要做什么和怎么做提供行动指南，有效地预防和解决市场监管工作中遇到的各种矛盾和问题。

3. 执法层面

科学公正地执法，是保障食品药品安全最基本、最有效的手段。食品药品安全监管涉及到多个部门，各监管部门在食品药品各项监管工作中应主动负责、积极服务，加强相互之间的沟通与协调，进一步健全食品药品安全监管和组织协调的工作机制，形成工作制度，通过积极协调和主动服务，着力加大食品安全监管力度、重大事故查处的力度和执法力度。要充分认识到，食品药品监管是一项系统工程，单靠任何一个部门都是不可能的。各监管部门在联合执法当中，要在牵头部门的统一领导下，既能依据职能积极推动，也能甘当配角。

二、食品药品发展服务

发展服务工作的目的是加强食品药品监管事业的基础设施建设，创造和改善依法行政、有效监管的工作条件，为食品药品的生产者、消费者和监管人员提供良好的法律法规环境、标准规范体系、审批注册体系、电子信息系统、监管工作流程，形成一套体现食品药品产业发展和监管规律的科学、实用、公开、公正的食品药品监管法律法规和工作制度。

（一）提供履行食品药品专业化市场监管职能的基础设施

发展服务工作所提供的基础设施分为两类：一类是物质的基础设施，如依法监管所需要的物质条件、技术监督体系（主要包括“三检一中心”，即药品检验、医疗器械检测、食品检测和不良反应检测中心）、电子信息系统、公共设施等；另一类是制度的基础设施，如法律法规、制度规定、标准体系、注册体系等。就制度的基础设施而言，关键是要有一个完善的、代表最广大人民利益、反映食品药品安全要求的法律制度和高效有力的执法规范体系。法律法规不健全，就会为食品药品监管留下“盲点”；法律法规健全，但执法不当、执法不力，食品药品监管也会留下空白或漏洞。发展服务工作所提供的基础设施不是要取代市场经济活动自发形成的规则，而是要与这些规则相适应、相补充、相协调。制定或调整食品药品监管法律法规和政策，应当根据食品药品安全的内在要求、根据最广大人民的利益要求来进行，而不能根据个别人的意愿和偏好来进行。

（二）加强规制能力和信息化能力建设

发展服务工作所提供的基础设施能够规范市场主体的行为，使市场主体之间保持健康良好的市场关系；规范监管工作人员的行为，使之有章可循，有法可依；为形成行为规范、运转协调、公正透明、廉洁高效的监管体制提供电子载体，提高信息共享水平。要做到这一点，必须加强规制能力和信息化能力建设，这涉及监管法律法规体系、药品注册体系、安全标准和不良反应监测标准体系、管理制度体系、信息化建设工程等层面。

1. 法律法规体系

在市场经济体系中，虽然实现食品药品市场主体利益规范化的途径多元化，但起主导作用的是法律法规体系。食品药品市场只有在一定的法律规范体系下才能有效运行，只有通过完善的法律法规体系才能建立稳定、持久的食品药品市场秩序，食品药品的市场交易主体只有在一定的秩序下才能实现利益最大化。要从调查研究入手，逐步完善食品药品监管法律法规体系、技术监督标准体系、安全监管标准体系，并根据形势的发展，对现行法律、法规进行必要的修改、调整，逐步形成内容科学、规范统一、体系完整、分工明确、管理有序、执行得力的食品药品监管法律法规体系，使各方面的监管工作有法可依、有章可循。

2. 制度规范

要以党的十八大关于改革和完善食品药品安全管理体制的要求为契机，为食品药品监管部门的工作人员制定一套完整的制度规范。这套制度规范从个人行为到组织形态，从技术要求到管理过程，从依法建立健全行政许可规范性文件的审核备案制度、行政许可责任制度、行政许可评议制度到过错责任追究制度、监督检查制度，涉及食品药品监管工作所有层次和所有方面。所有这些制度规范结合起来，构成了一套完整的工作制度和约束系统。这个工作制度和约束系统的实质在于依靠外在于个人的、科学的理性权威进行动态监督、科学管理。

3. 信息化建设

根据党的十八大关于改革和完善食品药品安全管理体制的要求的战略决策，食品药品监督管理部门在推行信息化建设过程中，应以提高效率、增强效果和节约成本为导向，在服务传输层面提高对公众服务的便捷性和满意度；在各部门之间实现业务界限的融合，实现业务流程在部门间的无缝链接；实现网上信息共享和流畅快捷的信息传递，为食品药品监管工作的统筹规划和综合协调提供信息基础和可操作工具。要形成行政许可的办理网、层级监督的管理网和公众需要的服务网，全面提升食品药品监管部门的整体协作水平。食品药品监管工作的信息化建设，既能与已有的监管体制相结合，增加监管手段，又能创新监管方式，为制定政策和实施有效监管提供可靠依据，提高监管的科学性、公正性，更好地为企业和社会公众服务。

（三）坚持"三最一突出"

食品药品同时具有私人物品和公共物品的特点。市场上出售的食品药品是一种私人物品，完全具有私人物品的"分割"特征。各个私人购买的食品药品之和等于市场上出售的食品药品总量。但是，食品药品安全及构成这种安全物质基础的国家食品药品生产能力、流通能力、储备能力、监管能力，具有公共物品"不可分割"的特点。对于每一位公民，在受到饥荒、传染病及其他突发事件威胁的时候，都能够分享到国家的食品药品安全保障。作为私人物品的食品药品直接关系到消费者的身体健康和生命安全；作为公共物品的食品药品直接关系到社会安定和人民幸福。食品药品的这种公共物品特性，要求在食品药品监管工作中建立起最严格的管理、最规范的制度、最全面的法制体系和服务网络，突出科学性、实用性、时效性、可操作性。坚持"三最一突出"是政府承担好食品药品安全责任、避免发生食品药品安全事件的重要措施之一。在发展服务工作中，政府必须对所有公民的食品药品予以法律法规上的保障，这种保障超越了市场行为，它是食品药品市场监管职能的重要内容和特色所在。

三、食品药品市场规范

市场规范工作的目的是发挥市场机制的作用，维护和健全食品药品市场秩序，约束市场主体的行为，提高资源配置效率，形成利益和谐、竞争适度、收益共享、交易有序、结构稳定的资源配置状态和利益关系的协调体系，在保障食品药品安全、推进食品药品产业的快速发展中，提高人民群众的福祉。

（一）规范食品药品市场秩序

全球化的外部环境、落后的经济文化基础、市场化经济制度改革和食品药品的公共物品特性，决定了食品药品市场体系中的各种利益冲突和经济关系具有特殊性，简单的自发演进模式或理性构建方法，都无法真正实现食品药品市场的有序运行。也就是说，食品药品市场的秩序不是自发演进的产物，也不是整体理性构建的产物，而是政府的市场监管与市场的自发演进之间互动的产物。现阶段食品药品市场秩序问题主要表现在市场进出、市场交易、市场竞争等方面，这些方面的内容交织在一起，相互关联，推波助澜，使市场秩序问题显得越来越复杂，而问题的核心则是市场发育程度不高、竞争不充分。在国外发育程度较高、竞争充分的食品药品市场上，由于交易者要进行多次反复博弈，每一个市场主体的行为都需"从长计议"，假冒伪劣者和坑蒙拐骗者将被逐出市场而名利双失，价格战的发动者将会因竞争对手的强烈反应而无利可图。有鉴于此，在规范我国食品药品市场秩序工作中，要处理好演进与规范、政府与民间、治标与治本、国际化与本土化的关系，既要反对过度竞争、提高行业集中度，又要反对过度垄断、消除地方保护主义。要从维护有效竞争、提高资源配置效率的角度出发，通过市场监管与市场演进之间的互动，逐步建立一个产业内适度集中、企业间充分竞争，以大企业为主导、大中小企业协调发展的“寡头主导型”食品药品市场组织结构。市场经济发达国家的实践表明，形成这样的市场组织结构，是维护和健全食品药品市场秩序的必由之路。

（二）加强市场配置资源的能力和产业发展能力建设

在市场规范工作中，要发挥市场机制的作用，提高市场配置资源的效率，推进农村食品药品“两网”建设，把“食品药品放心工程”推向深入，必须加强资源配置能力和食品药品产业发展能力建设。这涉及影响食品药品市场秩序的各个方面，如源头治理、市场准入、流通网络、交易规则、信用体系以及商流、物流、信息流的优化组合等层面。

1. 改善食品药品市场运行环境

改善食品药品市场运行环境的关键在于制度建设和执法检查。现阶段，既要运用行政手段规范和整治市场秩序，又要运用法律手段加快食品药品市场制度建设，完善和落实市场进入制度、交易监管制度、市场信用制度、市场安全制度。执法不当往往造成正式规则越位，执法不力往往使法律法规的效用大打折扣。食品药品监管部门应紧密结合各地实际，认真做好执法检查，不断巩固制度建设的成果。

2. 优化食品药品市场流通组织

马克思在《资本论》中指出：“商品不能自己到市场去，不能自己去交换。因此我们必须寻找它的监护人。”食品药品流通组织在市场上充当着食品药品监护人角色，必须重塑食品药品流通组织，使其组织结构、流通环节、经营方式等符合市场经济体制下食品药品流通规律的要求，充分发挥食品药品安全的监护人、组织者和推动者的职能。

据报道，发达国家药品商业企业流通环节只有两三个，而我国往往高达五六个；发达国家的药品平均流通费用率为4%左右，我国则高达12.56%。导致这种状况的原因是我国药品流通环节的供应链太长，无序竞争、过度竞争现象严重，流通成本加大，导致药品价格上涨。环节繁多不仅会损失药品流通的效率和商业企业的效益，同时这种局面给我国药品监管带来的难度远远高于国外的成熟市场，最为不利的是直接加重了人民群众的健康成本。我国加入 WTO 后，开放力度最大的是流通领域，在“国民待遇原则”下，利用行政手段进行保护受到制约。随着药品流通领域的逐步放开，国内药品市场的格局将会进一步变化，竞争将会进一步加剧。

一般言之，在公开公平的市场环境中，市场对药品流通体制会做出自己的取舍，政府对药品流通领域的监管应该是创造严格的准入标准的审查机制，对于流通过程中的违法违规行为的处罚应该从重从快，加快流通领域自身的竞争周期，加强流通领域内的竞争强度,打破现存的各地保护藩篱。国外大型医药连锁企业、药品批发企业是在扩张兼并发展的过程中逐渐形成的,国内的流通环境建设得越好,这种过程就越短。“如果每个地方政府都实行地方保护主义,那么全社会的利益必然受到损害。”药品流通领域对一个地区经济方面的影响相对较小,在这个领域率先建成全国统一的大格局,不仅对各地影响不大,而且有助于在国内成为行业改革的先行者。现阶段,要通过落实食品药品市场监管职能,推进食品药品批发企业和零售企业改革,规范食品药品物流企业,加快农村食品药品供应网络建设,提高农村食品药品市场的组织化程度,满足不同区域、不同阶层对食品药品的需求。

3. 维护消费者合法权益

要使食品药品消费者权益得到令人满意的保护,遵循法治是必要条件。遵循法治包含两方面内容:一是规制上的完善,即有法可依;二是事实上的完善,即有法必依。目前,维护食品药品市场秩序的法律框架已初步形成,在市场规范工作中,应努力提高执法水平,公正廉明,依法行事,把食品药品消费者福利最大化作为市场规范工作的行为准则。要做到这一点,需要食品药品监管机构、中介组织和消费者个人共同努力。市场监管部门严格执法,维护消费者权益;中介组织加强自律,保护消费者权益;消费者培育理性消费行为和自我维权意识,提高自我保护能力。

4. 在竞争的强度和效率之间寻求平衡

在食品药品监管工作中,要保障食品药品安全,提高市场配置资源的效率,必须寻求竞争的强度与效率之间的平衡。发达国家的市场演化过程表明,当追求效率演化成无益的过度竞争时,大多数市场会做出合乎逻辑的反应,这就是:在不成熟市场中占多数的新企业经历一次重组后,通常会接连发生几次重组,最终会出现产品组合齐全的三大通才型企业和许多小型的、针对某一个细分市场的专家型企业,以及一些高不成低不就、卡在“壕沟”里的企业。这种结构最可能提供效率和竞争强度之间的平衡,因为:专家型企业享有高毛利润;三巨头依赖于销售量来提高它们的资产回报率;“陷在中间的竞争地位”的企业,一方面,它们的规模太小,不能成功地成为通才型企业,另一方面它们的规模又太大,也不能够成功地成为专家型企业。现阶段,我国食品药品市场远没有达到成熟。在食品药品监管工作中,必须通过着眼于未来的市场监管工作,加快食品药品市场的演化,形成效率和竞争强度之间的平衡,这是规范市场秩序、提高市场配置资源能力和产业发展能力的必由之路。

(三)坚持“三转一提高”

市场机制可以优化资源配置,却不能有效地约束市场主体的行为。因为市场机制以利润最大化为目标,市场主体为此采取各种手段,甚至采取假冒伪劣、虚假广告等不正当手段。为了确保食品药品市场经济活动的有序进行,保证国家利益、社会公共利益和市场主体的合法权益不受损害,在市场规范工作中应坚持从传统的监管手段向现代监管手段转变,从相对封闭型的监管方式向相对开放型的监管方式转变,从事后查处向事前防范转变,努力提高依法行政能力不能满足于运动式、“救火”式监管,要通过“三转一提高”,着眼于长远,注重战略思维,创新监管手段,引入高科技成果,强化发展后劲依据法律、法规和政策来引导、规范、保障和约束市场主体的经济行为,维护食品药品市场的经济秩序,促进食品药品产业的快速发展。

四、食品药品安全预警

(一)培养食品药品安全风险管理意识

每个上市后的食品药品都且有风险,要做的是合理控制风险,使风险发生在可以预防和承受的范围之内。食品药品安全预警管理正是在风险管理基础上进行的,食品药品危害事件的早期识别、介入管理,防止危害的形成和扩大。实行预警管理可以让我们和风险同成长,逐步掌握规律,能够更为成熟地控制风险,有效保降安全。

1. 加强风险评估管理

培养宏观风险管理意识,根据食品药品安全事件风险收益和损失开展监测评估工作。通过风险评估使预警工作能够进一步地具备有效性、合理性和科学性。

2. 形成风险交流机制

形成能较多涵盖利益相关方的风险交流机制,有助于正确评估食品药品安全风险,为预警管理提供支持。开展风险管理需要制订相应的交流计划,包含交流内容、对象、时间、范围等内容。

3. 建立风险目录管理

通过对高风险品种(成分)、高风险环节以及高风险因素的识别,形成高风险目录,能够有效针对性地开展食品药品安全预警工作,为整个食品药品安全监管工作奠定扎实的鉴础。

(二)科学设计食品药品安全预警制度

食品药品安全预警的运行需要一个完善的制度保障。制度设计上不仅仅要为食品药品安全预警工作的开展提供规范,同时,在制度设计之初,就需要加强对相关漏洞和缺口的堵塞。

1. 倡导和保护预带管理工作的道德基础——诚信

诚信——是预警管理工作的道德签础,因此,我们在制度设计时应该充分考虑到如何倡议和保护这个道德基础。任何机构和个人都有逐利性,因此机构和个人操守需要通过制度来保证。诚信的要求不仅仅是要求信息提供人员具备,同时也需要个个预警管理体系中的工作人员具备,以公平的态度和对消费者用药安全高度负责的责任心开展工作。通过制度上的设计在最大范围内减小和减少人为因素的干扰,阻断利益输送以及利益团体的形成。

2. 信息收集报告制度

预警工作的开展首先需要其备一个丰富、及时的信息资源来源渠道,因此在信息收集和管理上也需要有效的制度规范。必须建立起强制报告和自愿报告相结合的双重报告通道。对于具备临床研究能力的专业机构、人员、驻厂监督员以及 ADR 报告必须实行强制报告管理,这样才能保证其具备专业水平的第一时间、第一现场、高质量的信息资源。对于公众实行自愿报告管理,对强制报告形成补充,在非处方药以及食品药品质量等安全事件上能够使信息来源得到有力的支持。

信息报告的真实性和各个预警工作的成本投入和效益产出密切相连。首先要在正确的信息资源上,选择正确的方法才能实现预警的作用。因此信息提供人员必须是实名形式,同时必须要有可核实性。食品药品监管部门负责信息的核实,同时有义务保护信息提供的安全和利益。对于重要信息报告机构和人员,应当给一定程度的利益保护,例如优先救治、物质奖励措施。

3. 委员会及评估部门工作保障制度

预警委员会以及评估部门在预警工作中担负中枢管理的功能,实现预警工作的信息收集、事件识别、交流、评估、分级管理、预警清单管理以及预警控制等一系列实质性工作。组织体系的行为规范制度以及管理制度不可忽视,组织行为制度设计必须严密、有效,应该包含整个预警工作的计划、启动、实施、监控和收尾五个方面。

4. 社会宣传教育制度

食品药品安全预警管理中,需要把社会宣传教育提到制度层面上来开展。首先是向社会强化食品药品安全意识、普及食品药品安全知识,使社会公众具备初级的食品药品安全问题的识别能力和判断能力。其次是使社会公众了解可获得国家为他们提供的自我救济手段——信息报告,该报告将有助于整个社会食品药品安全的管理,从而体现出自我保护的作用。

5. 培育第三方检验检测力量

在制度设计中,应该充分鼓励和扶植第三方检验检测力量的成长,在节约政府资源的同时促进公平。第三方检验检测力量并不会对政府的权威形成挑战,而是有益的补充,是政府对社会资源的合理调配和运用,能够帮助涉及食品药品安全的机构和公众提高对食品药品安全性的进一步核实能力,为食品药品安全问题提供技术支撑手段。

6. 加强制度缺陷防范设计

食品药品安全预警管理模式的设计必然会存在其本身的系统偏差,在制度设计时就应当考虑到缺陷防范和救济。预警管理是一个由人参与的工作体系,不可避免地就会产生一定的思维倾向性和集团利益性,需要就此作出些预防性管理。例如,对于评估部门的选择,我们就需要重视人员的专业性和广泛性,不能仅仅依靠专家,必须尽可能地涵盖齐利益相关方；同时对于评估部门人员应该建立一个评估人员库，不能使评估部门人员唯一，也就是要保持评估部门的固定，但是评估人员应随机选择。再如，在食品药品安全事件的级别中，引入交流机制，也是为了打破特定人员的固有思维模式和倾向，为食品药品安全预警工作的准确有效提供保障。

（三）以食品药品安全预警模式建设为核心，合理使用信息技术手段

1. 注重食品药品安全预警管理模式建设和完善

预警工作重在预警工作模式的设计和校验，信息技术手段是其中部分内容的有效实现方式。当处于食品药品危害事件高发期时，不能盲目地把所有目光投到信息技术手段上，必须建立一个有效的预警管理模式，合理利用信息技术手段。在这一点上切不可舍本逐末。作为一项国家食品药品安全管理，管理模式研究和管理制度建设应是重点研究的问题。

2. 合理借助信息化手段

信息技术手段有许多优点：减小人为因素干扰；提高效率；促进公平；提高资源共享程度；等等。

信息技术手段同样有不足：对于判断条件成热的事件，能提高效率，但对于个性事件缺乏智能性和灵活性；机械、刻板；等等。

合理使用信息技术手段，就是在管理模式设计中掌握取长补短的能力。例如，将判定条件较为成熟的事件直接实行计算机预警管理，从信息收集到最后预警等级确立、预警信息发出完全由计算机实现；对于不具备群体性的食品药品安全信息主要采取人工介入、专家评估方式；等等。

在预警体系中运用信息技术手段时，应注重技术标准体系的建立完善，否则在数据信息处理等方面将事倍功半。

五、食品药品安全监控

安全监控工作的目的是建立食品药品安全预警系统和应急机制，加强质量监管和技术监控，完善食品药品安全综合监管工作制度，形成信息畅通、办事规范、关系和谐的安全监管协调机制，确保食品药品质量可控、饮食安全、用药有效、价格合理、供给充足。

食品药品安全监管工作是一项综合性的、多主体的复杂工程，涉及的部门有十几个，并且随着我国由计划经济向市场经济的转变，食品药品安全问题及其成因也日益复杂和多样。有鉴于此，在安全监控工作中应建立全过程、全方位、全社会参与的食品药品安全监控网络和质量监管机制，所运用的技术方法、管理方法、监控手段多种多样、科学可靠、有的放矢、因地制宜。从全过程的角度来看，食品药品从生产到消费的整个过程由多个相互联系、相互影响的环节所组成，每一个环节都或轻或重地影响着消费者和生产者的权益，必须从源头抓起，实现全过程的监督管理。从全方位的角度来看，食品药品应用普遍，要求严格，一定要进行立体的全方位监管。纵向方面，系统的上层、中层、基层管理乃至一线人员要通力协作；横向方面，与监管相关的各个方面组成一个有机整体。从全社会参与的角度来看，提高监管工作的质量需要依靠系统内外全体人员的共同努力，必须加强责任意识，使每一个工作人员都树立起责任感、使命感，自觉地参加监督管理活动。从“多样”角度来看，为了实现高效监管，必须综合应用各种先进的技术方法、管理方法、监控手段，善于学习和借鉴国外先进的监管经验，不断改进业务流程、工作方法和监管技能。通过“三全一多样”，深刻把握食品药品安全涉及的制度因素、发展因素和社会因素，更好地应对我国食品药品安全面临的各种挑战。

六、食品药品法律监督

法律监督是国家机关、社会组织和公民对执法活动全过程有关行为的合法性所进行的一种监察和督促的专门性活动，是对权力的一种制约，是针对权力的拥有者和运用者而设计的一种防范机制，也是国家食品药品监管体系的重要环节。法律监督工作的目的是完善食品药品执法监督体系，加强依法监管能力建设，保证国家法律法规在食品药品监管部门的贯彻执行，纠正有法不依、执法不严、违法不究的现象，维护公民、法人和其他组织的合法权益，提高监管效能，把依法监管工作推向新水平。

（一）完善执法监督体系

法律法规的实施和运作是在社会环境中出现的，它以人们依法办事的行为为中介，经过实施行为形成法律法规所要求的结果，从而达到法律规定的权利和义务的结合，完成法律法规的实现。但是，在法律法规的实施过程中，由于各种因素的影响和干涉，总会出现这样那样的不规范行为甚至违法行为，这就给法律法规的实现设置了障碍，影响法律机制发挥应有的作用。因此，需要完善执法监督体系，加强人们对实现法律法规的各种活动的监督和管理，制止行政权力的滥用，防止徇私枉法的发生，从而提高行政执法水平，增强全社会的法制观念，激发人们依法办事的积极性与自觉性。食品药品监管实践证明，要实现依法监管，只有立法、执法是不够的，还必须完善执法监督体系。完善执法监督体系是实现监管法制化的保障，是推动监管体制改革与发展的动力，是改进食品药品监管立法的重要环节，是加强食品药品法律制度研究的有效途径。

（二）加强依法监管能力建设

依法行政是现代社会经济发展和政治稳定的需要，是社会进步和政治民主化的重要标志，是历史发展的必然。食品药品监管部门加强依法监管能力建设，是依法行政的有效保障，是完善执法监督体系的必由之路。要完善法制机构，建立健全执法检查、执法责任制、执法考评、案件审核、行政复议等执法监督机制，充分发挥法制机构在加强依法监管能力建设中的主力军作用。

在实行执法责任制和评议考核制中应做到以下几点。①要把国家现行法律、法规、规章所设定的法律责任,按法定职责分解落实到负责组织实施的部门,明确该部门的执法权限和岗位责任。②要把本部门实施或配合实施的法律、法规、规章及其所确定的权利和义务,层层分解,落实到人,明确执法责任、标准、程序。③要建立健全以部门主要领导干部责任为核心的执法过错追究制度、廉政勤政制度和执法人员考核奖惩制度等一系列责任考核制度。④要建立行政执法公开制和投诉制:通过向社会公开行政执法的依据、职责权限、程序以及监督的途径,切实提高执法人员对履行职责的责任感,强化社会对行政执法活动的监督;通过开辟对违法和不正当行为的举报投诉途径,改善执法环境,密切与人民群众的联系,维护其合法权益。

在加强内部监督的同时,要充分发挥外部监督的作用,拓宽监督渠道,认真对待行政诉讼,主动接受人大、政协、人民群众的监督,把来自于系统外的监督当作促进本系统提高依法行政水平的动力。

(三)坚持“三公一严肃”

人类千百年来的历史经验表明,法律实施中的权力扩张和滥用危害严重,失去监督的权力必然会产生腐败。在食品药品监管工作中,有效的法律监督应该使任何一项权力的行使,都要受到监督。要做到这一点,应坚持公开、公平、公正的原则,对监督中出现的问题严肃对待。坚持公开,就是要监督程序公开、法律责任公开、监督电话公开,面对公众监督;坚持公平,就是法律监督工作要合情合理,没有偏私,对监督对象执行统一标准,无高低贵贱之分,无亲疏远近之别;坚持公正,就是要是非分明,疾恶如仇,富有正义感,体现出法律的社会正气;坚持严肃对待,就是要对监督中发现的问题高度负责,认真处理,决不麻痹。在法律监督工作中坚持“三公一严肃”,有助于执法人员树立宪法和法律至上的观念、服务和公仆的观念、尊重并保障监管相对人权利的观念、行政行为遵循程序的观念、权责相统一的观念,以及法治重在治官、治权的观念。食品药品监管部门要积极探索“三公一严肃”的实现形式,改变注重事后监督而忽视和缺乏事前监督和事中监督状况,以“群众利益无小事”的思想信念,把法律监督工作推向深入。

第二节 建立食品药品监控预警的长效机制

食品药品监管效用指食品药品监管事业满足市场主体的欲望和需求的能力。市场主体是指参与市场活动的、具有特殊经济利益目标并自主采取行动力求通过市场实现这一目标的一切个人和组织。食品药品的生产企业、流通企业和广大消费者是市场主体的主要组成部分,政府、事业单位和其他社会组织也是市场主体的重要组成部分。市场主体的特点有三。①主动性,即市场主体有自己的意愿,并且能够按照自己的意愿自主地采取行动。②目的性，即市场主体的任何市场活动都带有一定的目的，但是不同的市场主体其目的可能会有所不同，例如，食品药品生产企业参加市场活动的主要目的是实现食品药品的价值，而消费者参加市场活动的主要目的是满足自己的饮食用药需求。③引导性，即市场主体的行为在某些因素的作用下可以被引导。

市场主体是构成市场的核心要素之一。根据市场主体的特性和广泛的实践调研的情况，要提高食品药品监管效用，必须做好监管标准国际化、基础设施共享化、产业集中合理化、政府干预法治化、监管作风务实化这 5 个方面的工作。

一、食品药品监管标准国际化

在食品药品监管工作中，监管标准是衡量产品质量和工作质量的尺度，也是食品药品企业进行生产技术活动和经营管理工作的根据。国际化的监管标准就是在食品药品监管实践中，根据国际惯例和国内实际情况，对重复性事物和概念通过制定、发布和实施与国际接轨的标准，达到监管标准国际化，适应经济全球化和 WTO 规则要求，获得最佳秩序和监管效用。监管标准国际化的基本目的是建立最佳秩序，提高行政效能，得到国际认可，既能更好地保障人民群众的饮食用药安全，又能为食品药品的国际化经营奠定基础，从而获得最佳社会效益。监管标准国际化的对象是具有多样性、相关性特征的重复事物，制定标准的对象从技术领域延伸到食品药品生产流通的各个方面，包括监管的执法基础，药物的研发审批注册，食品药品的生产、流通、进出口，药品的使用环节等。监管标准国际化是一个过程，即制定标准、贯彻标准进而修订标准的过程，它是提高监管效用的重要基础工作之一。

从总体上讲，我国食品药品的标准大都是一二十年前制定的，很大程度上滞后于经济发展，在国际贸易中也引发了一些问题。实现监管标准国际化可从规范食品药品标准开始，对那些在国际上具有竞争力的食品药品，可将国家标准统一为国际标准或创立国际标准。要使中药真正走向世界，必须制定和完善能够推向世界的现代中药标准，并使这种标准演变为国际标准。尽管提升标准可能导致生产成本和管理成本的上升，但这是提高食品药品市场准入门槛、改进食品药品产业结构、淘汰落后企业、创造名牌产品的重要举措。

在药品监管领域，国家食品药品监督管理局把提高和规范国家药品标准当作一项重要工作来抓，分期分批对现行国家药品标准进行规范和提高，形成了以《中国药典》为核心的国家药品标准体系，现行《中国药典》(2005 年版）不仅收载品种有较大增加，而且扩大了现代分析技术的应用，更加重视药品安全性指标，对制剂通则、分析检验方法和指导原则等进行了增修订，进一步提高了国家药品标准的质量可控性，部分国家药品标准的检测技术已经达到国际先进水平。

二、食品药品基础设施共享化

提高监管效用和行政效能,需要两个方面的基础设施来支撑:一方面是物质的基础设施,如依法监管所需要的物质条件、技术监督体系、电子信息系统、物流配送系统,等等;另一类是制度的基础设施,如法规体系、制度规定、标准体系、注册体系,等等。这两类基础设施的水平将对提高食品药品监管效用有重大影响,并对食品药品产业能否变得有序以及变成有序市场的快慢具有深远影响。特别是建立一种公众普遍认可、企业乐于采用、运营成本较低并与国际通行的管理标准和要求相一致的共享化药品物流模式,对规范药品市场有重大意义。通过建立共享化的基础设施,既能提高监管效率,降低监管成本,又能推动食品药品市场向规模更大的企业转移,进一步提高产业的组织化程度,更有效地保障人民群众的饮食用药安全;同时,还能进一步增强食品药品监管部门的技术权威和专业机构的特色。

(一)加强物质的基础设施建设

多年来,由于国家财力投入不足,食品药品检验部门在基础建设方面还十分薄弱,基础设施条件落后,尤其是中西部地区情况更为严重。在食品检测方面,由于经费不足,我国一些监测机构仍在使用20世纪80年代以前配备的仪器,许多监测项目不能有效开展。我国在鉴定食品中性质不明的有毒、有害物质,检测违禁物品、激素、农兽药残留、二噁英、疯牛病,以及评价转基因食品的食用安全性等方面,与国际水平存在明显差距。在药品检测方面,原国家药品监督管理局颁布了《全国药品检验机构基本仪器配置标准(试行)》,但多数药检所未达到标准要求,严重影响了技术监督职能的发挥。究其原因,一是检验设备严重陈旧、老化;二是仪器的数量偏少,自动化水平偏低,缺乏现代精密仪器,检验效率低下。在医疗器械检测方面,检测机构的能力远远不能满足监管的需要,在部分高新技术产品的检测能力上空缺,在部分量大面广产品的检测能力上不足。

近几年,食品药品监督管理部门正协商实施以药品检验机构、医疗器械检验机构、食品检验机构和不良反应检测中心,即"三检一中心",为重点的食品药品监管技术检测体系和重点基本建设项目发展规划,争取利用国债资金改善食品药品监管部门检验机构基础设施落后的现状。这充分表明了国家食品药品监督管理部门对各检验机构的重视和改善现状的决心。

(二)加强制度的基础设施建设

食品药品监管部门始终坚持依法行政、严格执法、公正执法、文明执法,制度的基础设施得到不断完善,立法、执法和监督工作得到重视和加强,目前食品药品监管法律法规体系初步形成,执法队伍的法律素质和业务素质稳步提高,执法监督工作有序开展,一支具有较高法律素质和业务素质的食品药品监督管理执法队伍初步建立,推进依法行政、加强法治建设取得了宝贵经验。

三、食品药品产业集中合理化

当前,我国食品药品产业发展存在的严重问题之一是企业规模小,产业集中度低,组织结构分散。这种非集中型竞争性产业中出现的分散化现象被称为“过度竞争”。过度竞争具有3个特点:一是由于企业过度进入,导致产业集中度较低,企业数量过多;二是过度进入的生产要素长期不能从该产业退出,导致生产能力严重过剩;三是行业利润率较低,许多企业处于亏损或者微利状态。目前,我国食品药品产业中有很大一部分处于过度竞争状态。过度竞争的严重后果是:丧失规模经济效益,导致资源配置效率下降,企业利润下降,创新能力缺乏。同时,各企业为了生存,将会采取各种恶意的或破坏性的竞争手段,从而导致市场秩序混乱、假冒伪劣产品盛行,加大了食品药品监管的难度。因此,如何通过监管手段,采取积极有效的政策措施,尽快解决食品药品产业发展中的过度竞争问题,提高产业集中度是提高食品药品监管效用的一个重点和方向。

四、食品药品政府干预法治化

任何市场经济体制的运行都需要政府干预,但政府如何干预则常议常新。随着依法行政、依法监管的深入人心,政府对食品药品的市场监管进一步法治化,一些运用经济杠杆管理食品药品的手段逐步被法律手段所代替。由于食品药品是一种带有公共物品性质的特殊商品,监管对象极为复杂,实现监管目标需要按照一定的原则和方式,对法律手段、行政手段和思想教育手段进行科学的搭配和组合,组成食品药品监管手段系统,这是政府行为法治化的必由之路。

(一)充分发挥法律手段的作用

食品药品监管的法律手段,指国家根据人民的根本利益,通过立法和司法,确定食品药品市场运行的规范,调整市场主体之间的经济关系,处理矛盾,解决纠纷,惩办犯罪,以维护食品药品市场秩序的一种监管方法。法律手段具有相对普遍性、强制性、稳定性、规范性和事前控制性的特点。运用法律手段有利于创造一个公平的市场竞争环境,有利于确立和维护市场经济秩序,有利于实现食品药品市场监管的规范化。

食品药品监管的法律手段主要是通过立法、执法和执法监督来实现的。立法是解决监管过程中有法可依的问题,这需要建立相应的食品药品法律法规体系,避免出现空位现象;执法是解决监管过程中有法必依的问题,要避免出现执法不到位、执法越位现象;执法监督是解决监管过程中违法必究的问题,促进严格执法、依法行政,要避免出现监督缺位现象,防止和纠正行政不作为、行政乱作为。

在食品药品监管实践中,要根据“有法可依、有法必依、执法必严、违法必究”的原则,建设科学的立法体系、高效的执法体系、权威的监督体系。立法体系是前提、是基础,执法体系是核心、是主体,监督体系是支撑、是保证。要通过这3个体系的有效运转和协调配合,使法律手段更好地适应保障公众饮食用药安全的需要,适应完善社会主义市场经济体制的需要,适应食品药品产业快速发展的需要,适应经济全球化的需要,适应以信息技术为主要标志的新科技革命的需要。

(二)充分发挥行政手段的作用

食品药品监管的行政手段,是国家赋予食品药品监管部门的法定职权,按照行政系统、行政层次、行政区划、行政分工,通过发布食品药品监管的行政命令、条例、文件和采取其他行政措施,直接管理市场主客体的市场准入及其市场行为。这种方法具有强制性、直接性、时效性等特点。在计划经济体制的国家,行政手段是监管食品药品的最主要方式。在市场经济条件下,行政手段虽然不是最主要方式,但其仍然是非常必要的手段。在食品药品监管领域,行政手段的运用,有利于及时填补法律法规在市场监管方面的盲区,根据具体情况采取切实可行的措施,维护食品药品市场经济秩序;有利于食品药品监管手段的系统化,发挥不同管理手段的长处,各种管理手段配合使用,多管齐下,共同构成有效的食品药品监管体系。

五、食品药品监管作风务实化

坚持解放思想、实事求是的思想路线,弘扬改革创新、与时俱进的精神,是加强党的执政能力建设、保持党的先进性和创造力的决定性因素。在食品药品监管工作中坚持党的思想路线,要求培养务实化的监管作风,真抓实干,把"权为民所用、情为民所系、利为民所谋"的执政理念落实到监管工作的各个方面。由于我国经济仍处于转型之中,食品药品市场秩序不规范,有些不法分子挖空心思来对抗监管。

目前,我国医药行业进入壁垒由高到低排序为:化学药品产业、医疗器械产业、卫生材料产业、制药机械产业、中成药产业、中药饮片产业、药用包装材料产业。

在这种情况下,更要发扬求真务实的监管作风,克服组建时间短、基础条件差、工作任务重等困难,牢记群众利益高于一切,实事求是,艰苦奋斗,与时俱进,监管为民,为老百姓饮食、用药安全鞠躬尽瘁、尽职尽责。

党的十八大将建设健康大国作为全面建成小康社会的奋斗目标之一。党的十八大三中全会《中共中央关于全面深化改革若干重大问题的决定》指出,要完善统一权威的食品药品安全监管机构,建立最严格的覆盖全过程的监管制度,建立食品原产地可追溯制度和质量标识制度,保障食品药品安全。只有通过不断地深化食品药品安全体制的改革,建立食品药品管控预警长效体制和机制,借鉴国内外一切可以借鉴和学习的经验和成果,为早日实现健康大国的目标而持续努力。

参考文献

[1]马克思恩格斯选集(第3卷)[M].北京:人民出版社,1995.

[2]《资本论》选编[M].北京:中央党校出版社,2002.

[3]凯恩斯.就业、利息与货币通论[M].1963.

[4]M·布坎南.自由、市场与国家[M].上海:上海三联书店,1989.

[5]保罗·A·萨廖尔森,威廉·D·诺德豪斯.经济学[M].北京:中国发展出版社,1992.

[6]中共中央关于完善社会主义市场经济体制若干问题的决定[M].北京:中国人民出版社,2003.

[7]中国共产党第十七次全国代表大会文件汇编[M].北京:中国人民出版社,2007.

[8]http://www.chyxx.com/industry/201608/437582.html

[9]http://www.china.com.cn/news/2016-04/04/content_38171992.htm

[10]http://www.chyxx.com/industry/201605/419421.html

[11]http://www.cnfoodsafety.com/2017/0209/22301.html

[12]http://www.chyxx.com/industry/201707/543320.html

[13] http://www.cn-healthcare.com/articlewm/20161215/content-1009062.html

[14]洪晓顺,仇津海,胡漾.药品安全预警体系建设研究[M].北京:社会科学文献出版社,2009.

[15]http://baike.sogou.com/v110500.htm

[16] http://finance.sina.com.cn/roll/2016-11-01/doc-ifxxfuff7455120.shtml

[17]http://www.chemdrug.com/news/231/12/56143.html

[18]孙利华.对影响我国药品管理效益关键因素的思考[J].中国药房,2008.

[19]柏振忠,王红玲.对食品安全的再认识[J].湖北大学学报(社科版),2004.

[20]陈国威.南京市消费者食品安全KAP状况调查[J].中国公共卫生,2006.

[21]陈季修.我国食品安全监管主体的分析[J].中国行政管理,2007.

[22]陈君石.食品安全——现状与趋势[J].第三届中国食品与农业科学技术讨论会会议资料.中国农业科学院农产品加工研究所,2004.

[23]陈玲.中国加入WTO后对食品安全的影响及对策[J].商业研究,2004(2).

[24]陈绍金.水安全系统评价、预警与调控研究[D].南京:河海大学,2005.

[25]陈锡文.中国食品安全战略研究[D].北京:化学工业出版社,2004.

[26]陈兴乐.从阜阳奶粉事件分析我国食品安全监管体制[J].中国公共卫生,2004(10).

[27]陈永红.食品安全管理理论与政策研究[M].北京:中国农业科学技术出版社,2007.

[28]程启智,李光德.食品安全卫生社会性规制变迁的特征分析[J].山西财经大学学报,2004(6).

[29]戴小枫.我国农产品加工业发展的国际与国内背景[J].调研世界,2002.

[30]邓明.食品卫生监督量化分级管理实施研究[J].卫生软科学,2005(1).

[31]邓乃扬,田英杰.数据挖掘中的新方法——支持向量机[M].北京:科学出版社,2004.

[32]丁声俊.我国发展生鲜品"冷链"物流潜力巨大[J].中国食品与营养,2008(6).

[33]窦芙萍.食品生产企业质量信用体系建设的现状及对策[J].轻工标准与质量,2008(5).

[34]杜栋,庞庆华.现代综合评价方法与案例精选[M].北京:清华大学出版社,2005(9).

[35]范小建.中国农产品质量安全的总体状况[J].农业质量标准,2003(1).

[36]范昕炜.支持向量机算法的研究及其应用[D].杭州:浙江大学,2003.

[37]苟变丽.食品安全预警体系框架研究[D].北京:中国人民大学,2004.

[38]顾海兵,俞丽亚.未雨绸缪——宏观经济问题预警研究[M].北京:经济日报出版社,1993.

[39]顾海兵.宏观经济预警研究:理论·方法·历史[J].经济理论与经济管理,1997(4).

[40]顾海兵.经济预警新论[J].数量经济技术经济研究,1994(1).

[41]顾海兵.中国工农业经济预警[M].北京:中国计划出版社,1992.

[42]国家计委,国家经贸委,农业部.全国食品工业"十五"发展规划,2002.

[43]韩俊.中国食品安全报告[M].北京:社会科学文献出版社,2007.

[44]韩月明,赵林度.超市食品物流安全控制分析[J].物流技术,2005(10).

[45]何书元.应用时间序列分析[M].北京:北京大学出版社.2003.

[46]何晓群.现代统计分析方法与应用[M].北京:中国人民大学出版社,2005.

[47]侯刚.我国农产品市场体系的现状[J].经济论坛,2004(4).

[48]胡定金.我国农产品质量安全存在的问题与对策[J].湖北农业科学,2006(9).

[49]胡小松.中国食品安全管理模式应由"事后"向"事前"转变.http://news3.xinhuanet.tom,/fortune/2007-03/15/content—5851799.Htm.

[50]黄建珍.美国试行新的肉禽产品检验模式——以HACCP为基础的肉禽产品检验模式[J].中国畜牧兽医,2003(4).

[51]姜宗亮.进出口食品的安全管理模式[J].中国检验检疫,2004(2).

[52]金发忠.农产品质量安全概论[M].北京:中国农业出版社,2007.

[53]阚学贵.迎接我国加入WTO:卫生监督执法部门应做的工作[J].中国预防医学杂志,2001(1).

[54]李长健,张锋.我国食品安全多远规制模式发展研究[J].河北法学,2007,(10).

[55]李聪.食品安全监测与预警系统[J].北京:化学工业出版社,2006.

[56]李磊.浅析新版饮用水标准对食品加工体系的影响[J].中国检验检疫,2007(10).

[57]李磊.新时期食品安全与卫生教育的社会性思考[J].南京医科大学学报(社会科学版),2005(4).

[58]李会平.餐桌上的科技[J].创新科技,2008(2).

[59]李里特.农产品规格化、标准化是农业产业化经营的基础[J].科技导报,2000(11).

[60]李强.农产品加工的供应链管理[J].世界农业,2006(7).

[61]李生.国外农产品质量安全管理制度概况[J].世界农业,2003(6).

[62]李哲敏.食品安全的内涵分析[J].中国食品与营养,2003(8).

[63]李哲敏.食品安全的理论分析与综合评价指标体系的建立[D].北京:中国农业科学院,2003.
[64]李哲敏.食品安全的内涵及其与相关概念的比较[J].科学术语研究,2004(6).
[65]李哲敏.中国城乡居民食品消费及营养发展研究[D].北京:中国农业科学院,2007.
[66]李志纯.农产品质量安全理论与实践[M].长沙:湖南科学技术出版社,2007.
[67]李志强.中国粮食安全预警分析[M].中国农村经济,1998(1).
[68]梁媛媛.浅析特尔菲法在制修订食品生产企业卫生规范方面的应用[J].中国卫生监督杂志,2008,15(2).
[69]梁志超.国外绿色食品发展的历程、现状及趋势[J].世界农业,2002(1).
[70]林镝,曲英,邹珊刚.刍议食品产业链中食品安全管理[J].生态经济,2004(4).
[71]林镝,曲英.我国食品安全公共管理的市场基础分析[J].科技进步与对策,2003(4).
[72]林镝,曲英.中美食品安全管理体制比较研究[J].武汉理工大学学报,2004(6).
[73]刘为军.关于食品安全认识、成因及对策问题的研究综述[J].中国农村观察,2007(4).
[74]刘文,王菁,许建军.我国流通消费领域食品安全现状及对策[J].中国食品与营养,2005(5).
[75]刘振伟.切实加强农产品质量安全管理[J].农村工作通讯,2002(1).
[76]刘志文.绿色食品和有机食品发展对策研究[J].农村经济,2003(1).
[77]卢良恕.新时期的中国农业与农产品加工业[J].中国农业科技导报,2004.
[78]蔡如鹏等.抗生素的中国式滥用[J].中国新闻周刊,2009(11),总第413期.
[79]曹文庄.浅谈WTO与中国的药品注册[J].中国科技产业,2003(1).
[80]曹文庄.我国药品审评机制改革的几点思考[J].中国药学杂志,2004(10).
[81]曹文庄.新时期药品的监督管理[J].中国药业,1998(12).
[82]柴会群.医药监管十年分合之痛[N].南方周末,2008.
[83]陈敏章.在第四届药品审评委员会成立大会上的讲话[J].中药新药与临床药理,1996(1).
[84]陈盛新等.药品安全的理念与实践行动[J].药学实践杂志,2007(6).
[85]陈伟.山西煤改风暴刮向全国　内蒙古山东已有具体动作[N].经济参考报,2010.
[86]陈文玲.药品价格居高不下究竟原因何在——对药品价格问题的调查研究与思考(上、中、下)[J].价格理论与实践,2005(1,2,3).
[87]陈振明,薛澜.中国公共管理理论研究的重点领域和主题[J].中国社会科学,2007(3).
[88]程刚.国家药监局:不能因噎废食彻底否定GMP认证制度[N].中国青年报,2007.
[89]程启智.内部性与外部性及其政府管制的产权分析[J].管理世界,2002,(12).
[90]丁一鹤.药监迷局里的小人物[A].载解密中国大案Ⅱ.北京:中国城市出版社,2008.
[91]杜钢建.国外药品规制与监管体制比较[J].国家行政学院学报,2003(1).
[92]杜钢建.走向综合监管:机构改革的亮点[J].中国经济时报,2003.
[93]杜钢建.政府能力建设与规制能力评估[J].政治学研究,2000.
[94]方来英.对药品安全问题的几点认识[J].中国药事,2008(2).
[95]冯毅.谈谈“国际多中心临床研究申请”[J].中国新药杂志,2004(4).
[96]傅俊一.卫生部成立药品审评委员会[J].中国临床药理学杂志,1985(2).

[97]傅俊一. 卫生部第二届药品审评委员会工作简况[J]. 中国临床药理学杂志,1992(3).
[98]高乐咏,王孝松. 利益集团游说活动的本质与方式:文献综述[J]. 经济评论,2009(3).
[99]高世楫,秦海. 从制度变迁的角度看监管体制演进:国际经验的一种诠释和中国改革实践的分析[J]. 洪范评论,2005,第2卷第3辑.
[100]高世楫. 导论:市场扩张与政府监管改革[A]. 载基础设施产业的政府监管——制度设计和能力建设[C]. 北京:社会科学文献出版社,2010.
[101]高世楫. 确保药品安全需完善监管体系[J].《财经》杂志,总第160期,2006.
[102]高世楫. 以依法行政和阳光行政完善监管[J].《财经》杂志,总第184期,2007.
[103]顾家麒. 构建适合社会主义市场经济的行政管理体制[J]. 管理世界,1999(4).
[104]顾昕. 走向全民医保:中国新医改的战略与战术[M]. 北京:中国劳动与社会保障出版社,2008.
[105]郭丽珍. 药品价格虚高的成因与治理对策[J]. 公共管理评论,第六卷.
[106]国家食品药品监督管理局. 药品分类管理制度实施的可行性调研报告[R]. 北京:国家食品药品监督管理局,2008年3月.
[107]国家药品监督管理局. 中华人民共和国药品管理法(修改草案)[Z]. 国家药监局内部资料,1998.
[108]韩丽. 中国立法过程中的非正式规则[J]. 战略与管理,2001(5).
[109]胡颖廉,傅凯思. 从政治科学、商业利益和公共政策视角研究国外药品安全监管[J]. 中国药事,2008(12).
[110]胡颖廉,薛澜等. 双向短缺:基本药物政策的制度分析[J]. 公共管理评论(第八卷).
[111]胡颖廉. 社会监管:离我们还有多远?[J]. 科学决策,2007(8).
[112]胡颖廉. 沿海十省(市)药品监管机构能力之比较研究[J]. 公共管理学报,2007(1).
[113]胡颖廉. 威权主义、发展型国家和产业寻租——卢武铉事件引发的思考[J]. 思想库报告,第232期.
[114]胡颖廉. 我国药品安全监管:制度变迁和现实挑战(1949—2005)[J]. 中国卫生政策研究,2009(6).
[115]胡颖廉. "奶粉事件":关乎政府治理模式转型[J]. 中国改革 2008(10).
[116]胡元佳,沈璐,邵蓉. 新药该如何界定——中美新药定义之比较分秒[J]. 中国药业,2002(2).
[117]黄泰康. 现代药事管理学[M]. 北京:中国医药科技出版社,2004.
[118]黄新华. 论政府社会性规制职能的完善[J]. 政治学研究.
[119]姜红. 药品监督抽验合格率与药品质量[J]. 中国药事,2005(1).
[120]姜思通等. 146种调价药品的调价幅度与药品用量增减分析[J]. 多学服务与研究,2004(3).
[121]金碚. 中国工业改革开放30年[J]. 中国工业经济,2008(5).
[122]金同珍. 中国医药事业光辉的四十年[A]. 载中国医药年鉴(1992[M]. 北京:中国医药科技出版社,1991.
[123]经济合作与发展组织编;陈伟译;高世楫校. OECD国家的监管政策——从干预主义到监管治

理[M].北京:法律出版社,2006.

[124]景相林.对撤销县级药检所的不同意见[J].中国农村卫生事业唯理,1999(3).

[125]卡塔琳娜·皮斯托著;许成钢译.不完备法律之挑战与不同法律制房之应对[C].洪范评论,第2卷第1辑.

[126]李东旭.新处方办法实施"一品两规"政策起微澜[R].医药经另报,2008.

[127]李强.从现代国家构建的视角看行政管理体制改革[J].中共中央,校学报,2008(6).

[128]李幼平等.药品风险管理:概念、原则、研究方法与实践[J].中国循证医学杂志,2007(12).

[129]梁馨元.药法变革:专访《药品管理法》制定亲历者国务院法制办医药处宋瑞霖处长[J].医药世界,2002(1).

[130]刘国恩,唐艳.中国药品费用走势分析[J].中国卫生经济,2007(12).

[131]刘京京.省以下药监局重回分级管理体制[EB/OL].财经网,2008,http://www.caijing.com.en/2008—11-28/110032844.html,最后访问日期:2009.

[132]刘沛.食品药品监管依法行政的实践与探索[J].齐鲁药事,2006(7).

[133]刘鹏,胡颖廉.药品注册30年[R].国家食品药品监督管理局药品注册司委托课题,2009.

[134]刘鹏.从发展型国家到社会主义规制型国家:中国药业质量规制体制变迁的实证研究[R].上海:转型时期的社会性规制与法治研讨会,2007.

[135]刘鹏.混合型监管:政策工具视野下的中国药品安全监管[J].公共管理学报,2007(1).

[136]刘鹏.超越计划与市场之辩——新医改方案的产业政治学观察[J].思想库报告,V01.5,No.46.

[137]刘鹏.从基础建设走向优质监管——中国药监十年改革的历史逻辑与方向[J].中国处方药,2008(3).

[138]刘鹏.风险社会视野下的美国药品规管体制变迁:教训与启示[J].公共行政评论,2008(4).

[139]刘鹏.当代中国产品安全监管体制建设的约束因素——基于药品安全监管的案例分析[J].华中师范大学学报(人文社会科学版),2009(4).

[140]刘鹏.三十年来海外学者视野下的当代中国国家性及其争论述评[J].社会学研究,2009(5).

[141]路风.单位:一种特殊的社会组织形式[J].中国社会科学,1989(1).

[142]吕景胜.论深化药品监管体制改革[J].中国软科学,2004(3).

[143]吕诺一年来逾两成药品注册申请被退回[EB/OL].新华网时政快讯,2007,http://news.xinhuanet.corn/polities/2007—07/06/content—63388 13.htm.

[144]吕岩峰,徐唐棠.TRIPS协定之下的中国药品专利保护立法[J].当代法学,2006(3).

[145]罗昌平,张映光.郑筱萸罪与罚[J].《财经》杂志,总第183期.

[146]马昌博,龙玉琴.郑筱萸落马掀起药监风暴 中央彻查力护用药安全[N].南方周末,2007.

[147]马英娟.监管机构与行政组织法的发展——关于监管机构设立根据及建制理念的思考[J].浙江学刊,2007(2).

[148]齐谋甲.对十四年来我国医药事业改革开放实践的一些思考[A].载齐谋甲主编.中国医药年鉴(1992)[M].北京:中国医药科技出版社,1993.

[149]钱颖一.政府与法治[A].载比较(第5辑)[C].北京:中信出版社社,2003.

[150]秦海.中国药业:管理体制、市场结构及国际比较——中国药业研究报告[R].未公开发表.

[151]青错.正确理解药监局划归卫生部管理后的地位和保持独立性的问是之浅见[EB./OI.].四川省甘孜食品药品监督管理局官方网站,2008,http:/一 gz. scfda. gov. cn/,CI ~400/22504;html.

[152]邱靖基.关于建立新型医药行业管理体制的探讨[J].中国工业经济 1995(12).

[153]邱靖基.我国制药工业体制改革纵横谈[J].中国药业,1998(7).

[154]全国人大科教文卫委员会调研组.关于药品安全监管和药品管理法多施情况的调研报告[R].内部资料,2007.

[155]邵明立.树立和实践科学监管理念[J].管理世界,2006(11).

后 记

食品药品问题一直是关系到普通民众的身体健康的社会焦点问题,食品解决民众的温饱,药品保持民众的健康,可以说与我们的日常生活密不可分。从 20 世纪德国的沙利度胺(反应停)引起海豹肢畸形事件,美国的苯丙醇胺(PPA)引发脑中风事件;再到英国的疯牛病事件、比利时毒鸡案,等等;直至进入 21 世纪,食品药品安全的形势也不容乐观。从英国爆发的口蹄疫事件、爱尔兰的二噁英污染生猪事件再到最近发生的荷兰毒鸡蛋事件,枚不胜举;国内从三聚氰胺事件、阜阳劣质奶粉事件,再到地沟油、塑化剂、镉米、苏丹红、瘦肉精、问题疫苗,等等,一幕幕曝光的食品药品安全事件触目惊心,令人不寒而栗,促使我们不断反思食品药品监管中出现的问题,摆在我们面前的食品药品监控任务依然艰巨。食品药品安全问题似一把悬挂在民众心头上的达摩克里斯之剑,对此我们丝毫不敢有稍许懈怠。因此,食品药品安全问题何以有效监控,成为学界和实务界研究的热点课题。

目前的农林院校有专门院部的研究人员从事食品药品安全问题研究实验工作,平时与他们交流较多,并亲自参与有关食品药品安全问题的研究。本人对此问题也一直持续关注,不断从各种渠道收集有关食品药品安全问题资料,为从事本课题的研究奠定了较为扎实的基础。从去年申报河南省软科学项目到现在,食品药品安全问题持续撞击着民众的道德法治底线。本书既涉及食品药品安全研究的前沿问题,思考有关欧美国家在食品药品安全方面的先进成熟经验,以及值得我们借鉴的地方,同时思考我国在食品药品安全还存在的问题,政府在食品药品安全问题上的角色作用,食品药品安全监控机制如何有效构建,等等。本书得到了各位同事的支持,与家人的支持分不开,同时编辑吴娇提供一些技术指导,在此深表谢忱!从持续关注到开始思考食品药品安全问题,构思研究纲要,到提笔撰写书稿,参考并借鉴了食品药品学界部分同仁的文献成果,在此表示诚挚的谢意!由于水平有限,加之资料欠缺,书中难免存在疏漏甚至不当之处,敬请专家、学者和读者批评指正。

周俊

2017 年 8 月